KB173338

지도에 없는 마을

옮긴이 방진이

연세대학교 정치외교학과를 졸업하고, 같은 대학교 국제학대학원에서 국제무역 및 국제금융을 공부했다. 현재 펍헙 번역그룹에서 전문 번역가로 활동하고 있다. 『만화로 보는 조지 오웰, 빅브라더를 쏘다』, 『삶의 마지막 순간 우리가 생각해야 하는 것들』, 『인공지능 시대가 두려운 사람들에게』, 『소설 속 숨겨진 이야기』 등을 우리말로 옮겼다.

BEYOND THE MAP
Copyright ⓒ 2017 by Alastair Bonnett
All rights reserved

Korean Translation Copyright ⓒ 2019 by JIHAKSA Publishing Co., LTD.
Korean translation rights arranged with Antony Harwood Ltd.
through EYE (Eric Yang Agency).

이 책의 한국어판 저작권은 EYE(Eric Yang Agency)를 통한
Antony Harwood Ltd.사와의 독점계약으로 (주)지학사가 소유합니다.
저작권법에 의하여 한국 내에서 보호를 받는 저작물이므로
무단전재 및 복제를 금합니다.

Beyond the Map

지도에 없는 마을

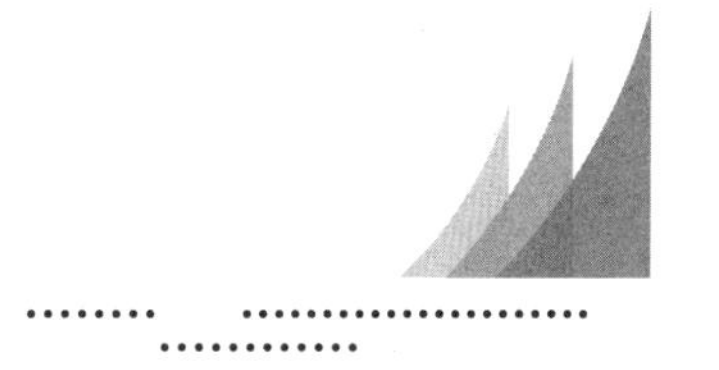

앨러스테어 보네트 지음 | 방진이 옮김

북트리거

들어가는 글

지리가 점점 기묘해지고 있다. 새로운 섬이 떠오르는가 하면, 익숙한 영토가 쪼개지고 있으며, 비밀의 영역이었던 곳의 문이 조금씩 열리고 있다. 세계 곳곳에서 제멋대로인 구역들이 빠르게 변하면서 기하급수적으로 늘어나고 있다.

이 책에는 독특한 장소 서른아홉 곳에 관한 서른아홉 개의 이야기가 담겨 있다. 각각의 이야기는 어떤 식으로든 장소와 장소 만들기의 본질이 변화하는 현실을 보여 준다. 우리는 전투 중인 고립지, 현대의 유토피아, 그리고 여러 지리적 외톨이와 고아를 만날 것이다. 모두 제각각이지만 또한 서로 연결되어 있다. 기이한 폐허, 부자연스러운 장소, 피난처, 틈새 공간은 우리에게 놀라움뿐만 아니라 당혹감과 불안감을 안겨 준다는 점에서 그렇다.

나침반 바늘이 빙글빙글 돌기 시작했다. 앞으로 펼쳐질 모험에서 여러분은 지리적 현기증이라는 새로운 정서도 느끼게 될 것이다. 지구촌 곳곳에서 목격되는 지칠 줄 모르는 파편화, 그리고 국경선의 교차와 변형은 지리학이 고루하고 낡은 학문이 아니라 매혹적이면서도 종종 근심을 안기는 현상임을 일깨워 준다.

널리 알리고 싶은 독특하고 흥미로운 이야기가 얽혀 있는 장소들, 현재의 지리적 혼돈 상태의 단면을 보여 주는 장소들을 골랐다. 트랩스트리트와 페르가나 분지처럼 앞서 낸 책 『장소의 재발견*Off the Map*』을 읽은 독자의 제안으로 다루게 된 장소도 있고, 내가 연구하거나 다녀온 곳 중에서 특이한 점이 눈에 띄어서 다루게 된 장소도 있다.

제멋대로인 섬들에서 여정이 시작된다. 차가운 영국해협부터 필리핀의 따뜻한 바다까지, 분쟁지인 수없이 많은 멋진 섬이 세계 곳곳에서 높은 파도를 일으키고 있다. 그다음에는 섬의 오랜 동족을 찾아간다. 바로 고립지와 신생국가들이다. 이탈리아 돌로미티산맥의 깊은 계곡과 사하라사막을 가로지르는 모래벽 뒤에는 아주 다른 유형의 생존 투쟁이 벌어지고 있다. 이런 기이하고 불안정한 새로운 땅에는 대담한 야심이 넘쳐흐른다.

한걸음만 옮겨도 바로 다음 목적지인 유토피아의 장소들에 도착한다. 기존의 지리적 국경선과 충성심의 가장자리가 점점 느슨해지면서, 온갖 유형의 유토피아를 향한 열망이 분출되고 있다. 아주 유쾌한 유토피아도 있지만, 아주 암울한 유토피아도 있다. 시리아와 이라크의 급진적 이슬람 무장 단체는 지도를 갈가리 찢어 놓을 뿐 아니라, 순수한 영토에 대한 유토피아적 갈망을 인종 학살이라는 형태로 표출한다. 다행히 그 외에도 완벽을 추구할 방법은 많다. 직접 지은 집들로 뒤죽박죽 채워진 아름다운 크리스티아니아, 경제적으로 여유롭고 자족적이며 늘 여행 중인 '신유목민'의 이동식 주머니와 텐트 등 다양하다. 현대 문화의 관심은 온통 디스토피아에 쏠려 있는지 몰라도 진짜 현실에서는, 바로 저 모퉁이 너머에서는 다들 적절한 대안을 마련하느라 바쁘다.

나는 왜 내가 이렇게까지 장소에 집착하는지 늘 고민한다. 내가 지리학과 교수이기 때문만은 아니라고 단언할 수 있다. 솔직히 말하자면 지적인 관심과는 거리가 멀다. 환희와 반전, 애정과 혐오에 더 가깝다. 우리가 장소에 쏟아붓는 그런 강력한 정서들과 관련이 있다. 물론 그게 전부는 아니다. 잃어버린 장소들에 대해 애틋한 향수도 느끼기 때문이다. 사라진 장소에 대한 그리움이 서른아홉 개의 발걸음을 낳았다. 이 책의 후반부에서는 유령이 떠도는 장소와 감춰진 장소를 찾아간다. 인도의 버림받은 영국인 묘지부터 구글의 스트리트뷰에 나오지 않는 카이로의 쓰레기 도시, 그리고 도쿄의 지하철에 얽힌 미스터리까지, 독특한 만큼 근본적으로 방향을 상실한 장소들이기도 하다.

아마도 내가 감춰진 장소, 유령의 장소에 끌리는 이유는, 다른 사람들과 마찬가지로 그곳에 가면 모든 것은 덧없고 영원하지 않다는 느낌에 파묻히기 때문이리라. 기억하는 한, 내가 만난 풍경은 거의 언제나 건설 현장 같은 모습을 하고 있었다.

출근길 긴 도로를 달리다 보면, 파헤쳐지고 옮겨지는 거리, 점점 더 복잡해지는 교통 체계, 갑자기 눈앞에 나타나는 허술한 창고 같은 건물들이 도로 양옆으로 펼쳐지며 나를 집어삼킨다. 그리고 그에 대한 반동으로 과거에 대한 수줍은 단서, 버림받은 장소와 잔재들이 토착 신앙과도 같은 힘을 얻게 된다.

왜 그럴까? 평범한 답변일 수도 있지만 어쨌든 나는 이렇게 답하겠다. 어린 시절 할머니 집을 방문하면, 잡풀이 무성한 들판 한복판에 서 있는 싸늘한 집에서 풍기는 콜타르 비누, 좀약, 현관 가리개의 짙은 냄새에 콧잔등을 찡그리곤 했다. 연탄이 타닥타닥 타는 벽난로 위에서는 시계가 째깍째깍 소리를 냈다. 그곳에서 나는 과거에 폭 싸여 있었다. 모래바람이 부는 황야를 건너 할머니 집이 있는 외진 서퍽Suffolk 마을로 차를 몰고 가는 길에는, 인접한 미국 공군기지의 높다란 철조망 너머로 죽 늘어선 테라스가 있는 깔끔한 집들을 지나갔다. 뒷마당에 빽빽이 들어찬 바비큐 장비는 꽤 높이 쌓여 있는 공군기지의 '자유낙하 핵폭탄'과 마찬가지로 언제든 떠날 준비가 되어 있는 것처럼 보였다. 할머니 집의 갑갑한 포근함과 대비되는 아마겟돈의 광경, 즉 목가적인 삶이 쇠락하고 세계를 주무르는 권력들의 치열한 힘겨루기가 펼쳐지며 종말을 향해 치닫는 풍경이 내 가슴과 지리적 상상력에 깊이 박혔다.

50년 동안이나 나를 떠나지 않고 있는 잔상이지만, 이것이 내가 왜 과거와 현재가 어색하게 뒤섞여 있는 장소에 끌리는

지를 설명해 준다고 생각한다. 내가 이 책에서 돌아본 많은 장소가 그와 비슷한 층위에 놓여 있다. 현대적인 장소들은 때로는 황홀한 허공으로 뛰어드는 것 같은 기분을 안겨 줄지도 모른다. 하지만 그렇다고 그런 장소를 맴도는 환영幻影까지 떨쳐버릴 수는 없다. 그래서 나는 환영을 필수 요소, 심지어 희망적인 존재로 받아들이게 되었다. 사우스웨일스에 세워진 발전소 그림자 속에 놓인 폐허 같은 보이즈빌리지. 한때는 광산 지역의 소년들을 위한 해안 캠핑장이었지만 지금은 잡초의 무게를 못 이기고 무너진 곳이다. 그라피티에 뒤덮인 이곳을 헤매는 동안, 나는 사랑받지 못한 풍경 속에서 포근함을 느끼고 싶어서, 아늑한 좀약 냄새를 맡을 수 있기를 반쯤 기대하며 난로를 찾고 있는 자신과 마주했다.

장소는 이야기가 있는 풍경이다. 인간적인 의미가 담겨 있는 **어떤 곳**이다. 그러나 우리가 깨닫기 시작한, 혹은 다시 깨닫기 시작한 또 다른 사실 하나는 장소가 꼭 사람에 관한 것만은 아니라는 점이다. 장소는 인간이 아닌 것을 포착하고 이해하려는 우리의 시도를 반영하고 있기도 하다. 그 시도란, 늘 우리 주위에 있으며 우리 인간을 초월한 이 땅을 비롯해, 이 땅에 머무는 수많은 생물과 무생물을 이해하려는 것이다. 이 같은 시도가 아주 끔찍한 교류로 끝날 수도 있다. 우리가 보고 싶어 하는 것은 뭔가 순수하게 자연적인 것이지만, 정작 우리가 찾은 것이 우리 자신의 모습을 하고 있을 때 특히 더 그렇다. 해안선은 점점 더 빠른 속도로 생겼다가 없어지기를 반복한다. 한때 접근 불가 지역이었던 북극에 새로 출현한 왕국들뿐 아니라 도거랜드 같은 옛 왕국이 모습을 드러내면서, 우리가 지형과 지도를 새로운 눈으로 바라보기를 요구하고 있다. 전통에 얽매이지 않는, 움직이는 무언가로 말이다.

점점 더 통제 불능이 되어 가는 인문지리와 자연지리의 지도들이 벅차 보일 수도 있다. 그래서 작은 장소들, 이를테면 작은 비밀들, 감춰진 놀라움들이 그렇게까지 소중하게 느껴지는 것일 수도 있다. 미로와 폭포가 있으며, 눈을 동그랗게 뜬 사람과 깡충거리는 동물의 수많은 조각들로 꾸며진 넥 찬드의 록 가든 같은 피난처는 우리에게 즐거움을 선사한다. 이 모두가 교통 체증에 시달리는 신도시의 폐기물로 만든 것이기 때문이다. 그에 반해 끊임없이 돌고 도는 도로들 사이에 놓인 보행자 퇴치용 중간 지대처럼 그다지 즐겁지 않은 장소도 있다. 그런데 이 모든 장소는 일상이라는 감옥에서 탈출한, 제멋대로 굴 수 있는 자율성이라는 특징을 공유한다. 이런 조각들은 각자 자신만의 방식으로 유토피아를 지향한다. 이 책은 '제멋대로인 섬들'로 시작한다. 나는 그 첫 번째 장을 『장소의 재발견』에서 다루었던 고속도로 사이에 끼어 있는 이름 없는 땅 조각, 여전히 외로운 교통섬의 이야기로 마무리한다. 이번에는 퇴비 한 자루와 과일 묘목 몇 그루를 가지고 갔다. 그곳은 나만의 에덴동산 한 조각이며 교통 소음에 맞서는 어리석은 반격이다. 너무 멀지 않은 미래에, 혼란스러운 주변 환경과 얄팍한 땅을 뚫고서 산딸기 한 무더기가 흐드러지게 열린 모습을 볼 수 있을 거라고 믿고 싶다.

차례

들어가는 글 5

1장 — 제멋대로인 섬들

암초 섬에 얽힌 지정학적 욕망
맹키에군도
21

섬들의 연합체를 만드는 일에 관하여
미국령 군소 제도와
범대양 군도 초소형국가체 연합
31

누가 섬을 건설하려 하는가
스프래틀리제도
41

바다에서 섬이 솟아나고, 섬이 육지가 된다면
보트니아의 떠오르는 섬들
51

섬의 개수는 어떻게 세는가
필리핀에서 새로 발견된 534개의 섬들
59

버림받은 도시 공간을 보살피는 방법
교통섬
67

2장 — 고립지와 미완의 국가들

사라져 가는 소수 언어의 행방
라딘어의 골짜기들
79

서핑 천국에 숨어 있는 기묘한 종교 구역
본다이 해변의 에루브
87

복잡하고 위험한 국경선 긋기
페르가나 분지
95

그들의 국경은 왜 인정받지 못하는가
사하라의 모래벽
103

분리주의는 어떻게 싹트는가
신러시아
111

영토가 없어도 주권을 인정받은 나라
몰타기사단
119

브렉시트 이후, 영국은 분열되고 있다
스트랫퍼드공화국
129

3장 —— 유토피아의 장소들

종교적 야심이 낳은 암울한 유토피아
이라크-레반트 이슬람국가
143

가상현실이 우리를 해방시킬 것이라는 신화
사이버토피아
151

어떤 곳에도 얽매이지 않는 삶은 행복한가
신유목민
159

합리성과 비합리성의 유쾌한 이중주
넥 찬드의 록가든
167

도시 한복판에서 자유로운 삶을 실험하다
크리스티아니아
177

야생 식물 채집의 자유를 기본권으로 보장하는 나라
헬싱키의 야생 식량 수확 체험기
187

헬리콥터는 어떻게 최상위층의 전유물이 되었는가
헬리콥터의 도시
195

수직 도시는 무엇을 놓치고 있는가
지면이 없는 도시
203

4장 —— 유령과 환영이 떠도는 장소들

도시는 사람을 집어삼킨다
신주쿠역의 유령 터널
213

성급한 개발 계획의 잔재, 흉물로 남다
고가 보도
221

폐허가 매력적인 이유
보이즈빌리지
231

망각과 기억 사이에서 방치된 식민지의 흔적
심라의 영국인 묘지
241

무대 위에 재현한 '멋진 신세계'
〈다우〉 영화 세트장
251

땅의 신성한 기운을 읽기 위한 지리학
주술의 도시 런던
261

머나먼 미래 세대에게 어떻게 경고할 것인가
쓰나미 비석과 핵폐기물 표식
271

5장 —— 감춰진 장소들

누가 이 도시를 더럽다 하는가
카이로의 쓰레기 도시
285

구글 어스 시대의 빈틈
스트리트뷰에 나오지 않은 히든힐스와 와나타물라 빈민가
295

지도에 숨어 있는 덫
트랩스트리트
305

미지의 땅은 왜 사라지지 않는가
미개척지 콩고
313

검은 돈이 머무는 곳
에든버러 로이스턴 메인스가 18번지 2호
321

보행자의 움직임은 어떻게 통제받는가
스파이크 지대
329

비밀 영토에 도사린 야망
하이난섬의 유린 지하 해군기지
337

왜 잠들어 있는 유적을 깨우려 하는가
예루살렘 땅 아래
343

가라앉은 땅으로 떠난 짧은 여행
도거랜드
353

기회의 땅이 빚어낸 욕망의 정치학
북극의 신세계
361

지구의 마지막 미개척지를 향한 열망
콘셀프 해저 기지
369

에필로그 *378*

참고문헌 *381*

감사의 글 *384*

인명 찾아보기 *385*

내용 찾아보기 *390*

일러두기

1. 각 장 안의 소제목은 한국어판 독자를 위해 새로 작성했으며, 원서의 소제목은 부제로 뺐다.
2. 인명의 외국어 표기는 가독성을 위해 본문에 병기하지 않고 「찾아보기」에 실었다. 단, 본문의 이해를 돕기 위해 필요한 경우는 예외로 했다.
3. 저자가 홑따옴표로 강조한 부분 가운데 직접 인용의 경우에는 한국어판에서 겹따옴표로 처리했고, 이탤릭체로 강조한 부분은 한국어판에서 볼드체로 처리했다.
4. 옮긴이의 주석은 본문 괄호 속에 넣고 '옮긴이'라고 표기했다.
5. 거리, 면적, 무게 등의 단위 표기는 국제 도량형 표기법에 맞추었다.
6. 단행본·장편소설은 『』, 단편소설·시·논문은 「」, 신문·잡지 등의 정기간행물은 《》, 영화·방송 프로그램·노래 등은 〈〉로 표기했다.

Beyond the Map

Unruly enclaves, ghostly places, emerging lands
and
our search for new utopias

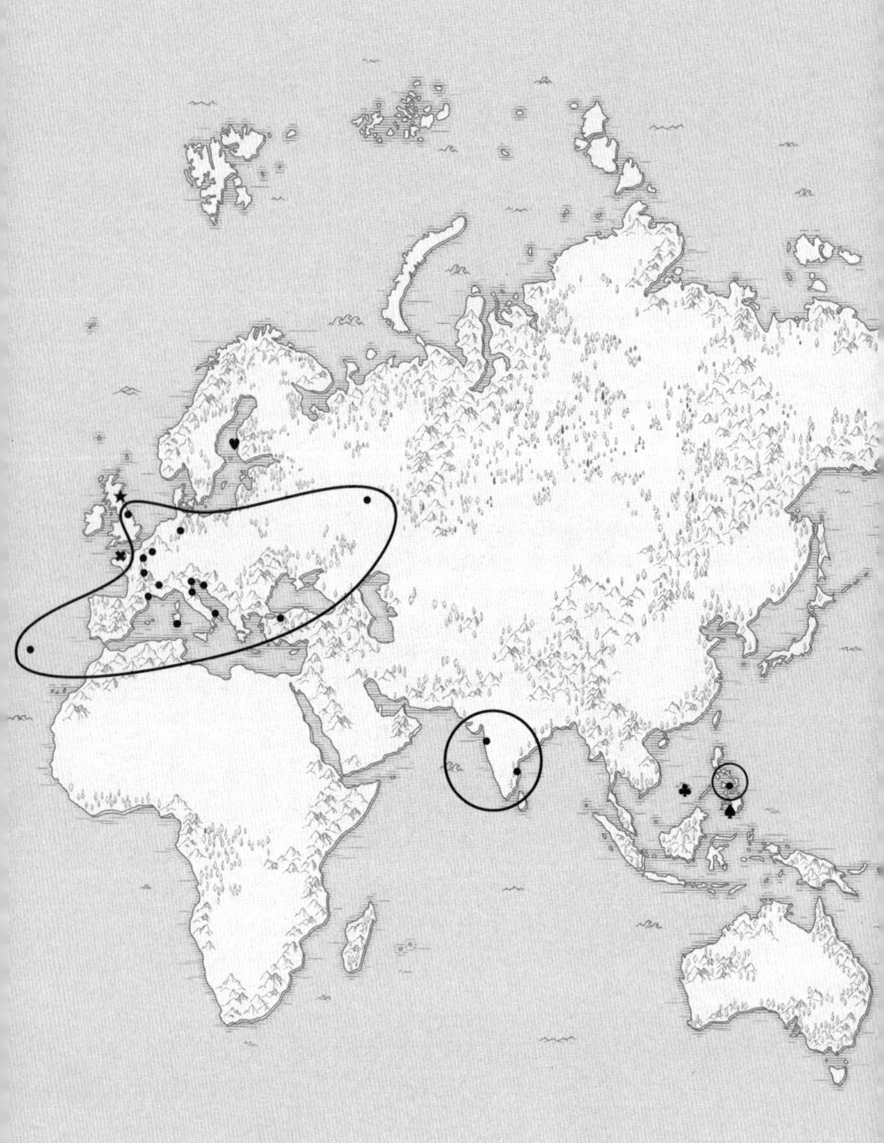

✖ 맹키에군도
.... 미국령 군소 제도
—— 범대양 군도 초소형국가체 연합
♣ 스프래틀리제도
♥ 보트니아의 떠오르는 섬들
♠ 필리핀에서 새로 발견된 534개의 섬들
★ 교통섬

1장

제멋대로인 섬들

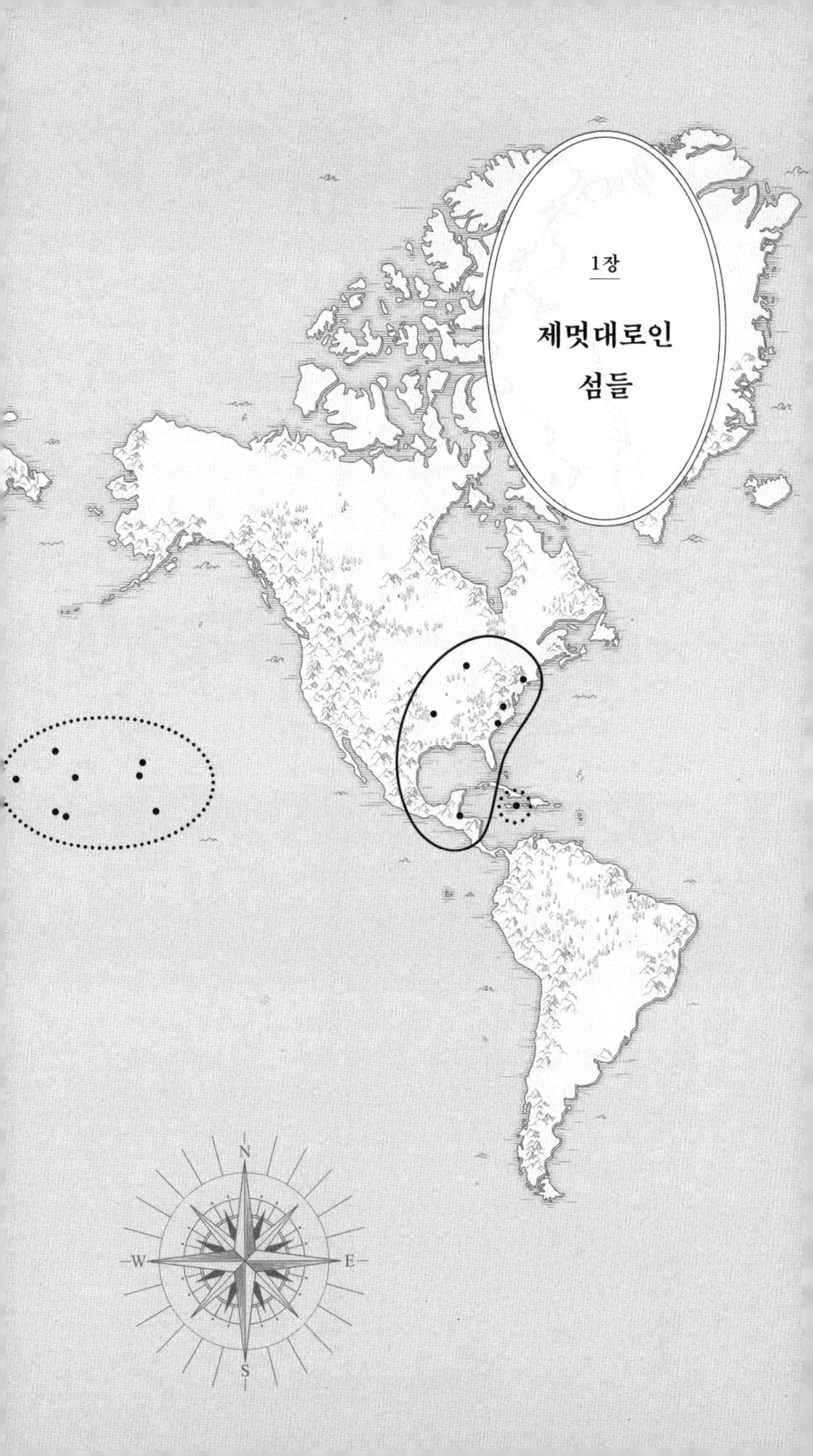

◐

이 장에는 세계에서 가장 놀라운 섬 여섯 군데가 들려주는 놀라운 이야기 여섯 가지를 담았다. 각 섬(또는 군도)은 본토의 안정감에 균열을 낸다. 저지섬에서 멀찍이 떨어져 영국의 최남단 해안을 이루는 맹키에군도의 섬들과, 믿기지 않을 정도로 여기저기 멀리 흩어져 있는 섬들의 집합인 미국령 군소 제도만 봐도 알 수 있다. 작은 섬에서는 현실과 허구 사이 경계선이 아주 흐릿해질 수 있다. 특히 현재 조성되고 있는 섬들에서는 더 그렇다. 남중국해의 스프래틀리제도는 최근 몇 년 사이에 원시적인 암초가 흩어져 있던 곳에서 단단히 무장한 사각의 요새로 변모해 왔다. 흔히 인간의 오만함은 취약한 섬들에서 아주 뚜렷하게 드러난다. 그렇기 때문에 지구의 가장 기본적인 힘들이 우리 인간의 통제 밖에 있다는 사실을 환기할 가치가 있다. 우리가 원하든 원하지 않든, 북해 꼭대기에서는 보트니아만의 융기하는 섬같이 후빙기를 맞아 속속 '돌아온' 땅들이 해안선을 끊임없이 다시 그리고 있다. 새로 떠오른 섬이 몇 개나 되는지 그 수를 헤아리기 힘들 정도다. 섬의 숫자 세기라는 주제는 최근 필리핀 해안에서 '새로운 섬' 534개가 발견되었다는 소식과 함께 다룬다. 그동안 사람의 눈을 피해 숨어 있던 섬들이다. 섬은 우리가 보통 생각하는 것과 달리, 지도 제작이라는 측면에서는 명확하게 규정하기 어려운 존재다. 굉음이 울려 퍼지는 도로의 무심한 팔에 안긴 교통섬도 예외는 아니다. 이 장 마지막에서 나는 산딸기 모종을 들고 그런 교통섬을 찾아간다.

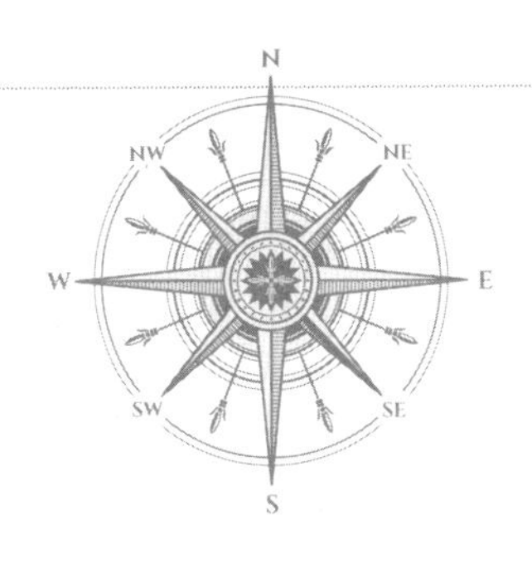

암초 섬에 얽힌 지정학적 욕망

맹키에군도

나는 부드럽게 출렁이는 구조물 위에서 모터 고무보트를 기다린다. 휴가철을 맞아 이곳을 찾은, 형광색 구명조끼 차림의 왁자지껄한 관광객 무리에 섞인 채다. 그 보트는 우리를 영국제도 최남단에 있는 섬으로 태워다 줄 것이다. 영국은 2004년에야 그 섬에 대한 영유권을 확보했다.

4월 초, 구름 한 점 없는 날이다. 우리는 이내 모든 해안으로부터 멀리 달아나는 요란한 고무보트에 꼭 매달린다. 보트는 저지섬의 중심 도시 세인트헬리어에서 23킬로미터쯤 떨어진 반짝이는 바닷물 위를 가로지르고 있다. 25분 뒤 수평선 너머로 날카로운 암초들이 별처럼 솟아오른다. 저지섬 사람들이

'밍키스Minkies'라고 부르는 맹키에군도Les Minquiers는 저지섬보다 훨씬 더 넓은 면적에 걸쳐 흩어져 있다. 썰물 때는 200제곱킬로미터에 달하는 모래와 암석이 모습을 드러낸다(저지섬의 면적은 120제곱킬로미터다).

나는 맹키에군도의 면적이 고정되어 있지 않다는 점에 매료된다. 하루에도 두세 번은 광활한 땅이 되었다가, 썰물 때가 되면 아홉 개의 작은 섬만이 남는다. 아홉 개 섬 중에서도 단 하나만이 그나마 면적을 측정할 만한 크기다. 메트레스섬La Maitresse Île이라 불리는 이 섬은 가장 작을 때는 크기가 가로 100미터, 세로 12미터에 불과하다. 영국해협 중에서도 이곳은 간만의 차가 매우 커서 거의 12미터에 이른다. 밍키스는 바로 눈앞에서 나타났다가 사라지는데, 아무것도 없는 곳에서 무언가가 불쑥 나오니 마술 군도다.

햇볕에 탄 서글서글한 선장이 속도를 늦추고, 물기 어린 침묵이 우리를 휘감는다. 보트가 메트레스섬 바로 앞에서 휙 돈다. 한 층짜리 작은 석조 건물 여러 채가 메트레스섬의 단 하나뿐인 산등성이 위에 빽빽이 들어서 있다. 마치 발이 파도에 젖지 않도록 조심하는 듯 옹기종기 모여 있다. 해초로 뒤덮인 미끌미끌한 부두 위로 조심스럽게 올라선 내가 제일 처음 찾아간 곳은 섬의 외부 화장실이다. 용감하게도 멀찍이 홀로 서 있는 이 건물은 영국제도의 최남단 건물이다. 이런 독보적인 지위를 자랑스럽게 선언하는 명판이 화장실 여닫이문에 걸려 있다. 화장실에서 일을 치르려면 먼저 변기를 씻어 낼 바닷물을 한 바가지 떠 놓아야 한다. 그나저나 꾸물댈 틈이 없다. 곧 밀물 때가 될 것이고, 그렇게 되면 배를 댈 부두가 없어진다.

텅 빈 돌 오두막은 새의 하얀 배설물로 뒤덮여 있다. 모두 열두 개로, 열 개는 저지섬 주민 소유이고 대개 주말 별장으로 사용된다. 나머지 두 개는 저지섬 관청 소유다. 그중 하나는 세관인데, 저지섬의 상징인 세 마리 사자와 '저지섬 소유', '관세'라는 단어가 새겨진, 소박한 건물에는 다소 어울리지 않는 화려한 석조 명판이 걸려 있다. 섬의 반대쪽 끝에는 세월의 흔적이 느껴지는 헬리패드가 있다. 그러나 내 시선은 자꾸 땅에 머문다. 땅에 꼭 붙어 있는 이파리 큰 덤불과 바위가 검고 붉은 별노린재로 뒤덮여 있다. 벌레들이 정신없이 돌아다니고 있다. 마치 잃어버린 무언가를 찾고 있는 것처럼.

일단 보트로 돌아오자, 선장은 우리에게 이곳이 "서구 세계에서 지도에 표시되지 않은 가장 넓은 땅"이라고 말한다. 조수 간만의 차이에 따라 워낙 크기가 달라지다 보니 메트레스섬 외의 작은 섬들이 흩어져 있는, '황무지'라고 불리는 이 구역에서 보트를 몰고 다니는 것은 지역 주민이 아니고서는 불가능하다는 것이다. 나는 행운이라는 생각이 든다. 날씨가 궂을 때도 있는데 지금 이 순간만큼은 바다가 형형색색으로 빛난다. 반투명의 파랑과 부드러운 초록, 우아한 그림자가 작은 섬들과 하얀 모래사장 주위로 모여든다. 따뜻하고 화창한 아침이면 이곳은 아주 매력적인 장소다. 왜 저지섬 주민들이 모터보트를 타고서, 아니면 심지어 노를 저어서 자신이 아끼는 자리를 찾아 이곳으로 나오는지 이해가 된다. 그런 자리에서는 섬 하나를 온전히 차지할 수 있을 것이다.

풍경이 사라지는 속도가 하도 빨라서, 첫눈에는 고립된 바위들이 바다에서 고개만 불쑥 내밀고 있는 것처럼 보였던 광경은, 이제 넓은 모래언덕으로 연결된 석호과 야트막한 바위언덕이 들어선 땅으로 탈바꿈하고 있다. 우리가 탄 고무보트의 바닥이 모래톱 위에 부드럽게 올라가자, 우리는 보트에서 뛰어나와 때 묻지 않은 모래 위로 철퍽철퍽 내려선다. 이 반짝거리는, 곧 사라질 섬에서 강렬한 햇살에 간신히 눈을 뜨고 있는 나는 이런 불확실한 장소가 그토록 길고도 복잡한 역사를 지녔다는 게 신기하다고 생각한다.

1792년, 암초에서 화강암을 채굴하기 시작했다. 그렇게 채굴된 화강암은 세인트헬리어로 운반되었다. 메트레스섬의 돌오두막은 이 시기에 세워진 것들이다. 저지섬의 어부는 이 지역의 풍부한 어장에 자부심을 느껴 이 섬을 어획 기지로 삼았는데, 그 어부들이 채굴자의 장비를 바다에 던져 채굴 작업을 중단시켰다고 전해진다. 확실한 것은 맹키에군도가 프랑스와 영국을 가르는 모호한 경계 지역에 자리하고 있다는 점이며, 그 사실이 이 지역에서 가장 오래 지속된 분쟁의 원인이었다. 메트레스섬에서 저지섬까지의 거리나 프랑스까지의 거리

는 거의 비슷하고, 게다가 저지섬은 영국보다는 프랑스에 더 가깝다. 그러니 프랑스가 이 암초 섬을 자국 영토라고 주장한 것도 당연하다. 1938년 4월, 이 문제를 아주 중요하게 여긴 프랑스 수상 에두아르 달라디에가 메트레스섬을 직접 찾아와 이 섬이 프랑스 영토라고 선언했다.

더 심각한 지정학적 문제들 때문에 밍키스의 영유권 문제는 해결해야 할 안건의 우선순위에서 밀려났다. 제2차 세계대전 중 독일은 메트레스섬에 감시초소를 세웠다. 이곳에 파견된 병사들은 지구를 떠난 느낌이었을 것이다. 바람만 오가는 섬에 고립된 몇 안 되는 독일 병사는 결국 전쟁통에 모두에게 잊힌 존재가 되었다. 역사가 찰스 화이팅은 『전쟁의 종식, 유럽: 1945년 4월 15일~1945년 5월 23일*The End of the War, Europe: April 15-May 23, 1945*』에서 이렇게 서술한다. 유럽에서 제2차 세계대전이 끝난 지 2주도 더 지난 1945년 5월 23일, 어선 레 트르와 프레레Les Trois Frères의 선장 루시앙 마리가 "선교에 서 있던 중 나지막한 암초의 집합인 그 섬에 사람이 있다는 것을 불현듯 알아차렸다." 무장한 독일 병사 한 사람이 나타나 "이봐, 프랑스인" 하고 불렀다. "영국은 우리의 존재를 잊은 것 같소. 저지섬 사람들 중 그 누구도 우리가 여기 있다고 본토에 알리지 않았나 보오. 어쨌든 우리도 더는 못 버티겠소. 물과 식량도 다 떨어져 가고. 당신이 도와줘야겠소." "어떻게요?" 루시앙 마리가 물었다. "간단해요. 우리를 영국에 데려다주시오."라는 답이 돌아왔다. "우리는 항복하겠소."

이 잊힌 병사들에게도 드디어 전쟁이 끝났다. 그들은 분명히 밍키스를 다시는 볼 일이 없기를 온 마음을 다해 바랐을 것이다. 그러나 이 외로운 군도에 대한 영유권 귀속 문제가 곧 다시 수면 위로 떠오른다. 1953년 맹키에군도와 저지섬 북쪽 해안에 위치한 비슷한 규모의 에크레호군도Les Écréhous의 영유권 분쟁이 새로 설립된 국제사법재판소의 중재 대상이 되었다. 프랑스는 두 군도가 프랑스 본토에 더 가까우며, 전통적으로 프랑스의 어획 구역이었다는 것을 근거로 영유권을 주장했다. 영국은 돌 오두막의 존재와 그 오두막의 주인이 영국인이라는 점을 중점적으로 내세웠다. 재판장들은 영국의 논리가 더 설득력 있다고 판단했고, 두 암초 집합이 모두 '영국에 귀속된다'는 판결을 내렸다.

저지섬을 방문하는 이들이 제일 처음 알게 되는 사실은 저지섬이 영국령 밖에 위치한다는 것, 국제사법재판소가 군도에 흩어져 있는 암초들의 경계선을 확정하지 않았다는 것, 그리고 1953년의 판결이 분쟁을 해소하지 못했다는 것이다. 그 판결이 프랑스의 몇몇 비판가를 설득하지 못했다는 것만은 확실하다. 이들 비판가 중 한 명이 소설가 장 라스파이이다. 괴팍하기는 해도 열렬한 애국자인 그의 대표작은 『성자의 막사*The Camp of the Saints*』인데, 이 소설에서 그는 '남쪽의 개발도상국'에서 이민자들이 몰려와 서구 문명을 집어삼키고 파괴할 것이라고 예언한다. 1984년 라스파이는 배를 타고 맹키에군도로 나가 파타고니아(남미 아르헨티나 남부의 고원-옮긴이) 깃발을 꽂았다. 영국이 아르헨티나의 포클랜드제도를 재탈환하려고 끊임없이 시도하는 것을 비꼰 행위였다. 그로부터 12년이 지난 뒤 라스파이는 메트레스섬으로 돌아와 이 섬에 게양된 영국 국기를 내린 다음, 그 국기를 파리의 영국 대사에게 선사했다. 맹키에군도 북쪽에 있는 자매 섬들에서도 이와 비슷한 상징적인 점령 행위가 벌어졌다. 1993년과 1994년에 프랑스 '침략자'는 에크레호군도에 노르망디 깃발을 게양했다(프랑스 북서부의 노르망디는 과거 노르망디공국에 해당하는 지역으로, 저지섬, 건지섬, 맹키에군도 등이 속해 있는 채널제도는 정복자 윌리엄에 의해 점령당하기 전까지 노르망디공국의 영토였다-옮긴이).

결국 프랑스와 영국은 1953년 국제사법재판소의 판결을 재검토해야만 했다. 깃발 꽂기 때문이 아니라, 이들 암초의 불안정한 지형 때문이었다. 하루 중에도 해수면 위아래의 땅 모양이 시시각각 변하다 보니 훨씬 더 세세하게 구획을 나눠야 했다. 두 나라는 이 문제를 두고 수차례에 걸쳐 논의했고, 합의에 이르기까지는 13년이 걸렸다. 이 협상에 참여한 한 저지섬 정치인은 이 합의 과정이 말 그대로 맹키에군도와 에크레호군도의 "바위를 하나하나" 세는 과정이었다고 설명했다. 2000년에 새로운 정치적 합의를 반영한 지도가 확정되었다. 이 지도에 표시된 경계선이 영국과 프랑스를 가르는 최종적인 해양 국경선이기를 기대해 본다. 이 지역에 관한 영국과 프랑스 간 영유권 합의는 어획 구역을 상세하게 기록한 또 다른 자료와 함께 2004년 1월 1일 발효되었다. 그 뒤 곧바로 바다에 온갖 구획선을 물리적으로 표시하는 부표가 설치되었다. 마침내 영국과 프랑스의 영해가 확실하게 나뉘었다.

이 모든 지정학적 책략들은 내가 지금 있는 이 평화롭고 고요한 모래톱에서 백만 킬로미터는 족히 떨어진 먼 곳의 일처럼 느껴진다. 밍키스에서는 1분마다 새로운 해안선이 자라난다. 혹처럼 튀어나온 섬의 황금빛 척추에서 흘러나와 서로 뒤엉킨 실개천이 비단처럼 곱게 젖은 모래 위를 수놓는다. 나는 마음이 놓여, 그제야 몸을 눕힌다. 뜨거운 태양 아래 누워 있자니 잠이 온다. 이 세상의 모든 물이 배수구로 빨려 들어간다. 곧 물이 전부 사라질 것이다. 그러나 이 같은 환상은 그와는 정반대인 현실을 일깨워 정신을 번쩍 들게 한다. 금방 밀물 때가 될 것이기 때문이다. 밀물이 올라오기 시작하면 나는 얼른 잠에서 깨 어딘가 안전한 곳, 확실한 곳으로 배를 타고 나가야만 한다. 나는 스스로를 안심시키려고 목을 빼고 주위를 두리번거린다. 이 이름 없는, 이름 붙일 수 없는 섬의 끄트머리에 나를 집으로 데려다줄 보트가 보인다. 나는 맹키에군도에 관한 기억이 꿈과 불길한 예감 사이의 무언가로 남으리라는 것을 이미 알고 있다.

섬들의 연합체를 만드는 일에 관하여

미국령 군소 제도와 범대양 군도 초소형국가체 연합

이 이야기는 눈에 잘 띄지 않는 장소에서 시작해 기이한 장소에서 끝난다. 미국령 군소 제도The United States Minor Outlying Islands는 미국령 중에서 가장 덜 알려진 땅이다. 머나먼 오지의 작은 섬들이라서 이들 섬을 전부 합친 면적이 33제곱킬로미터밖에 안 된다. 총 아홉 개의 섬으로 이루어져 있으며, 그중 여덟 개(베이커섬, 하울런드섬, 자비스섬, 존스턴 환초, 킹먼 암초, 미드웨이 환초, 팔미라 환초, 웨이크섬)는 태평양에, 한 개(나배사섬)는 카리브해에 있다. 자투리 땅들의 집합이랄까. 이 섬들을 모두 아우르는 명칭 '미국령 군소 제도'는 편의상 붙인 이름이다. 이들 섬에는 정부가 없기 때문이다. 미국 공군이 관리하는 웨이크섬을 제외한 나머지 섬들은 미국어류및야생동물보호국에서 국립 야생동물 보호 지구로 관리하고 있다.

웨이크섬을 제외한 다른 섬들에 대한 영유권 주장은 모두 1856년 제정된 미국의 구아노제도법Guano Islands Act에 근거하고 있다. 지극히 일방적인 이 미국법은 다음과 같이 선언한다.

> 미국 시민이, 다른 어떤 정부의 합법적인 관할권에 속하지도 않고, 다른 어떤 정부의 시민이 점유하고 있지도 않은 어떤 섬, 바위, 산호초에서 구아노 덩어리를 발견했다면, 그리고 그곳을 평화롭게 점령하고 점유했다면, 미 대통령의 권한에 따라 그 섬, 바위, 또는 산호초는 미국령에 속하는 것으로 간주한다.

'구아노'는 거름으로 쓰이는 배설물을 뜻하는 케추아어(잉카문명권의 공용어-옮긴이)다. 구아노제도법으로 날개를 단 섬 사냥꾼들이 진짜 원한 것은 바닷새의 배설물이 굳어진 덩어리인 구아노였다. 구아노는 질소, 인, 칼륨이 풍부해서 세계적으로 귀한 대접을 받는 자연산 거름이었다. 구아노제도법은 여전히 발효 중이며, 미국이 전 세계에 흩어진 수백 개 섬에 대해 영유권을 행사하는 근거가 된다. 미국은 구아노를 전부 채취하고 나서는 영유권을 적극적으로 방어하지 않았으며, 영유권 주장을 철회하거나 유보했다. 영유권 주장을 철회한 섬으로는 스완제도가 있다. 스완제도는 중앙아메리카의 동부 해안에 있는 세 개의 섬을 가리키며, 1972년 온두라스에 귀속되었다. 영유권을 유보한 섬으로는 두시섬이 있다. 섬이라고 부르지만 실은 총면적이 69헥타르(1헥타르=10,000제곱미터)에 달하는 작은 무인도들의 집합이다. 현재 태평양에서 유일한 영국령인 핏케언제도에서 동쪽으로 약 530킬로미터 떨어진 곳에 있다. 2010년부터 영국이 두시섬은 핏케언제도에 속한다고 공식적으로 선언한 상태다.

프랑스와 영국도 본토에서 아주 멀리 떨어진 작은 섬들에 대해 영유권을 행사한다. 그러나 미국령 군소 제도는 이상한 법적 논리를 적용한다는 점에서 독특하다. 컬럼비아대학교 법학 교수 크리스티나 더피 버넷은 오래전부터 드문드문 흩어진 이런 미국령 자투리 땅들의 불안정한 지위에 흥미를 느꼈다. 버넷 교수의 말에 따르면, 이 땅들은 "헌법적 관점에서 보면 기이한 비非장소(non-place, 공간을 이용하는 사람들의 실천적 행위 및 개개인의 경험이 부재하며, 고유한 정체성 및 역사성을 찾아보기 힘든 공간. 인간적 장소, 혹은 인류학적 장소에 대비되는 개념이다-옮긴이)"에 해당한다. 그는 이 "섬들이 미국에 '속하지만' 미국의 '일부'"라 할 수는 없다고 여긴다. 그래서 이런 의문을 제기한다. "이곳에는 어떤 법이 적용될까? 그게 명확하지 않다."

이들 섬이 육지에서 멀리 떨어져 있고 크기가 작다고 얕잡아 보면 안 된다. 각각의 섬 덕분에 미국은 한 국가의 해안선에서 200해리까지 연장되는 '배타적 경제 수역'을 적용해 엄청난 면적의 바다에 대해 관할권을 행사한다. 또한 각 섬은 나름의 사연을 지니고 있다. 21세기 전쟁사를 공부한 사람이라면 미국령 군소 제도에 속한 섬의 이름 중 특히 두 개가 눈에 들어왔을 것이다. 존스턴 환초와 웨이크섬 말이다.

웨이크섬은 미국령 군소 제도에 속한 아홉 개 섬 중에서 사람이 사는 유일한 섬이다. 미군 소속 군인 및 직원 94명이 현재 웨이크섬에 거주하고 있다. U 자 형태의 환초인 이 섬은 진주만이 공습당한 날 마찬가지로 일본군에게 공격을 받았다. 1,000여 명의 목숨을 앗아 간 치열한 전투 끝에, 1941년 12월 23일 웨이크섬은 일본군에게 점령당했다. 미국은 이 섬을 되돌려받은 뒤 다시 군사기지로 사용했으며, 현재는 미사일 실험장과 재급유지로 사용하고 있다.

존스턴 환초는 네 개의 편평한 모래섬으로 이루어져 있다. 가장 큰 섬이 존스턴섬이다. 존스턴섬은 인공적으로 확장된 섬으로, 19헥타르이던 면적이 241헥타르로 늘어났다. 이착륙장을 지을 긴 부지를 확보하기 위해서였다. 오늘날 존스턴 환초는 부자연스럽게 길쭉한 직사각형 모양을 하고 있다. 한창 잘나갈 때는 1,000명의 미군 소속 군인 및 직원이 상주하고 있었다. 존스턴 환초는 1962년에 핵무기 실험장으로 사용되었고, 그 밖에 로켓 발사장으로도 활용되었다. 이곳에는 베트남전쟁에서 쓴 고엽제 드럼통 등이 묻힌 10헥타르에 달하는 독성 물질 매립지도 있다. 이런 독성 혼합물로도 모자랐는지, 1990년대에는 신경 작용제인 사린 독가스를 비롯해 화학무기 소각장도 운영되었다.

2001년 8월 17일 존스턴 환초의 마지막 병사가 섬을 떠났다. 이 섬이 독성 물질 폐기장이나 다름없다는 점을 감안하면, 2006년 7월 미 연방총무청이 존스턴섬을 매물 목록에 올리면서 '생태 관광지'로 활용할 수 있는 '거주지 또는 휴양지'라고 소개했다는 사실은 다소 놀랍다. 미 연방총무청이 반어법을 즐긴다고 봐야 할까? 이 매물 목록은 민간의 관심 정도를 가늠하기 위한 '미끼'였다는 해명이 뒤따르기는 했다.

이들 섬에 관해 덜 알려진 또 다른 이야기도 있다. 하와이 카메하메하학교의 기록에 따르면, 이 학교 학생들이 하울런드섬, 자비스섬, 베이커섬을 식민지로 개척하는 프로젝트를 꽤 열정적으로 수행했다고 한다. 식민지 프로젝트는 1935년에 시작되었고, 학교 기록에는 어린 모험가들이 웃고 있는 사진과 지역 신문에 실린 1면 기사 등이 첨부되어 있는데, 활기차고 낙관적인 분위기가 가득하다. 그러나 안타깝게도 이 모험은 비극적으로 끝났다. 하울런드섬에서 소년들이 쓴 1941년 12월의 일기가 당시의 비극적인 사건을 담고 있다.

> 조 켈리하나누이가 문득 고개를 들었고 북서쪽 하늘 높이 쌍발 폭격기 열네 대를 발견했다. …

> 폭격기는 3,000미터 상공에서 우리가 있는 곳에 폭탄을 퍼부어 댔다. 폭탄 스무 개를 떨어뜨린 뒤, 다시 돌아와 열 개를 더 떨어뜨렸다. 폭탄이 연달아 터지며 발밑 땅이 울렸고, 사방이 연기로 자욱해져서 아무것도 보이지 않았다.
>
> 마침내 폭격기들이 물러난 뒤, 맷슨과 나는 딕과 조가 쓰러져 있는 곳으로 갔다. 아주 처참한 모습을 하고 있었다. 둘 다 다리를 다쳤고, 한 명은 가슴까지 상처를 입은 데다 등에는 구멍이 나 있었다. 들것을 만들기 시작했는데, 뭔가가 준비되었을 때는 둘 다 죽어 있었다.

첫 공습 후 한 달이 지난 1942년 1월 1일에 이르자, 소년들은 자신들이 "이 전쟁의 무인 지대 한복판에 있으며, 아마도 전쟁이 끝나는 순간까지 이곳에 꼼짝없이 갇혀 지낼 것"이라고 믿었다. 다행히도 1월 31일 미국 구축함이 소년들을 구출했다.

구아노제도법은 기이한 법으로, 이 법을 우연히 접한 사람들은 환상적인 꿈을 꾸기 시작한다. "19세기에 만들어진 법 덕분에 미국인은 새똥이 묻은 무인도에 대해 소유권을 주장할 수 있다" 같은 제목을 단 온라인 게시물이 엄청나게 많다. 그런 글이 올라오면 어김없이 관련 채팅방이 생기곤 하는데, 그러다 곧 한껏 부풀어 오른 초기 낙관론의 바람이 빠진다. 새로운 주민을 기다리는, 아직 발견되지 않은, 아무도 소유권을 주장하지 않은 주인 없는 섬은 존재하지 않는다는 것으로 토론

이 마무리되기 때문이다. 꼭 그렇지만은 않다는 것이 내 생각이지만 나로서는 왜 한 국가의 주장을 있는 그대로 받아들여야 하는지도 궁금하다. 미국의 구아노제도법은 국제법이 아니다. 국제사회에서 법적 지위를 인정받을 수 있는지 자체도 의심스럽다.

미국이 비어 있는 수많은 섬들을 미국령에 속한다고 주장하며 느슨한 미국령 '군소 제도' 연합으로 묶어 버릴 수 있다면, 다른 이들도 그렇게 할 수 있는 것 아닐까? 이 질문에 대한 답을 찾아 우리는 미국령 군소 제도에서 범대양 군도 초소형국가체 연합United Micronations Multi-Oceanic Archipelago, UMMOA으로 이동한다. 이 연합은 멀리 떨어진 여러 군도를 한데 묶어서 주권을 주장하는 기발한 혼합체다. 이 독립체를 제대로 이해하려면 2008년 1월 19일 대주교 체시디오 탈리니 박사가 이 연합을 창설했다는 사실에 주목할 필요가 있다. 탈리니 박사는 '대안 학자'이며, 상습적인 초소형국가체micronation(독립을 선포했으나 국제적으로 인정받지 못하는 국가-옮긴이) 창조자다. UMMOA는 초소형국가체라는 가상 세계에 짙은 흔적을 남기고 있는데, UMMOA의 야심이 워낙 당차다는 것이 그 한 가지 이유다. 탈리니 박사는 UMMOA가 모든 군소 제도의 연합이라고 주장할 뿐 아니라, 남극 일부를 비롯해 "원주민이 없는 곳"이면서 여기저기 흩어진 암초와 작은 섬들을 포함한 29개 영토에 대한 영유권도 주장한다.

자국 '국민'이 68명이라고 주장하는 UMMOA는 국제적인 야심을 담은 도발적인 선언이라는 뗏목에 의지해 겨우겨우 떠 있다. 이 선언에는 우주 잔해물, 해수면 상승으로 가라앉고 있는 몇몇 섬을 비롯해 '태평양 거대 쓰레기섬Great Pacific Garbage Patch' 처럼 아무도 원하지 않는 오염된 영역에 대한 영유권 주장이 포함되어 있다. 또한 성공하지는 못했지만, UMMOA는 초소형국가체들의 올림픽 경기를 개최하려고 시도했다. 탈리니 박사는 "안타깝게도 나머지 사람들이 적극적이지 않았고 무책임했다"고 설명한다.

UMMOA는 이 연합의 창설이 "자아도취적 행위가 아니며, 성인들이 다각도에서 추진한 작업"이라고 강조한다. 이런 기이한 주장에도 불구하고 나는 UMMOA가 '군도'라는 개념을 재조명했다는 점에 마음이 끌린다. 군도는 점들이 연결된 섬의 집합이다. 소속 섬들은 물을 사이에 두고 관계를 유지하며, 연결선들이 얽히고설켜 하나가 된다. 탈리니 박사의 '범대양 군도'는 '사이버인류학'이라는 그의 전공만큼이나 사실성이 떨어지지만, 탈리니 박사의 기발한 발상만큼은 그가 제안한 UMMOA을 비롯해, UMMOA에 비해 국제사회의 인정을 받을 확률이 아주 살짝 떨어지는 다른 군도 연합을 창설하는 일이 어째서 그토록 매력적인지를 보여 준다. 채굴당하고 오염돼 왔던 꽤 우울한 역사에도 불구하고, 작디작은 소외된 장소들이 수천 킬로미터씩 떨어져 있는 서로에게 연결되어 아주 멋진 공동체를 이룬다. 무게가 없는 혼합물, 평범한 세계에서 벗어나면서도 불가능한 무언가가 되는 것이다.

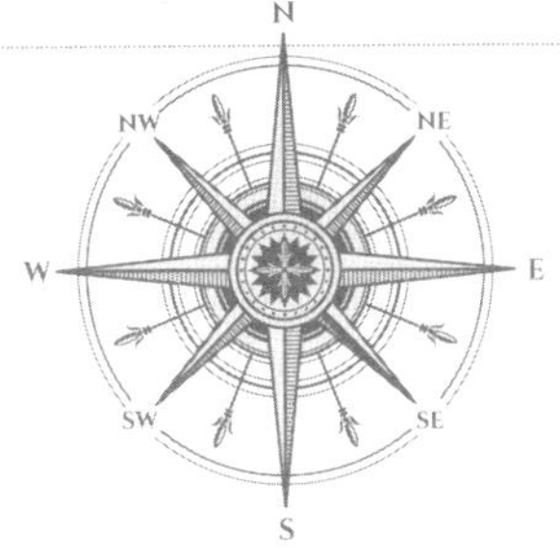

누가 섬을 건설하려 하는가

스프래틀리제도

섬을 만드는 일은 그렇게까지 어렵지 않다. 자리만 잘 고르면 계속 흙을 붓기만 해도 섬이 생긴다. 세계에서 가장 큰 인공섬은 면적이 970제곱킬로미터인 네덜란드의 플레보폴더Flevopolder다. 이 섬은 1950년대와 1960년대에 만들어졌다. 이곳에는 현재 반반하고 평화로운 경작지와 마을이 들어서 있다. 다른 지역에서는 이보다 훨씬 더 뾰족하게 튀어나온 섬을 만들라는 정치적, 경제적, 그리고 환경적 압박이 가해지고 있다. 따뜻한 남중국해는 인구가 많은 국가들에 둘러싸여 있다. 각국은 최근까지도 오염되지 않은 무인 지대였던 스프래틀리제도Spratly Islands에 속한 수백 개의 작은 섬과 산호초에 대해 앞다투어 영유권을 주장하고 있다(분쟁 당사국이 섬을 부르는 명칭도 중국명 난사군도, 베트남명 쯔엉사군도, 필리핀명 칼라얀군도 등으로 모두 다르다-옮긴이). 오늘날 스프래틀리제도는 몸집이 커지고, 군데군데 모서리가 튀어나오고, 콘크리트를 덮어쓴 흉물스러운 군사기지로 탈바꿈하고 있다. 한때는 때묻지 않은 열대의 낙원이었던 이곳은 프랑켄슈타인 섬들을 병사로 거느린 군부대가 되었다.

스프래틀리제도에는 해수면 위로 드러난 육지 면적 0.8헥타르가 넘는 작은 섬이 열세 개 있고, 그 외에도 산호초와 암초가 여기저기 흩어져 있다. 자연 상태에서도 면적이 꽤 큰 섬들은 바람과 우기의 집중호우에 모래가 이동하며 계절마다 해안선 모양이 달라지곤 한다. 42만 5,000제곱킬로미터에 걸쳐 흩어진 스프래틀리제도의 섬들은 산호섬으로, 식물이 거의 살지 않으며, 수원水源이 없다. 그러나 이 섬들을 둘러싼 야트막하고 따뜻한 바다는 희귀 거북과 수천 종의 물고기를 비롯해 엄청나게 다양한 해양 생물의 서식지가 되어 준다.

1843년 3월 29일 오전 아홉 시, 영국 런던 출신 리처드 스프래틀리가 모래사장이 나지막하게 펼쳐진 작은 섬을 발견하고는 상상력의 부재를 여실히 보여 주는 '스프래틀리의 모래섬'이라는 이름을 붙였다. 딱히 눈에 띄게 특별한 점은 없었으므로 그는 곧장 섬을 떠났다. 다만 스프래틀리 선장의 이후 여정이 이 섬에 앞으로 닥칠 일들의 전조였는지도 모른다. 그다음 해에 스프래틀리는 이중 첩자라는 혐의와 일본 근처의 한 섬에 선원 몇몇을 버려 두고 왔다는 혐의를 받았다. 수십 년 뒤 또 다른 영국인 선장이 스프래틀리제도에 대한 소유권을 주장하면서 이곳에 모락-송그라티-미즈 공화국Republic of Morac-Songhrati-Meads이라는 명칭을 붙였다. 그의 후손은 두 계파로 나뉘어 다툼을 벌였고, 그중 한 계파가 스프래틀리제도에 '인류의 왕국'이라는 새로운 이름을 붙였다. 그 뒤에 이 왕국은 재통합했으며, 1980년대까지도 주변국의 승인을 요구했고 심지어 미국의 승인을 얻어 내려고 법정 소송 준비도 했다. 그런데 스프래틀리 섬의 왕위 계승자라고 주장하는 또 한 사람이 있었으니, 바로 토마스 클로마라는 필리핀인이었다. 그는 1956년 배를 타고 스프래틀리제도에 나타나 이곳을 '자유의 땅'이라고 명명했다. 이 같은 악의 없는 행동은 타이완의 심기를 건드렸고, 타이완 정부는 군대를 보내 스프래틀리제도에서 가장 큰 섬인 폭 1.4킬로미터의 이투아바섬을 점령했다. 1978년 클로마는 1페소를 받고 자신의 왕국 전체를 필리핀 정부에 넘겼다. 그 뒤로 필리핀은 스프래틀리제도가 필리핀 영토라고 주장하고 있다.

이 제도의 소유권을 주장한 기이한 인물들에 관한 이런 우스꽝스러운 일화는 스프래틀리제도의 훨씬 더 심각한 현대사와 잘 연결되지 않는다. 울퉁불퉁한 암초가 뒤엉켜 있는 탓에 남중국해의 남쪽 해역은 위험 지대로 분류되는데, 그런 분류는 남중국해 전체에도 적용할 수 있다. 매년 5조 3,000억 달러

(우리 돈으로 약 6,300조 원-옮긴이)가 넘는 화물이 남중국해를 통과한다. 또한 남중국해에는 아직 개발되지 않은 석유와 천연가스가 많이 매장되어 있으며, 남중국해의 어획량은 전 세계 어획량의 약 12퍼센트를 차지한다. 이 모든 것의 한가운데 자리하고 있는 스프래틀리제도는 다양한 이해관계와 야심이 교차하는 곳에 서 있다. 이곳에서는 자그마한 산호초와 섬 하나하나에 대해 각종 영유권 주장과 그에 맞서는 반대 주장이 어지럽게 오간다.

이곳의 현지 주인공 다섯은 중국, 필리핀, 말레이시아, 베트남, 타이완이다. 미국도 주요 당사자다. 다시 말해, 스프래틀리제도를 군사기지화하려는 중국의 야심을 미국이 그냥 보아 넘겼을 리가 없다. 과거에도 영유권 확장을 위한 소규모 간척 사업은 추진되었다. 그중 가장 규모가 큰 것은 스왈로 암초 간척 사업으로, 말레이시아가 6만 제곱미터에 불과한 이 섬의 면적을 35만 제곱미터로 늘렸다. 필리핀은 이 지역 영유권 주장국들 중 섬 확장 및 건설에 관심을 보이지 않은 유일한 국가다. 물론 필리핀도 꽤 오래전부터 자국이 실효적 영유권을 행사하고 있는 섬을 확장 내지 재건축하는 계획을 세워 두었지만, 지금까지는 스프래틀리제도에 군수를 임명하는 등 행정적인 조치를 취하는 데 더 집중하고 있다. 민주적인 대표라고 하기에는 어색한 이 스프래틀리제도 군수는 여기저기 흩어진 수많은 작은 영토에 사는 유권자 288명을 대변한다.

2014년에는 이미 아슬아슬하던 상황이 국제분쟁의 위기로 번지기도 했다. 중국은 국제법을 무시하고 군사력을 동원해 남중국해 거의 전역에 대해 공격적으로 통제권을 행사하기 시작했다. 중국 해군은 마치 자국 영해인 양 남중국해 바다를 정찰하고 있다. 심지어 주변국의 영해 내로 깊숙이 들어가는가 하면, 정찰에 방해가 되는 민간 어선에 물대포를 쏘아 댄다. 또한 중국 해군은 존슨 사우스 암초, 파이어리 크로스 암초, 게이븐 암초, 콰테런 암초에서 대규모 섬 건설 프로젝트를 진행하고 있다. 최근에는 수비 암초, 휴스 암초, 미스치프 암초에서도 건설 프로젝트를 개시했다. 1년 사이에 스프래틀리제도는 전 세계에서 가장 활발한 군사 전초기지가 되었다. 이를 지켜본 미 태평양함대 사령관 해리 해리스는 이곳에 '모래장성'이라는 별칭을 붙였다. 말레이시아, 베트남, 타이완도 자국이 실효적 영유권을 행사하는 섬과 암초에 간척 프로젝트를 추진 중이다. 각각의 프로젝트로 소규모 군사기지가 만들어지고 있다. 베트남 정부는 이 군도의 이름이 유래한 곳이자, 자국이 차지하고 있는 섬들 중 가장 큰 섬인 스프래틀리섬에서 베트남인민해군 보병 사단이 행진하는 모습을 찍은 사진을 공개했다. 스프래틀리섬에 세워진 기지는 한 중대가 행군하면서 발을 제대로 뻗기 힘들 정도로 좁다. 그렇긴 해도 평화적인 목적을 위해 건설하는 섬은 상당히 넓은 면적이 필요한 반면, 군사적 목적을 위해 건설하는 섬은 무기를 둘 정도의 공간, 즉 미사일

격납고, 비행기 이착륙장, 함선 정박지 등을 설치할 정도의 면적이면 충분하다.

스프래틀리제도를 군사기지로 바꾸고 있는 나라는 중국 하나만이 아니지만, 중국의 섬 건설 프로젝트는 다른 국가보다 훨씬 앞서 나간다. 영국 최대의 민간 군사 전문 컨설팅업체인 제인스인포메이션그룹Jane's Information Group은 다른 국가도 "기존 땅을 변형"했지만 중국은 "밀물 때면 거의 대부분이 해수면 밑으로 가라앉는 암초도 섬으로 만들고 있다"고 지적한다. 중국은 섬 건설을 위해 탄탄한 기초로 삼기에 적당한 암초를 물색한다. 위성사진으로 보면 중국이 선택한 섬들에는 바닷물 속을 휘감고 도는 길고 검은 뱀 같은 것이 붙어 있고, 이 검은 뱀은 대개 정박한 바지선을 거느린, 민달팽이처럼 생긴 선박들의 무리와 연결되어 있다. 이들 선박은 해저 바닥을 처리하기 쉬운 조각으로 잘게 부수고 있으며, 그렇게 만들어진 혼합물이 길고 검은 파이프를 타고 쏟아져 나와 섬을 만든다.

이 같은 섬 건설 프로젝트는 군사적인 목적으로 추진된다. 그러다 보니 군 당국이 말 그대로 군대의 모습을 본떠 섬을 빚는다. 미국의 존스턴 환초를 떠올리면 된다. 존스턴 환초는 현재 거대한 항공모함 같은 형태를 띠고 있다. 새로 탄생한 스프래틀리제도는 무기로 가득 채운, 모서리가 각진 거대한 함대를 닮았다. 파이어리 크로스 암초의 전후 사진을 비교해 보면, 한때 커다란 푸른 석호를 둘러싼 총천연빛 자연 암초였던 곳이 비행기 이착륙장을 갖추며 표백한 듯 새하얀 직사각형으로 변해 버린 것을 알 수 있다. 그 한쪽 끝에는 떡 벌어진 사각 턱이 달려 있는데, 바로 구축함을 비롯한 해군 함선들이 검은 이빨처럼 점점이 박혀 있는 군사용 항구다.

국제사법재판소는 스프래틀리제도에 대한 중국의 영유권 주장을 받아들이지 않았지만, 다른 국가들도 스프래틀리제도가 자국의 영토라는 결정적인 증거를 내놓지 못하고 있는 상태다. 중국은 기원전 2세기경 중국 탐험가들이 스프래틀리제도를 발견했다고 주장한다. 일부 섬에서 발견된 것이라며 고대 중국 동전과 토기를 증거로 내놓기도 했다. 그러나 이런 주장은 다른 경쟁국들도 똑같이 내세울 수 있는 논리다. 그래서 중국이 21세기형 증거를 만들어 내기 시작한 것인지도 모르겠다. 2011년 차이나모바일China Mobile은 앞으로는 스프래틀리제도의 (최근까지도 0명인) 주민들도 완벽한 통신 서비스를 제공받을 수 있다고 발표했다. 이런 발표에 담긴 메시지는 명확하다. '스프래틀리제도도 중국의 일부'라는 것이다. 이런 소프트파워에 하드파워도 가세했다. 2015년 5월 20일 주목할 만한 신경전이 벌어졌다. 중국 해군이 미국 해군 전투기를 향해 "중국 군사 경계 구역"에 해당하는 파이어리 크로스 암초 상공에서 나가라고 경고했다. 이 조처로 양국의 관계가 악화되었고 갈등의 골이 깊어졌다. 2016년 2월 중국은 스프래틀리제도 북쪽에 있는 또 다른 영유권 분쟁 지역인 파라셀제도의 한 섬에 지대공

미사일을 설치했다.

2017년 초, 미 국무부 장관에 임명된 렉스 틸러슨은 중국이 스프래틀리제도에서 추진하는 섬 건설 프로젝트는 "러시아의 크림반도 점령"과 다를 바 없다며 비난했다. 중국 공산당 기관지 《환구시보》는 논평을 통해 "틸러슨이 주요 핵 보유국 중 하나를 그 국가의 영토에서 몰아내려는 의도라면, 핵 무장 전략에 대해 다시 공부하는 게 좋을 것"이라고 맞받아쳤다. 또한 중국을 남중국해에서 몰아내고 싶다면 "대규모 전쟁을 선포"할 각오를 해야 할 것이라고 덧붙였다.

스프래틀리제도는 신생 섬들에 대한 영유권 다툼이 전 세계에서 가장 치열한 지역이지만, 섬이 새로 생겨나고 있는 유일한 지역은 아니다. 섬 건설 계획은 대개 평화로운 목적으로 추진된다. 네덜란드나 싱가포르에서는 새로운 거주지와 경작지로 사용될 땅을 개척했고, 일본에서는 공항을, 두바이에서는 해변 호텔과 별장을 지었다. 중국이 본토와 해외에서 추진하는 민간 섬 건설 계획도 그 수가 급격히 증가하고 있다. 스리랑카에 항구로 사용할 섬을 짓는 것도 이 같은 계획 중 하나다. 그러나 남중국해에 새롭게 무장한 섬들이 워낙 빠른 속도로 출현하고 있는 데다 그 파급 효과가 크다 보니, 이 지역에 전 세계의 이목이 집중되고 있다. 인도 정부는 이미 해군 군사력 증강을 위해 인도양의 섬들을 스프래틀리식 요새로 확장할 방법을 모색하고 있다. 인도네시아 같은 국가도 비슷한 사업을 추진 중이다. 나는 이 미친 짓이 멈췄으면 좋겠다. 한때는 맑고 투명한 파란 물에 둘러싸여 있던 평화로운 작은 섬들을 흉물스러운 탱크 같은 벙커와 흙먼지투성이의 잿빛 이착륙장으로 만드는 행위는 우리 세대, 그리고 우리 인류의 얼굴에 먹칠을 할 뿐이다.

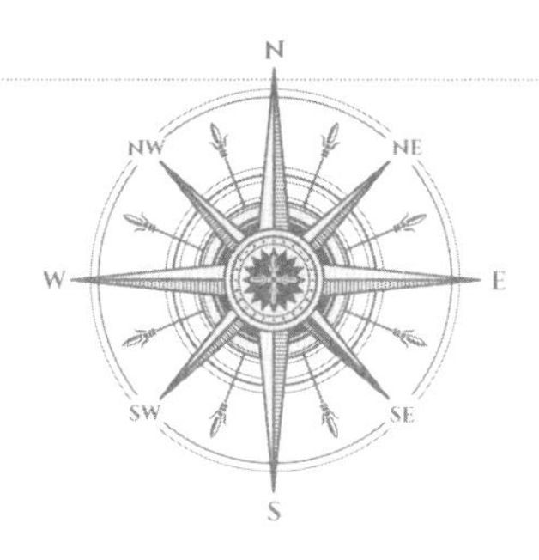

바다에서 섬이 솟아나고, 섬이 육지가 된다면

보트니아의 떠오르는 섬들

마크 트웨인은 이런 조언을 남겼다. "땅을 사라. 더는 새로 만들어지지 않으니까." 지구 최북단, 폭이 약 100킬로미터에 이르는 얼음물을 사이에 두고 핀란드와 스웨덴이 마주보는 이곳만큼 마크 트웨인의 조언이 들어맞지 않는 곳도 없을 것이다. 스웨덴 영토에 속한 서西보트니아와 핀란드 영토에 속한 동東보트니아는 보트니아만Gulf of Bothnia으로 구분되어 있으며, 양쪽 지역 모두 한 해의 대부분을 얼음에 뒤덮인 채 보낸다. 그러나 그 얼음 밑에서는 전 세계에서 주목하는 지질학 현상이 꾸준히 일어나고 있다. 유네스코에서 그중 일부 지역을 "지형학적 특성이 남다른 곳"이라고 설명하면서 세계문화유산으로 지정했을 정도다.

이 지역에서 어떤 일이 벌어지고 있는지에 관한 단서는 이 지역 부근, 내륙으로 한참 들어간 곳에 드문드문 솟아 있는 낮은 언덕에서 찾을 수 있다. 이들 언덕에는 '섬'이나 '바위섬'을 뜻하는 단어가 들어간 명칭이 붙어 있다. 보트니아는 융기하고 있다. 그것도 아주 빠른 속도로 융기하고 있어서 이 지역 주민들은 새로 생긴 땅에 대해 소유권을 주장하는 것이 가능한지, 누가 소유권을 주장할 수 있는지와 같은 쟁점을 반복해서 논의해야 한다.

2,000여 년 전 빙상이 북유럽과 북미 대륙의 대부분을 뒤덮었다. 얼음의 무게로 이들 대륙의 지각은 500미터가량 가라앉았다. 얼음이 거의 다 녹아서 사라진 지금, 그 지각이 다시 원래 자리로 되돌아오고 있다. 지금과 같은 속도라면 2,000년 정도 후에는 보트니아의 땅이 솟아올라 보트니아만 한가운데가 해수면 위로 나오고, 그 북쪽은 호수가 될 것이다. 현재 스칸디나비아반도에 있는 많은 호수가 그런 과정을 거쳐 생겨났다. 스웨덴에서 세 번째로 큰 호수인 멜라렌호도 한때는 바다의 일부였다가 호수가 되었다. 멜라렌호는 20세기에 들어선 뒤에야 담수호가 되었으며, 스톡홀름은 이 호수의 바닷가 쪽 기슭에 세워진 도시다.

이런 지질학적 융기 현상을 처음으로 발견한 사람은 온도 측정 단위인 셀시우스, 즉 섭씨의 창시자로 더 잘 알려진 스웨덴의 과학자이자 측정 강박증 환자 안데르스 셀시우스다. 그는 보트니아만을 따라 배를 타고 이동하던 중 바다표범들이 하나같이 비슷한 높이의 바위, 그러니까 기어오를 수 있는 높이의 바위에서 휴식을 취한다는 것을 알아차렸다. 그는 그런 바위의 소유권자를 기록한 자료가 존재한다는 것도 알고 있었다. 바다표범 사냥꾼에게는 그것이 소중한 재산인 터였다. 이 자료들을 살펴본 셀시우스는 해가 바뀔 때마다 이전에는 인기가 좋았던 바위들에 대한 소유권을 포기하는 경우가 생긴다는 사실에 주목했다. 바위의 높이가 너무 높아져서 가치가 없어졌기 때문이다. 바다표범이 더는 그 바위 위에 올라가지 못하게 되었으므로, 사냥꾼에게도 쓸모없는 바위가 된 것이다. 1731년 셀시우스는 그중 한 바위에 해수면의 높이를 표시하고 표시 일자도 함께 새겨 두었다. 미래 세대가 지각의 융기 속도를 측정할 수 있도록 기록을 남긴 것이다. 스톡홀름에서 북쪽으로 약 170킬로미터 떨어진 이 바위는 현재 셀시우스 바위라고도 불리며, 1731년 이후 해수면으로부터 무려 1.8미터나 솟아올랐다. 셀시우스가 새긴 날짜는 여전히 선명하게 남아 있지만, 그 자리가 사람의 눈높이보다 더 높다. 이 '바다표범 바위'는 이제 하도 높아서 이 바위를 이용할 수 있는 동물은 새밖에 없다.

보트니아만에는 수천 개의 작은 섬이 있다. 그런데 매년 새로운 섬들이 파도를 뚫고 솟아오른다. 130만 제곱미터 정도 되는 땅이 매년 새로 생겨나고 있는 것이다. 그중 보트니아만 남쪽에 위치한 크바르켄군도Kvarken Archipelago가 특히 극적인 변화를 겪고 있다. 군데군데 여름 별장이 자리한 이 평화로운 전원 지역은 스웨덴어를 쓰는 사람도 일부 존재하지만 핀란드 영토에 속한다. 여름 별장은 대부분 예전에 해안가에 지은 어부의 오두막이었는데, 지금은 해안에서 아주 멀리 떨어져 있다. 평생을 이곳에서 보낸 수산나 에르스는 미국공영라디오방송과의 인터뷰에서 이렇게 말했다. "부모님의 여름 별장이 있던 곳, 제가 헤엄을 치고 보트를 타던 곳이 지금은 물기가 완전히 말라 버린 육지가 됐어요." 에르스는 "그게 30년 전 일인데, 그사이 땅이 25센티미터나 떠오른 것 같아요. 실제 맨눈으로도 확인할 수 있을 정도죠."라고 밝혔다.

이런 속도로 융기가 진행되다 보니, 이 지역의 마을은 계속 항구를 옮겨야만 했다. 이곳에서 여행 가이드로 일하는 롤런드 위크는 다른 문제점도 지적한다. "해안선이 끊임없이 변해요. 섬이 본토의 일부가 되고, 위험한 신생 암초와 섬이 등장할 때마다 안전한 선박 운항로를 다시 개척해야 하죠." 그도 과거에는 이곳 풍경이 매우 달랐다고 기억한다. "1960년대에 제가 어렸을 때 낚시하러 놀러 갔던 자리가 이젠 나무가 울창한 땅이 되었어요."

크바르켄군도는 6,550개의 나지막한 섬들로 이루어져 있으며, 이 군도를 구성하는 섬의 숫자는 계속 늘고 있다. 새로운 땅이 처음 모습을 드러낸 뒤, 그곳에 집을 지을 수 있을 정도로 땅이 넓고 단단해지기까지는 대략 50년이 걸린다. 빙하성 융기로 땅의 소유권을 둘러싸고 다툼이 생겨날 수도 있다. 바다에서 솟아난 새 땅의 주인은 누구일까? 이 질문에 대한 답은, 적어도 핀란드에서는 해안의 육지가 아닌, 그 땅이 솟아난 바다의 소유주라는 것이다. 따라서 해안가 땅의 주인이 자신의 땅과 바다 사이에 끼어든 땅에 무언가를 짓고 싶으면, 땅이 솟아난 자리의 바다를 소유했던 이의 허락을 받아야 한다. 크바르켄군도에서는 매년 이렇게 새로 생긴 땅을 둘러싼 복잡한 문제가 생긴다. 대다수 마을에는 토지소유권 위원회가 있고, 이 위원회가 새로 생긴 땅의 소유권 및 이용권 분배 문제를 해결한다. 그중 한 마을의 토지소유권 위원회에서 회장직을 맡고 있는 얀-에릭 모우츠는 자신의 마을에서는 새로 생긴 섬을 지역 주민에게 팔 수 있다고 말했다. 그러나 이웃 마을에서는 새로 생긴 섬을 마을의 공동재산으로 규정하는 쪽을 택했다고 말한다. 요컨대 이 경우에는 새로 생긴 섬이 "마을 사람 모두에게 속한 공유지"가 되고, 그 땅을 쓰고 싶은 사람은 마을로부터 장기 토지사용권을 사야 한다.

빙하성 융기 현상으로 다른 문제가 파생되는 경우도 있다. 영국이 그런 나라인데, 기존에 얼음으로 뒤덮여 있던 스코틀랜드와 잉글랜드 북부 지역이 다시 떠오르면서 그레이트브리튼섬 남부 지역이 가라앉고 있다. 이런 시소 효과는 대륙 전체에서 목격된다. 가장 넓은 빙상은 알래스카, 캐나다, 그린란드에 몰려 있는데, 이들 지역이 떠오르는 만큼 미국이 가라앉고 있다. 알래스카주의 주도인 주노에 사는 모건 드보어는《뉴욕타임스》기자에게 자신이 50년 전 알래스카에 왔을 때만 해도 바다 밑이었던 땅에 지은 골프장을 선보였다. 그는 50년 전에는 "조수 간만의 차가 가장 크게 벌어지는 때에는 지금 골프 연습장이 있는 이곳까지 물이 밀려들었다"고 말했다. 드보어가 골프장을 완성한 뒤로 땅이 더 솟아올랐기 때문에, 그는 현재 골프 코스에 아홉 개의 홀을 새로 더하는 것을 고려 중이라고 전했다.

땅이 솟아오르면서 새로운 섬들이 생기고 있지만, 장기적으로는 그런 섬들도 사라질 것이다. 물이 점차 빠지면서 군도는 낮은 구릉이 펼쳐진 육지가 될 테니 말이다. 현재는 긴 다리가 주노 연안에 있는 더글러스섬과 주노의 해안 지역을 연결하고 있지만, 더글러스섬은 점점 본토의 일부가 되어 가고 있다. 이 섬과 주노 사이를 갈라놓는 해협에 모래가 쌓이고 있기 때문이다. 언젠가 더글러스섬은 더 이상 섬이 아니게 될 것이다.

하지만 그날이 언제가 될지는 가늠하기가 더 어려워지고 있다. 지구온난화와 해수면 상승으로 계산이 복잡해지고 있기 때문이다. 크바르켄군도에 작용하는 이 힘들 사이의 미묘한 균형을 관찰하고 있는 지질학자 마르쿠 포우타넨과 홀게르

슈테펜은 "수학적인 관점에서 보자면 기준점에서 아주 조금만 달라져도 결과가 크게 달라지는 카오스 상태"에 있다고 결론 내렸다.

현재로서는 최북단에서 새로운 땅 생성이라는 현상이 계속되기는 해도, 그 생성 속도는 느려질 것으로 예상된다. 해수면이 상승해도 보트니아를 비롯해 지구의 최북단과 최남단 전역에서는 해마다 새로운 땅이 생겨날 것이다. 현재 이 같은 지역은 외지고 사람이 거의 살지 않는 곳이다. 그러나 그런 곳이 점점 떠오르고 우리가 사는 나머지 지역이 가라앉는다면, 그곳은 더 매력적인 정착지가 될 것이다. 적어도 마크 트웨인과 달리, 사실 땅이 여전히 새로 만들어지고 있다는 것을 아는 사람들은 그렇게 느낄 것이다.

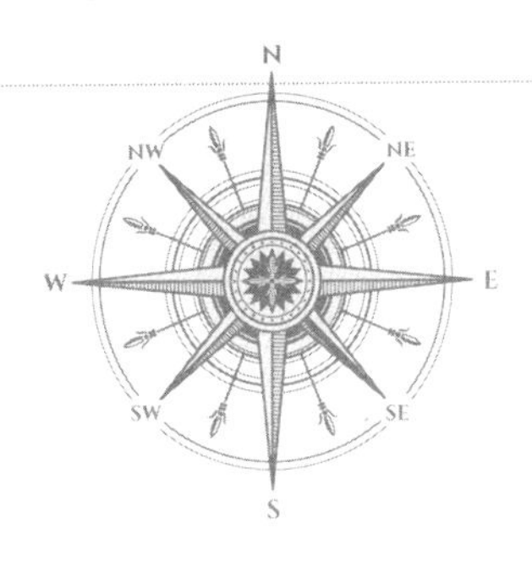

섬의 개수는 어떻게 세는가

필리핀에서 새로 발견된 534개의 섬들

필리핀 아이들은 필리핀이라는 나라가 7,107개의 섬으로 이루어져 있다고 학교에서 배운다. 그런데 2016년 필리핀 국가지도제작및자원정보국에서 섬 534개가 새로 발견되었다고 발표했다. 필리핀에서 두 번째로 큰 섬인 민다나오섬 남쪽에 숨어 있던 섬들이다. 습한 열대지방이라서 아주 작은 섬에도 식물이 무성하다. 마치 따뜻한 바닷물에서 초록빛 둥근 지붕이 솟아난 것처럼 보인다. 새로 발견된 534개의 섬들 중에는 이 지역을 자주 휩쓸고 가는 태풍이 만들어 낸 것이 있을지도 모른다. 그러나 대다수는 그동안 미처 발견하지 못했던 섬이다. 새로운 레이더 기술이 도입되어 구석구석 더 잘 살펴볼 수 있게 된 덕분에 비로소 발견할 수 있었다.

자그마한 섬들이 수평선 끝까지 바다를 점점이 수놓고 있는 필리핀인데, 과연 7,641개가 최종적인 섬의 총 개수로 남을지 의심이 들 수밖에 없다. 그렇다면 섬이란 무엇인가? 이 단순한 질문에 대한 답은 당혹스러울 만큼 다양하다. 바이킹에게는 배의 키를 움직여 본토와 오갈 수 있는 곳만이 섬이었다. 한 약삭빠른 바이킹이 부하를 동원해 육지에서 배를 이동시켜 스코틀랜드 서부의 킨타이어반도를 차지했다는 이야기가 전해진다. 그로부터 한참이 지난 뒤인 1861년에 스코틀랜드 통계청은 스코틀랜드식으로 섬을 정의한다. 스코틀랜드 통계청은 적어도 양 한 마리가 풀을 뜯어 먹을 수 있을 정도의 면적을 확보한 곳만이 섬으로 인정된다고 봤다. 필리핀의 지도 제작자들은 이 정의의 먼 후손뻘 되는 정의를 기준 삼아, 섬은 두 가지 기본 조건을 갖추어야 한다고 설명한다. 밀물 때에도 해수면 밖으로 나온 부분이 있어야 하고, 식물 또는 동물이 생존할 수 있는 환경을 갖추어야 한다. 따라서 섬이 새로 발견될 때마다 이 두 가지 조건을 갖추었는지를 반드시 '현장검증'한다. 그런데 두 조건 중 그 어느 것도 딱히 빈틈없이 완벽하다고 할 수는 없다. 밀물 때 해수면 밖으로 튀어나온 모든 바위를 각각 하나의 섬이라고 볼 수 있을까? 두 번째 조건은 첫 번째 조건보다도 더 허술하다. 이 조건은 유엔해양법협약의 제121조를 반영하고 있다. 제121조는 "인간이 거주할 수 없거나 독자적인 경제활동을 유지할 수 없는 바위도 섬"이라고 할 수는 있지만 그런 섬에는 "배타적경제수역이 인정되지 않는다"고 밝히고 있다. 일반적으로 섬 사냥꾼이 노리는 것은 이러한 국가의 관할권 확장이기 때문에, 이 조항은 아주 중요한 차이를 규정하고 있다.

인간이 "독자적인 경제활동을 유지하며", "거주할 수 있는 환경"을 갖춘 섬이 이 지구상에 과연 몇 개나 될까? 내 머릿속에 떠오른 섬들 중에는 없다. 예를 들어 영국이나 몰타는 세계경제에 속해 있고 인구가 많아서 식량 공급을 수입에 의존한다. 그리고 이 조건에 나오는 식물이나 동물은 어떤 동식물을 말하는 걸까? 양 한 마리면 충분할까? 아니면 이끼 한 줌, 조개 두 개, 다람쥐 세 마리도 있어야 할까? 지구처럼 붐비는 행성에서는 대개 마음만 먹으면 어디서나 식물이나 동물을 찾을 수 있다.

지도 제작자에게 섬은 까다로운 장소다. 필리핀 사람들이 자국이 몇 개의 섬으로 이루어졌는지 모르는 게 이상하다고 생각할 수도 있지만 다른 많은 국가, 그것도 필리핀보다 훨씬 작은 국가에서도 사정은 마찬가지다. 2015년 에스토니아는 자국 해역에 1,521개가 아닌 2,355개의 섬이 존재한다는 소식을 전했다. 필리핀에서와 마찬가지로 더 정확한 조사를 실시해 밝혀낸 사실로, 이 조사에서는 항공 기술을 이용했다. 두 숫자의 차이가 워낙 크다 보니, 이전 지도 제작자들이 섬을 세는 일에 지쳐 중도에 포기해 버렸던 것은 아닌지 의문이 들 정도다. 새로운 섬이 발견되는 이유 중에는 지각 융기도 있겠지만('바다에서 섬이 솟아나고, 섬이 육지가 된다면' 참고), 구소련 시대 지도 제작자들 탓이 크다. 그들이 보기에 소비에트연방의 북서쪽 구석에 박힌 에스토니아는 별로 중요하지 않은 외딴곳이었으므로 노력을 쏟을 가치가 없다고 판단했을 것이다. 에스토니아가 독립하자 애국심이 넘치는 지도 제작자들이 부지런히 자국 지도 제작에 착수했다. 새로운 섬의 발견이 한 국가의 자긍심을 높인다는 사실은 에스토니아 공영방송 뉴스에서도 확인할 수 있다. 에스토니아 공영방송은 이 소식이 "섬 숫자가 초라한 것으로 유명한, 공식적으로는 섬이 하나인 데다가 인공섬인 이웃 라트비아의 자존심에 타격을 입힐 것"이라는 농담조의 논평으로 뉴스를 마무리했다.

섬의 개수를 둘러싸고 혼란이 일어나는 이유는 단순히 지도 제작 과정의 실수나 지도 제작 기술 부족보다는 더 근본적인 데서 찾아야 한다. 이는 지도 제작술의 고질적인 문제다. 이런 설명이 직관에 반하는 얘기처럼 들릴 것이다. 섬은 눈에 잘 띄기 때문에 누가 세든지 그 숫자는 한결같아야 하지 않느냐고 말이다. 하지만 전혀 그렇지 않다. 영국(그레이트브리튼섬과 아일랜드섬이 주요 섬이다)의 섬이 몇 개인지 묻는다면, 엄청나게 다양한 숫자들이 되돌아올 것이다. 최근 은퇴한 해사검정인 브라이언 애덤스가 제시한 정의에 따르면, 섬의 면적은 적어도

0.2헥타르가 넘어야 한다. 이 정의를 적용하면 영국에는 섬이 4,400개 있다. (애덤스는 그중 210개가 무인도라고 밝혔다.) 그런데 위키피디아를 검색하면 영국에는 섬이 '6,000개 넘게' 있고 그중 136개가 무인도라고 나온다. 사실 섬이 몇 개인가 하는 질문의 진짜 정답은 오직 하나, '셀 수 없이 많다'일 수밖에 없다. 그러나 그런 답은 전혀 만족스럽지 않으므로 절대 불가능한 완결성을 쟁취하려고 사람들은 계속 꾸역꾸역 섬의 숫자를 센다.

섬이 몇 개인지 세는 일은 해안선이 긴 나라뿐 아니라 호수가 많은 나라에서도 골치 아픈 일이다. 핀란드에서는 섬의 대다수가 호수에 자리하고 있으며, 호수는 적게 잡아 18만 개 정도 된다. 많은 전문가가 핀란드 섬의 총 개수를 10만 개 정도로 추정한다. 그러나 핀란드 관광청은 17만 9,584개라는 의심스러울 정도로 정확한 수치를 핀란드 섬의 숫자로 선보이고 있다. 핀란드 관광청이 내세운 딱 떨어지는 숫자를 뒷받침하는 근거가 없는데도, 학술 논문조차도 이 숫자가 검증된 정보인 양 인용하곤 한다.

섬의 개수를 확정하려는 욕구는 특히 러시아와 캐나다처럼 광활한 나라에서는 엄청난 좌절감만 낳을 뿐이다. 이들 나라에서는 누구나 섬의 총 개수는 아무도 모른다고 기꺼이 답할 준비가 되어 있다. 조지아만 동부 해안에 붙은 이름만 들어도 왜 그런지 짐작할 수 있다. 조지아만도 휴런 호수의 일부일 뿐인데, 조지아만의 동부 해안을 가리켜 써티사우전드제도Thirty

Thousand Islands('3,000개의 섬'-옮긴이)라고 부른다. 소나무가 빽빽하게 들어선 나지막한 온타리오주의 호숫가를 수놓은 섬들의 대략적인 수가 3,000개인 것이다. 이 군도는 세계에서 가장 큰 담수 군도이기도 하지만, 캐나다에 섬이 총 몇 개나 되는지 세는 것이 쓸데없는 짓이라는 아주 확실한 단서이기도 하다. 캐나다 당국의 기록은 그에 비해 완수 가능성이 더 높은 작업에 집중한다. 군도는 129개, 명칭이 있는 섬은 1,016개이고, 이 가운데 무인도는 250개라고 한다. 이렇듯 섬이 넘쳐 나는 캐나다이다 보니 거래되는 개인 소유 섬이 세계에서 가장 많다. 인터넷 사이트 '프라이빗 아일랜즈 온라인Private Islands Online'을 훑어보니 현재 134개가 매물로 올라와 있다. 이 숫자는 유럽, 아시아, 태평양의 섬 매물을 전부 합친 것보다도 많다. 매도가로는 대체로 약 100만 달러를 부른다. 대부분 기본적인 편의 시설조차 없는 섬이라는 점을 고려하면 터무니없이 비싼 가격이다. 산은 그보다 훨씬 적은 돈으로도 살 수 있다. 그러나 섬은 우리 안의 원초적인 무언가를 건드린다. 다른 어느 곳에서도 얻을 수 없는 철저한 자율성과 완벽한 특수성을 보장받을 수 있는 장소니까.

필리핀이 지도에 더 많은 섬을 표시하려고 애쓰는 또 다른 이유는 작은 섬이 큰손을 끌어들이기 때문이다. 필리핀에서 534개의 새로운 섬이 발견되었다는 소식은 많은 언론 논평을 낳았고 필리핀 국민의 자긍심을 높였다. 태평양 지역, 특히 남중국해(필리핀 정부는 최근 남중국해를 필리핀 서해라고 부르기 시작했다)로 관할권을 확장하려는 중국의 야욕이 드러난 상황에서 새로운 섬들은 애국 전선의 첨병이 되었다. 이 섬들은 또 다른 '발견', 즉 벤험 라이즈 대륙붕을 통한 영해 확장 시도와도 한 쌍을 이룬다. 벤험 라이즈 대륙붕은 필리핀 동부 해안의 완만한 해저지형으로 면적이 거의 1,335만 헥타르에 달한다. 2012년 UN은 이 대륙붕이 필리핀 영해에 속한다고 선언했다. 이 바다 밑 지형은 바다 위로 드러난 땅에 비해 주목을 덜 받았지만, 실용성이라는 측면에서는 더 대단한 발견이다. 기존에는 공해로 분류되던, 자원이 풍부하게 매장된 땅에 필리핀이 관할권을 행사할 수 있게 된 것이다.

역설적이게도 필리핀에서 관광객이 몰리는 섬들 중에는 엄밀히 말해 섬이 아닌 곳도 있다. 배니싱섬Vanishing Island('사라지는 섬'-옮긴이)이라는 아주 잘 어울리는 이름이 붙은 섬이 그 예다. 만조 때는 섬이 해수면 아래로 완전히 가라앉기 때문에 이곳을 찾은 관광객은 고상 가옥에서 숙박한다. 캄빌링네이키드섬Kambiling Naked Island도 관광객에게 인기가 많다. 이 섬은 하루에 한 번 파도 밑에 잠기는 황량한 모래톱이다.

우리 인간과 섬의 열애는 일종의 황홀경이다. 우리는 섬이 거기 없는 거나 마찬가지일 때조차도 섬과 사랑에 빠진다. 혹은 어쩌면 그래서 더 깊이 빠지기도 한다. 필리핀에서 새로 발견된 534개의 섬은 경제 전선 및 애국 전선의 첨병으로 동원

되고 있는지 몰라도, 각각의 섬은 다른 모든 섬처럼 언제나 고유한 주권을 지닐 것이다.

제멋대로인 섬들

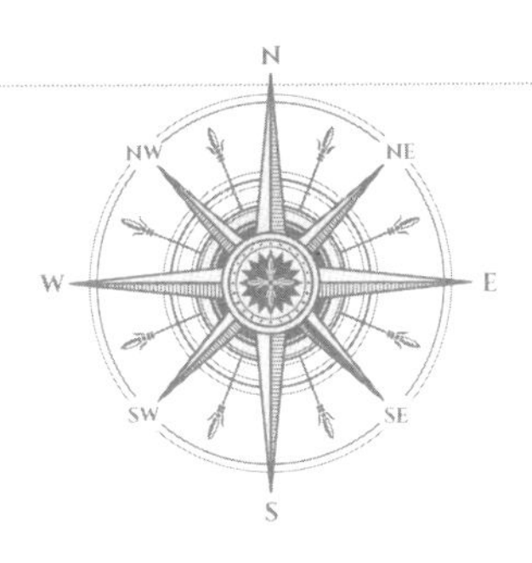

버림받은 도시 공간을 보살피는 방법

교통섬

사랑에는 여러 종류가 있고, 이들 사랑은 갖가지 유대로 연결되어 있다. 자연에 대한 사랑을 뜻하는 바이오필리아biophilia와 장소에 대한 사랑을 뜻하는 토포필리아topophilia는 특히 밀접한 관계에 있다. 우리 인간이 평생에 걸쳐 동식물에게 느끼는 친밀감은 열렬한 헌신을 낳으며, 그런 헌신은 우리가 장소에 대해 느끼는 소속감으로 넘어가고 스며든다. 이 두 열애 감정은 유서 깊은 장소이자, 인간의 안녕을 상징하는 정원에서 만나 하나가 된다.

그리고 이것이 우리가 현대 도시를 못마땅하게 여기는 이유이기도 하다. 황량한 돌투성이의 땅, 예컨대 교통 체증으로 꽉 막힌 도로 사이에 고립된 버림받은 땅 조각이나 끝없이 파헤쳐지는 쓰레기투성이 '개발 예정지' 옆을 걸어서, 또는 차를 몰고서(이쪽일 때가 더 많을 것이다) 지나갈 때마다 우리는 마음이 불편하고 아리며, 더 나아가 죄책감과 상실감을 느낀다.

땅은 정원이어야만 한다. 아름답기만 해서는 부족하며 살아 있어야 한다. 다른 사람들이 땅을 소홀히 대하는 모습을 보는 것이 괴롭고, 더 나아가 땅을 소홀하게 대하는 나 자신을 용서할 수가 없다. 물론 내가 하는 일이라고는 시선을 떨구고 서둘러 그곳을 빠져나가는 게 전부지만. 어쨌거나 그래서 나는 산딸기와 박하 모종을 들고 뉴캐슬어폰타인(뉴캐슬)의 자동차 전용 도로 A167M과 A1058의 차가운 팔에 안긴 삼각형 모양의 땅, 교통섬으로 향했다. 한쪽 끝이 복잡한 고속도로로 이어져 있고 사방에서 굉음이 끊임없이 울려 퍼지는 전혀 사랑스럽지 않은 버림받은 고아는 지난 몇 년간 내 양심의 한 귀퉁이를 짓누르고 있었다. 나는 예전에도 그곳에 가 본 적이 있다. 고속도로의 로빈슨 크루소가 된 내 모습을 상상하면서. 즐거운 모험이 될 거라고, 좋은 이야깃거리가 될 거라고 생각했다. 그토록 살벌하고 극심한 공포를 불러일으키는 경험이 될 거라고는 전혀 예상하지 못했다. 누가 봐도 겉도는 존재가 되는 경험은 내가 생각했던 것보다 훨씬 더 이상하고 힘들었기 때문에, 나는 백기를 들고 그곳을 서둘러 빠져나올 수밖에 없었다.

그런데 이제 그곳에 돌아가야 한다. 그 무인 지대에 데려다

달라고 귀찮게 구는 동료 지리학과 교수인 닉 메고란 박사로부터 벗어나기 위해서라도 그래야만 했다. 메고란 박사는 구소비에트연방에 속했던 중앙아시아 지역의 국경 분쟁 문제 전문가다. 그는 심지어 대학 본부에 제출해야 하는 서류 몇 개를 들고 가서 가벼운 행정 업무도 처리하자면서 압박의 수위를 높였다.

늦여름, 하늘이 파랗고 화창한 어느 날이었다. 닉이 내 사무실 문을 두드렸다. 그는 커다란 캠핑의자 두 개, 샌드위치, 보온병에 든 차를 챙겨 왔다. 길모퉁이만 돌면 바로 나오는 별로 멀지 않은 곳이지만, 그곳으로 이동하는 길은 순탄치가 않다. 특히 위험한 지점이 있는데, 좁고 울퉁불퉁한 돌길을 지나면 밀려드는 차들 속으로 뛰어들었다가 재빨리 몸을 날려야 한다. 이미 한번 해 본 일인데도 닉과 함께 있으니 느낌이 완전히 달랐다. 피해망상증이 유쾌한 연대감 같은 것에 떠밀려 사라졌다.

한쪽 구석에 얄팍한 흙더미와 단단한 땅을 파낸 뒤 산딸기를 심었다. 산딸기는 무사할 것 같은데 박하가 살아남을지 확신이 들지 않았다. 배낭에 함께 넣어 온 거름을 섞었는데도 모종을 땅에 심자마자 아래로 축 처졌다. 아방가르드 농사의 안타까운 희생양이 된 것이다. 마침 그때 경찰이 등장했다. "도대체 여기서 뭘 하는 거죠?" 닉의 능숙한 사교술이 빛을 발했다. 그는 내가 이런 작업을 하는 학문 분야의 권위자라고 말하면서 페이스북에 올릴 사진을 한 장 찍어 달라고 부탁했다. 이른바 권위자가 된 나는 내 박하 모종의 상태가 썩 좋지 않다는 사실이 부끄러웠다. 새로 사귄 친구도 이 점을 놓치지 않았다. "저거 여기서 제대로 자랄 수 있는 거 맞아요?" 교통섬에서 노닥거리는 것이 학문 분야라는 말을 막 들은 사람답게 조심스럽게 물었다.

얼이 빠진 경찰은 자신이 왔던 길을 따라 어딘가로 가 버렸고, 닉과 나는 섬의 중앙에 가냘픈 어린 나무들이 만든 그늘 밑으로 가서 공식적인 행정 업무를 수행했다. 닉은 독실한 기독교인이었으므로 논의가 어느새 「다니엘서」에 관한 이야기로 새 버렸지만, 나는 별로 놀라지 않았다. 몇 주 뒤 늦은 밤, 다소 고된 인터넷 검색 노동을 마친 나는 그날 내가 그 교통섬에서 뭔가 알고 있는 양 손을 흔들었다면 호르투스 콘클루수스Hortus Conclusus, 즉 '울타리 두른 정원'을 암시했던 것임을 깨달았다. 호르투스 콘클루수스는 이슬람교와 기독교 모두에서 에덴동산 및 순결의 대표적인 상징이다. 그 뒤로 몇 주 동안 나는 자동차를 타고 교통섬을 빙빙 에워싼 도로 위를 씽씽 지나가며, 나의 새 정원을 더 전통적인 방식으로 만났다. 내가 심은 모종들은 거의, 실은 전혀 보이지 않았고, 죄책감에 푹 절은 애정에 사로잡힌 나는 그 어느 때보다 더 마음이 불편했다. 내 비참한 식물들은 잘 적응할 수 있을까? 원래 있던 땅에서 행복하게 지내던 식물이 지금은 원예 지옥에 갇혀 있다.

나는 내가 활발한 시민운동, 그것도 '게릴라 정원사'들이 일으킨 도심 속 반란에 동참했다는 거짓말로 스스로를 위로했다. 실제로 현재 아마존닷컴에서 수류탄 모양의 씨앗 폭탄을 단돈 9파운드 37펜스(우리 돈으로 약 1만 4,000원-옮긴이)에 살 수 있으니, 산딸기를 직접 심는 대신 달리는 차 안에서 씨앗 폭탄을 휙 던질 수도 있었다. 씨앗 폭탄 판매 페이지는 "콘크리트 정글을 야생 정글로 만드세요. 야생화 씨앗을 채운 이 수류탄으로요."라고 홍보하고 있다. 이 운동의 선구자 중 한 명인 생태운동가 리처드 레이놀즈가 사기를 북돋는다. "우리 주변 곳곳에서, 은밀한 단독 미션부터 조직적이고 정치적인 점조직의 요란한 원예 캠페인까지 다양한 규모의 공격이 이루어지고 있습니다."라고 그는 힘주어 말한다. 이런 언어는 꽤나 전투적이어서 나는 불안해졌다. 내 산딸기가 무기로 분류될 수 있으리라고는 상상도 하지 못했다. 아무것도 모르는 내가 우연찮게도 꽃과 채소가 중심이 된 전쟁 한복판에 발을 들였나 보다.

버려진 공간을 꽃과 나무에게 되돌려주는 일이 무장한 민병대의 영웅적인 반란 행위라고 아무리 치켜세워도 그다지 마음이 동하지 않는다. 어쨌거나 식물 몇 뿌리 심는 일을 불온한 행위로 만드는 것은 보행자나 경찰관, 기타 어떤 특정한 사람이 아니다. 그보다는 더 널리 퍼져 있는 그 어떤 존재, 곧 현대 도시다. 난공불락의 관료 집단과 공간에 관한 엄격한 수칙을 자랑하는 곳 말이다. 도시의 수칙 중 가장 기본적인 것들은 우리가 대부분 내면화한 상태다. 이를테면 자기 집 현관문 밖에서 일어나는 일에는 개입할 권리가 없으니 신경 끄라는 수칙, 그리고 거리, 도로변, 공원 같은 공공 구역은 통과하는 공간이지 돌보는 공간이 아니라는 수칙 등. 레이놀즈가 런던의 엘리펀트앤캐슬 로터리에서 한 첫 식목 활동을 묘사할 때, 그의 모습에서 전사의 이미지는 사라지고, 우리는 '게릴라 정원사'들이 그저 주변의 땅과 교류하지 못한다는 사실에 무력감을 느끼는 대다수 보통 사람이라는 것을 알게 된다. "버림받은 보도, 여기저기 흩어진 교통섬, 그리고 도로변은 그 어느 때보다 비교할 수 없을 정도로 아름다운 모습을 띠게 될 것"이라고 보고할 때 그가 느끼는 즐거움은 군인의 즐거움이 아닌, 양육자의 즐거움이다.

이 운동은 생명 그 자체만큼이나 오래된 욕구에서 비롯되었지만, 이 운동의 현대적인 형태의 원류는 애덤 퍼플이 1970년대 맨해튼의 버려진 공터에 만든 '에덴의 정원Garden of Eden'이다. 길고 하얀 수염, 보라색 옷, 미러 선글라스 등 눈에 잘 띄는 차림의 애덤 퍼플은 1,400제곱미터 남짓 되는 땅에 토마토, 아스파라거스, 옥수수, 산딸기, 마흔다섯 그루의 나무를 선불교를 연상시키는 동심원 모양으로 심었다. 결국 퍼플의 정원은 도시개발자의 손에 넘어갔지만, 그런 도시 정원은 오래 유지되지 못하더라도 우리 기억 속에 생생히 남으며 거의 언제나 대중의 지지를 이끌어 낸다. 덴마크 코펜하겐의 '하룻밤의 정원

Garden in a night'은 1,000명이 모여 단 하룻밤 동안 만든 정원이지만 수년간 유지되었다.

게릴라 정원 가꾸기 운동은 공적 공간을 사람의 공간으로 복구하려고 시도하는 일부 '거리 수공예'와 병행되기도 한다. 도시 코바늘 뜨개 운동, 수공예 사회운동, 털실 폭격, 종이접기, 레이스 그라피티, 빛 조각 그라피티, 미니어처 설치…. 이런 명칭들이 대다수 사람들에게는 생소할지도 모른다. 하지만 저마다의 활동은 지루하고 밋밋하고 버림받은 도시의 파편들을 아름답게 꾸미고 되찾아, 이야기와 상상이 곁들여진 풍경을 지닌 진짜 장소로 만들겠다는 의지를 공유한다. 다른 공통점도 있다. 남성적인 반달리즘(반달리즘vandalism은 문화유산이나 예술품 등을 파괴하거나 훼손하는 행위를 가리키는 말로 쓰이지만, 넓게는 낙서나 무분별한 개발 등으로 공공시설의 외관이나 자연경관 등을 훼손하는 행위도 포함된다-옮긴이)을 지향하는 일반적인 그라피티와는 대조적으로, 이들 활동은 대담하게도 돌봄을 전면에 내세운다. 돌봄의 윤리를 공표함으로써 배려와 애정이 사적으로만 실천하는 무언가라는 편견, 요컨대 배려와 애정은 높은 벽에 둘러싸인 각자의 가정 내에서 아주 소수의 사람들끼리 실천하는 무언가라는, 건강하지는 않지만 널리 퍼진 왜곡된 관념을 깨는 데 도움이 될 것이다.

이런 얘기가 자칫 한없이 낭만적으로 들릴 수도 있겠지만, 그런 위험은 기꺼이 감수할 수 있다. 게릴라 정원 가꾸기가 용기가 필요한 행동이라기보다는 손쉽게 실천할 수 있는 행동이라는 인상을 심는 것에 분명히 도움이 될 테니까. 접근 불가능한 나의 교통섬으로 향하기 전에 이런 것들에 대해 알아봤어야 했다. 그곳은 매우 외로운 장소이며 솔직히 말해 조금은 끔찍한 장소이기도 하다. 산딸기나 그 밖의 다른 어떤 식물에게도 행복한 보금자리가 되기는 어려운 곳이다. 그래서 나는 해바라기 씨앗 심기로 전향했다. '국제 해바라기 게릴라 정원 가꾸기 날'에 대해 알게 되었기 때문이다. 매년 5월 1일 실시되는 행사로, 전 세계 사람들이 다음과 같은 간단한 지시를 따른다. "탁 트인 땅에, 그리고 가능하면 너무 단단하지 않은 땅에 (먼저 작은 도구로 흙을 조금 파서 부드럽게 만들고) 2센티미터 깊이로 씨앗 하나를 심은 다음 흙으로 덮어 주세요. 꼭 필요하다면 물을 줘도 되지만 북유럽의 기후에서는 씨앗만 심어도 잘 자랍니다. 해바라기 씨앗을 심기에 적절한 장소는 사람의 손길이 잘 닿지 않는 마을 화단, 보행로 옆의 공터 등입니다." 이렇게 간단한 행위가 나를 그토록 긴장하게 만든다니, 정말 이상하고도 멋지다. 내가 해도 되는 행위일까? 더 좋은 질문은 이것이다. 내가 스스로에게 이런 행위를 허락할 것인가? 어쨌거나 세상에서 가장 자연스러운 행위인데 말이다.

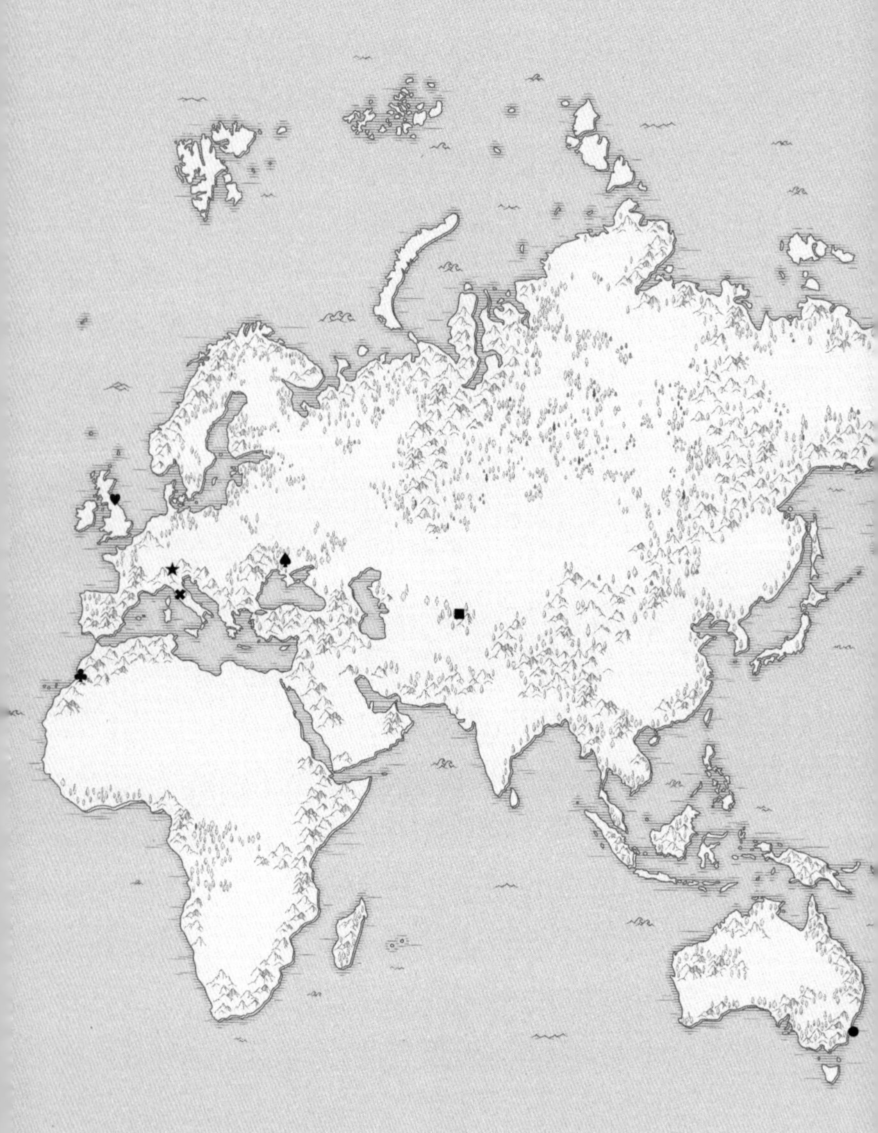

- ★ 라딘어의 골짜기들
- ● 본다이 해변의 에루브
- ■ 페르가나 분지
- ♣ 사하라의 모래벽
- ♠ 신러시아
- ✖ 몰타기사단
- ♥ 스트랫퍼드공화국

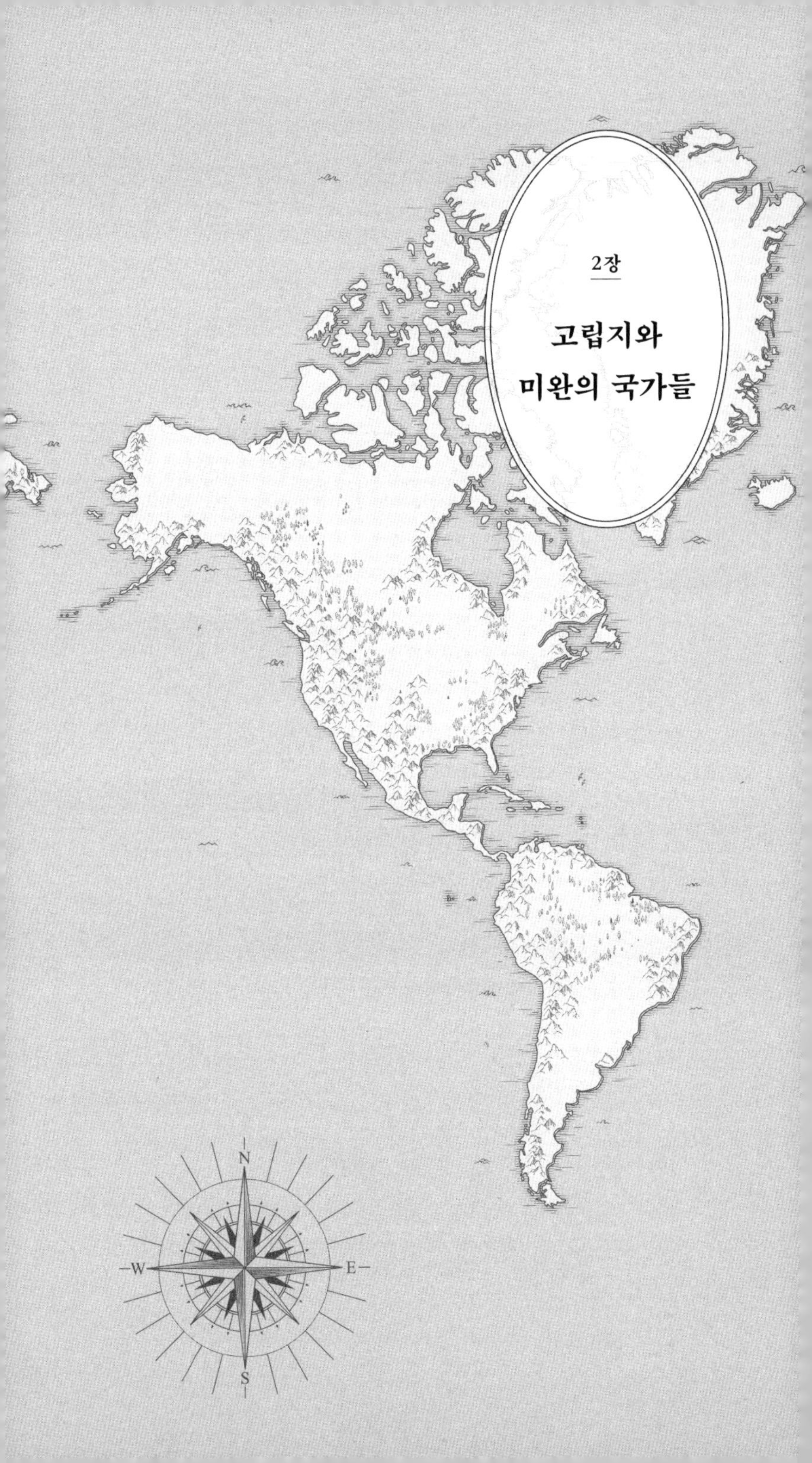

2장

고립지와 미완의 국가들

◐

이번 여정은 매우 중요하지만 거의 다뤄지지 않은 언어 고립지에서 시작한다. 이탈리아 북부 골짜기에서 사용되는 라딘어는 소멸되지 않으려고 애쓰는 고대 언어다. 그런데 라딘어란 과연 어떤 언어를 말하는 것일까? 실제로 고립된 언어들은 수많은 방언으로 갈라지곤 한다. 유대교의 '에루브'에서도 볼 수 있듯이 종교 고립지도 별반 다르지 않다. 내가 찾아간 에루브는 많은 에루브 중에서도 특이한 편에 속한다. 엄격한 종교적 전통을 지키는 구역인데, 바람에 나부끼는 본다이 해변의 야자수들이 그 경계를 수놓고 있다.

고립지는 일반적으로 국가와 국경이라는 관점에서 다루어진다. 따라서 나머지 이야기에서는 다양한 지정학적 고립지와 미완의 국가를 찾아간다. 아시아의 중심부에 놓인 풍요로운 페르가나 분지는 전 세계에서 월경지가 가장 많은 지역이다. 그 월경지들은 아주 작은 땅덩이지만, 국경 만들기를 부추기는 위험한 거점으로 변모하고 있다. 모로코의 '사하라의 모래벽'에도 적개심과 갈등이 표면화되어 있다. '사하라 모래벽'은 서西사하라의 신생국가를 조각 내고 정복하기 위해 세운 거대한 장벽이다. 아직 장벽을 세우지는 않았지만, 친러시아 집단은 우크라이나의 한 지역에 지극히 독단적인 '신러시아'라는 명칭을 붙였다. 앞으로 살펴보겠지만, 이들 분리주의자는 새 국가를 건설하는 것만큼이나 러시아의 제국주의 시절 기억을 재건하는 데도 열심인 것 같다. 이런 성마른 무리들이 몰타기사단을 정신적인 지도자로 삼는다면 조금이나마 도움이 될 것이라고 생각한다. 몰타기사단은 아마도 세계에서 가장 작은 국가일 텐데, 세계에서 가장 분류하기 힘든 국가인 것만은 확실하다. 마지막으로 나는 또 다른 초소형국가체를 찾아간다. 이쪽은 훨씬 더 수명이 짧은 국가이긴 하지만. 브렉시트가 결정된 뒤 뉴캐슬에 있는 우리 동네는 '스트랫퍼드공화국'이라는 국가명을 짓고 독립을 선언했다. 국가 해체와 행정구역의 분리 독립이라는 시대적 흐름에 우리라고 끼지 말라는 법은 없지 않은가.

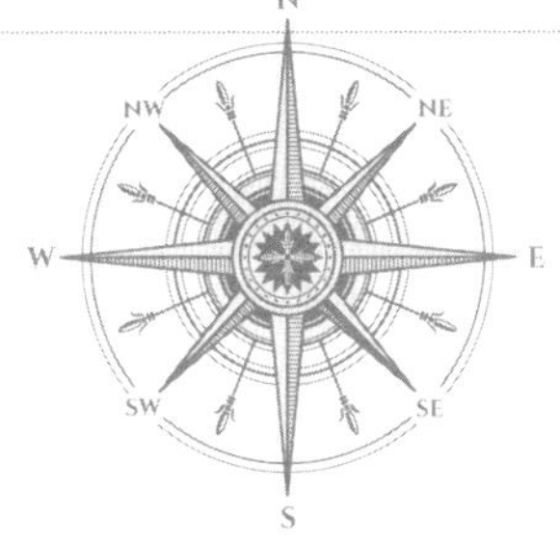

사라져 가는 소수 언어의 행방

라딘어의 골짜기들

단박에 알아챌 수 없는 언어의 섬, 즉 언어 고립지도 드물지만 존재한다. 적어도 나는 그런 경험을 했다. 졸다노 계곡에서 1주일간 머물 때의 일이다. 졸다노 계곡은 이탈리아 돌로미티산맥의 뾰족뾰족 솟은 멋진 산봉우리 사이를 타고 내려오는 골짜기다. 알프스산맥과 연결된 이 지역의 들판은 그 수가 점점 늘어나는 휴양 별장들에 둘러싸여 있다. 매일 아침 나는 굵은 통나무로 지은 가짜 농가들 중 하나에서 어슬렁어슬렁 걸어 나와 한여름의 목초지를 오르내리곤 했다. 내가 유럽에서 가장 유명한 언어의 섬 가운데 하나, 곧 라딘어의 수많은 방언 중 하나의 본고장에 머물고 있다고는 상상도 못했다.

단박에 알아챌 수밖에 없는 언어의 섬도 드물지만 존재한다. 아일랜드에서는 국경선 알림판이 "안 게일터흐트An Ghaeltacht('아일랜드어를 사용하는 곳'-옮긴이)"라고 선언하고 있어서, 아일랜드어를 쓰는 지역에 들어서고 있다는 사실을 모를 수가 없다. 그러나 이것은 규칙이 아닌 예외에 해당한다. 다시 말해, 눈에 보이는 경계선으로 언어의 구역이 표시되는 일은 거의 없으며, 소수 언어를 쓰는 지역 거주민이 자기들끼리 그 소수 언어를 쓸 뿐이다.

부끄럽지만 솔직히 털어놓자면 졸다노 계곡은 내게 다소 벅찬 고지대였으므로 그곳에 머무는 내내 숨을 가빠 몰아쉬느라 알프스 고지대 변방의 복잡한 언어 지형에는 거의 신경 쓰지 못했다. 나는 죄책감을 덜고자 집에 돌아온 뒤 라딘어 음성 파일을 듣기 시작했다. 막귀인 내 귀에는 이탈리아인이 프랑스어나 독일어를 번갈아 구사하면서 다소 독특한 어휘를 쓰는 것처럼 들렸다. 어느 골짜기에서 사용되느냐에 따라 독일어, 프랑스어, 이탈리아어 중 하나와 더 유사한 것처럼 느껴졌다. 언어학자는 다른 언어와의 유사성도 지적한다. 수많은 주변 지역의 다양한 방언으로부터 영향을 받은 흔적뿐 아니라 고대 라틴어의 잔재도 남아 있다고 한다('라딘어'는 그 명칭에서 짐작할 수 있듯이, 어느 정도는 라틴어의 원형을 유지하고 있다).

19세기에 들어선 뒤에야 문자로 기록되었지만, 라딘어로 전해지는 구전설화는 많다. 라딘어 문화의 정수는 라딘족의 영웅신화인 「파네스 영웅전*Fanes' Saga*」으로, 배신당한 왕들, 전투에 참가한 난쟁이들, 그리고 땅다람쥐 마멋과의 비밀결사 등을 다룬 대서사시다. 이 전설에 마멋이 등장하는 것은 우연이 아니다. 졸다노 계곡에 머물면서 알프스를 오르내릴 때 이 통통하고 복슬복슬한 땅굴 주민들이 굴 사이를 불안하게 뛰어다니는 광경을 흔히 목격할 수 있었다. 그런 마멋에게 건넬 라딘어 표현 몇 가지 정도는 익힐 수 있지 않을까? '분 데*bun dé*'(안녕하세요), '지울란*giulan*'(고맙습니다), '코 아스테 파 이놈?*co aste pa inom?*'(당신 이름은 무엇입니까?) 등등. 이런 표현을 익히면 마멋과는 대화가 가능할지 모르겠지만 라딘어를 배우는 사람의 앞길은 험난하다. 라딘어를 삼각주에 비유한다면 각 골짜기는 개성이 뚜렷한 실개천이라 할 수 있다. 라딘어에는 여섯 개의 주요 형태가 있고, 각 형태마다 다양한 방언이 존재한다. 졸다노 계곡에서는 이름을 물을 때 '케 아스토 뇸?*ke asto gnóm?*'(당신 이름은 무엇입니까?)이라고 한다.

라딘어의 모든 형태와 방언을 다 포함하더라도, 라딘어 총 사용 인구수는 고작 3만 3,000명에 불과하다. 그런데 이를 정확하게 계산하기도 쉽지는 않다. 만약 논 계곡의 노네스어와 솔레 계곡의 솔란드로어 등 이탈리아 내에서 라딘어와 사촌 관계쯤으로 보이는 다른 지역 언어도 포함하면 사용 인구수가 확 늘어난다. 게다가 더 먼 친척뻘 언어도 있다. 이탈리아의 동북부 끝자락에서 사용되며 종종 동부 라딘어라고도 불리는 프리울리어와(이 지역에서 '당신 이름은 무엇입니까?'는 '체 논 아스투?*ce nòn àstu?*'다) 스위스의 네 가지 공용어 중 하나인 로만시어도 라딘어의 친척이라고 할 수 있다.

지금 나는 이 주제를 굉장히 단순화해서 다루고 있다. 라딘어라는 단 하나의 소수 언어와 그 분파만을 다루고 있으니까. 이를테면 돌로미티산맥에서 사용되는 다양한 독일어 등 지금보다 더 깊이 파고들 엄두는 나지 않는다. 독일어는 졸다노 계곡 북쪽 면과 맞닿아 있는 이탈리아 남티롤South Tyrol(원래는 오스트리아 티롤주의 일부였다가 제1차 세계대전 이후 이탈리아로 넘어간 지역-옮긴이)에서 가장 많이 쓰이는 언어이며, 이 넓은 지역에서는 아주 좁은 지역에서만 통하는 모케노어와 침브리어 등 독일어 계통의 여러 파생 언어가 사용된다. 이들 각 언어에는 물론 다양한 방언이 존재한다. 라딘어의 친척뻘 되는 언어들도 마찬가지다. 프리울리어에는 중부, 북동부, 서부, 북부 방언이 있고, 로만시어는 수르실반, 수트실반, 수르미란, 푸테르, 밸라데르 등으로 나뉘는데, 맞춤법과 철자법이 다 다르다.

좋은 의도로 시작했지만 나는 점점 지쳐 갔다. 끊임없이 초소단위로 쪼개지는 이들 언어 집단의 분화 과정을 추적하면서 기이한 감정에 휩싸였다. 점점 초조해졌다. 어느 정도 이해했다 싶으면 언어들이 다시 갈라지면서 아득히 멀어졌다. 아마도 내가 단일 언어 국가 출신이라서 이렇게 안절부절못하는 것이리라. 나는 이런 모자이크 같은 언어 풍경에 익숙하지 않다. 이런 내 모습이 신선하면서도 실망스러웠다. 나는 런던에서 자랐다. 런던 사람들은 런던의 다문화성에 자부심을 느낀다. 그런데 나는 이 아름다운 산간벽지의 다양성에 어쩔 줄 몰라 하며 당황하고 있다. 내가 느끼는 불안감은 이런 다양성을 찬미하는 이 지역 주민의 여유로운 태도와는 당연히 거리가 멀다. 이곳 사람들은 자신들의 언어 지역주의에 대단한 자부심을 갖고 있다. 이곳에는 일종의 '고립지 문화enclave culture'가 작동하고 있다. 각 공동체의 고유한 언어를 보존할 권리가 주는 즐거움과 초소단위로 분화된 언어들을 소중히 여기고 받아들이는 문화다. 그러나 외부인으로서는 그저 이런 언어와 방언의 목록이 끝없이 펼쳐질 것만 같아 겁이 날 뿐이다. 솔직히 그 수가 너무 많지 않은가. 나는 점점 졸다노 계곡의 고원이 그리워졌다. 그곳에서는 마멋 친구들과 마냥 행복하기만 했다. 나를 애먹이는 것은 인간 사회다.

그런데 알고 보니, 수많은 언어의 갈래로 곧장 녹아들지 않는 고립된 언어를 찾고 있었던 것이라면 나는 번짓수가 틀렸다. '구세계'(유럽인들이 새로운 항로 개척에 나선 15세기 이전까지 유럽, 아시아, 아프리카 사람들에게 알려졌던 지역을 말하며, 대개 아메리카와 오스트랄라시아를 포함하는 '신세계'에 대비되는 표현이다-옮긴이)의 국경 지대에는 오랜 역사가 축적되어 있다. 여기에 산맥들이 서로 얽히는 지형을 더하면 부담스러울 정도로 다양한 언어를 만날 수 있다.

이탈리아의 산맥은 초보자 코스에 불과하다. 이곳의 언어 지형이 복잡하게 느껴진다면, 러시아 남부의 코카서스산맥 쪽으로는 눈길도 주지 말자. 그곳에는 워낙 다양한 모국어가 빽빽하게 들어차 있어서 어디에서, 어떤 언어가 사용되는지 제대로 파악조차 하지 못하고 있는 듯 보인다. 오스트레일리아 북쪽에 있는 뉴기니섬도 마찬가지다. 뉴기니섬도 전통문화와 깊은 골짜기들이 보존되어 있는 곳이다. 뉴기니섬에서 사용되는 언어의 수는 750개라는 보고가 있고, 850개라는 보고도 있는데…. 어떤 것도 가능하다.

'구언어'가 이식되어 유지되는 신세계(비유럽권, 비아프리카권에 쓰이는 명칭으로 대항해시대 당시에 유럽인이 새로 발견한 육지, 특히 아메리카와 오스트레일리아 대륙을 가리킨다-옮긴이)에서는 이렇게까지 당혹스러운 일은 벌어지지 않는다. 유럽의 많은 소수 언어가 아메리카 대륙에서 보존되거나 접목되었다. 아르헨티나 남부에 정착한 웨일스 출신 광부들의 후손 수천 명이 쓰는 '파타고니아 웨일스어'도 그런 예다. 또 다른 예가 이름도 화려한 '리오그란덴저 훈스뤼키슈어'다. 브라질에 온 독일 이민자들의 먼 후손이 쓰는 고대 독일어로 포르투갈어와 아마존 언어가 섞여 있다. 브라질에서 쓰이는 또 다른 고대 독일어는 '게르만 포메라니아어'다. 구세계의 언어로 현재 유럽에서는 거의 사라지다시피 했지만 브라질에서는 아주 좁은 지역에서나마 여전히 사용되고 있다.

아메리카 대륙에서 언어의 섬들이 가장 활발하게 살아 있는 곳은 대도시다. 언어 수집가들은 특히 뉴욕을 사랑한다. 본국에서는 이미 사라졌거나 사라질 위기에 놓인 수많은 이민자들의 모국어가 정착한 곳이기 때문이다. 그런 언어 중 하나가 카리브해의 토착어인 가리푸나어다. 카리브해의 원주민 문화를 완벽하게 수용한 아프리카인의 후예들이 쓴다. 오늘날 가리푸나어는 카리브해 인근보다는 뉴욕 브롱크스에서 들을 기회가 더 많다. 마찬가지로 크로아티아에서는 블라슈키어를 듣기 힘들다. 슬라브어 계통인 크로아티아어와는 달리 로맨스어 계통인 블라슈키어는, 루마니아에서 이민 온 양치기들과 함께 크로아티아에 들어왔다. 현재 이 언어의 본고장인 크로아티아에는 블라슈키어를 쓰는 사람이 이삼백 명에 불과하지만, 뉴욕의 블라슈키어 사용자들은 이 언어를 보존하고자 디지털 기록을 남겨 두었다.

라딘어는 아직 뉴욕에 도달하지 않은 듯 보인다. 다만 라딘어와 명칭이 유사해서 종종 라딘어로 혼동되는 라디노어가 고령화되고 있는 브루클린의 유대인 공동체에서 간신히 명맥을 유지하고 있다. 라디노어는 중세 스페인어와 히브리어가 섞인 언어로, 라딘어와는 전혀 관련이 없지만 뉴욕에서 보존되기에 모자람이 없는 언어다. 그런데 라딘어는 굳이 바다 건너 사람들의 도움을 필요로 하지 않는다. 대다수의 소수 언어는 꿈도 꿀 수 없는 그런 원조와 보호를 이미 이탈리아에서 받고 있으니까. 라딘어 문화센터, 라딘어 라디오 방송, 라딘어 TV 프로그램, 그리고 일부 지역에서는 공무원과 공공 일자리 채용에 라딘어 구사자 할당제가 적용되고 있다. 사라질 위기에 있던 라딘어는 현재 다시 자리를 잡았고 존중받고 있다. 그러나 이런 우호적인 환경에서도 라딘어 소멸은 진행 중이다. 라딘어 사용은 현재 의식적인 노력이 필요한, 의지가 개입해야 하는 일이 되었다. 학교 정문을 뛰쳐나오는 아이들의 입에서 흘러나오는 언어가 아니라, 선한 의도를 지닌 시민운동가와 위원회가 보존해야만 하는, 일상의 영역에서 벗어난 언어다. 가까운 시일 내에 완전히 사라지지는 않겠지만, 박물관의 전시품이 되는 길을 걷고 있다. 돌로미티산맥의 매력적이지만 갈수록 얼어붙고 있는 언어적 만화경 속 수많은 언어들 중 하나인 것이다.

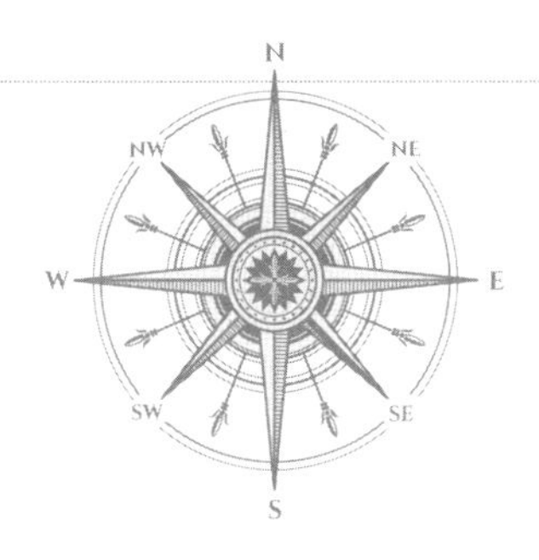

서핑 천국에 숨어 있는 기묘한 종교 구역

본다이 해변의 에루브

에루브eruv는 일반적으로 기둥과 기둥을 끈으로 연결해 만드는 신성한 종교 고립지다. 기둥을 끈으로 연결하는 상징적인 행위를 통해 공적인 공간은 사적인 공간으로 탈바꿈한다. 율법을 엄격하게 지키는 정통파 유대교 신자 대다수는 안식일에 공공장소에서 그 어떤 물건도 옮겨서는 안 된다고 믿는다. 물건의 크기나 옮기는 목적에 따른 예외가 인정되지 않는다. 따라서 안식일에는 거의 아무것도 할 수 없다. 유모차를 밀 수도, 책을 들고 다닐 수도 없다. 에루브는 이런 문제를 해결해 준다.

전 세계에 에루브가 몇 개나 있는지 정확하게 말하기는 힘들다. 집 앞의 작은 마당부터 도시 전체(미국 보스턴은 도시 전체가 하나의 에루브다)에 이르기까지 규모 자체도 워낙 제각각이기 때문이다. 대다수가 이스라엘과 미국에 있지만 다른 지역에서도 그 수가 늘고 있다. 에루브는 대개 기존의 자연환경을 최대한 활용한다. 호주 시드니의 본다이 해변Bondi Beach를 중심으로 형성된 에루브는 해안선과 지역 에루브 위원회의 인정을 받은 끈과 울타리를 적절히 혼용해 만들었다.

널리 알려진 서핑 명소다운 자유분방한 생활 방식과 신실하고 엄격한 종교인의 생활 방식이라는 아주 대조적인 풍경 두 개가 겹쳐지는 본다이 해변의 에루브는 매우 흥미로운 장소일 수밖에 없다. 무엇보다 본다이 에루브를 통과하는 방문객은 이곳이 에루브라는 사실을 모르고, 알 수도 없기 때문에 더 그렇다. 한 장소에 있으면서도 그곳이 어떤 장소인지 모르는 현상은 다문화주의가 낳은 뜻밖의 부산물이다. 어떤 지리적 경계와 정체성이 중요한지는 그 사람이 어떤 인종 집단에 속해 있느냐에 따라 달라진다. 그런 다른 관점을 접할 때면 당황스럽기도 하다. 본다이 에루브는 2002년에 만들어졌는데, 그로부터 2~3년 뒤 나는 랜드위크 대학가의 원룸에서 2~3주 정도를 살았다. 해안을 따라 매일 조깅을 할 생각이었지만 계획대로 되지 않았다. 나를 막은 것은 정통주의 유대교가 아니라, 해변을 장악한 아름다운 젊은이들과 그들의 문화였다. 위풍당당한 조각 같은 육체들이 빠른 속도로 나를 몇 번이고 앞질러 나갔고, 나는 결국 달리기를 포기하고 걷는 것으로 만족하기로 했다. 그래서 일주일에 서너 번씩 절벽에 자리 잡은 낭만적인 묘지를 지나 본다이 해변 쪽으로 산책을 했다. 그런데 마지막 주에야, 그것도 누군가 지나가는 말로 얘기해 줘서 휴렛가街에 들어서는 순간 내가 신성한 땅에 발을 들이게 된다는 사실을 알게 되었다.

그 얘기를 들은 내가 한 첫 질문은 "에루브가 뭔가요?"였다. 이스라엘 밖에서 에루브를 활용하는 이들에게는 에루브가 매우 중요한 장소지만 그 외의 사람들에게는 없는 것이나 마찬가지인 장소다. 전형적인 에루브는 존재감이 없고 눈에 띄지 않는데, 이것은 어떤 면에서는 에루브를 에워싼 벽이 워낙 독특한 탓도 있다. 이론적으로 에루브는 단단한 벽에 둘러싸여 있어야 한다. 현재 대다수 에루브가 일반적인 벽과는 거리가 먼 벽으로 경계를 표시하게 된 것은 랍비들 간 논쟁에서 도출된 합의 덕분이다. 랍비들은 벽에는 창문이나 통로가 얼마든지 나 있을 수 있으므로 에루브의 벽이 빈틈이 전혀 없는 벽일 필요는 없다고 결론 내렸다. 그래서 현실의 에루브는 창문과 문이 여럿 달린 수직면에 둘러싸인 장소라고 보면 된다. 물리적으로는 투명하지만 종교적으로는 차단된 장소인 셈이다. 본다이 에루브는 종종 "전 세계에서 경계 대부분이 불투명하고 단단한 벽으로 이루어진 몇 안 되는 에루브 중 하나"로 칭송받는다. 이렇게 표현하면 외부와 뚜렷이 구분되는 실체가 있는 장소일 것이라고 생각하겠지만 그렇지는 않다. 여기서 말하는

"불투명하고 단단한 벽"은 오히려 끈으로만 엮어 만든 벽보다 더 눈에 띄지 않는다. 거의 대부분이 이미 존재하는 자연의 절벽이나 평범해 보이는 울타리로 이루어져 있기 때문이다.

지역 에루브 위원회에서 발간한 본다이 에루브의 상세 지도에는 에루브의 경계가 해안을 따라 삐죽삐죽한 선을 그리고 있다. 본다이 에루브 내에는 유대교 회당과 지역 센터가 열세 곳 있다. 에루브는 결국 율법, 그러니까 허용되는 일과 허용되는 공간에 관한 율법이 중심이 되는 장소다. 본다이 에루브를 활용하는 이들은 다음과 같은 경고를 받는다. "본다이 해변의 산책로 위 주차장 쪽만이 확실하게 에루브 경계 내에 속합니다. 산책로를 따라 계속 걸으면 에루브에서 벗어날 수밖에 없습니다." 그리고 이런 조언도 받는다. "경계가 어디인지 잘 모르겠다면 랍비의 도움을 구하세요." 이렇게 에루브의 경계를 세세하게 규정하는 이유는 꼭 필요한 활동을 할 수 있게 허락하면서도 율법에 따른 제재의 분위기를 유지하기 위해서다. 에루브는 최소 단위의 지리적 자기 검열을 습관화하도록 이끈다. 뉴욕의 한 에루브에서 이 에루브를 이용하는 신도들에게 랍비가 내린 지침에서도 이런 점이 잘 드러난다.

> 병원은 에루브에 속합니다. 오션사이드로드Oceanside Road를 따라 병원으로 걸어오면 주차장 입구에 들어서자마자 전신주가 보이는데, 그 전신주가 경계를 표시합니다. 따라서 전신주와

주차장의 낮은 생울타리 사이로 걸어오도록 주의해야 합니다. 전신주 바깥쪽이나 오션사이드로드의 바깥쪽으로 걸으면 안 됩니다. 그곳은 에루브 밖입니다.

본다이 에루브는 율법 연구의 세계적인 권위자인 미국 뉴저지주 레이크우드의 랍비 시몬 아이더에게 서너 번에 걸쳐 검증을 받은 뒤 에루브로 인정되었다. 그는 이 에루브에 아주 흡족해하며 "전 세계에서 가장 넓고 가장 아름다운 에루브 중 하나"라고 선언했다. 에루브를 검증하는 일은 아주 복잡한 작업이다. 랍비 아이더는 보트를 타고 해안을 둘러보면서, 작은 절벽들이 '사적인' 공간을 표시하는 데 적합한 높낮이 요건을 충족하는지 일일이 확인했다.

다행히도 본다이 에루브는 다른 에루브와 영역이 겹치지 않는다. 에루브의 확산을 연구하는 두 지리학 교수 피터 빈센트와 바니 워프는 "랍비들 간에도 탈무드의 교리에 꼭 들어맞는 경계가 어떤 것인지를 두고 의견이 분분할 때가 많다"고 말한다. 예를 들어 미국 뉴욕의 브루클린처럼 여러 에루브의 영역이 겹칠 때 당황할 수밖에 없는 신도들은 에루브마다 경계를 표시하는 끈에 서로 다른 색의 리본을 묶어 두는 관습에 의지한다.

경계를 정하는 일만 복잡한 것이 아니다. 안식일에 에루브의 안팎에서 어떤 활동이 허용되고 금지되는지를 둘러싸고도 상당한 논란이 있다. 내가 읽은 한 지침서는 "평생을 바쳐 연구해도 모자랄 정도로 엄청난 양의 세부 사항이 있다."라는 문장으로 시작한다. 물론 사실이겠지만, 그렇게 위로가 되지는 않는다. 에루브 안에서는 물건을 옮기는 것이 허용되기도 하지만, 그렇다고 아무 물건이나 옮겨도 되는 것은 아니다. 예를 들어 안식일에 사용할 수 없는 물건은 옮길 수 없다. 우산, 펜 등 '무크체muktzeh'('치워 두다'-옮긴이)에 해당하는 물건이 이에 속한다. 이쯤에서 "평생을 바쳐 연구"하지 않은 나로서는 이 주제에 관한 연구 결과를 앞다투어 내놓은 많은 종교 권위자 중 한 명의 말을 그대로 인용하는 편이 낫겠다. "우리의 현자들은 많은 물건을 무크체로 지정했다. 그런 물건을 옮기는 것은 금지된다." 무크체도 여러 항목으로 분류된다. 예를 들면 이런 식이다. "특별한 쓰임이 없는 물건. 예: 돌, 식물, 꽃병에 꽂힌 꽃다발, 조리되지 않은 음식(콩처럼 현 상태로는 먹을 수 없는 음식). 깨졌거나 더는 쓸 수 없게 된 물건. 예: 깨진 그릇, 떨어진 단추." 이렇게 옮길 수 없는 물건을 나열한 뒤 다시 어떤 행위가 금지되는지를 구체적으로 나눈다.

> 이런 물건을 손으로 직접 옮기거나 다른 물건을 사용해 간접적으로 옮기는 것(예컨대 빗자루로 치우는 것)은 금지된다. 그러나 무크체를 손 외의 신체 부위로, 아주 어색하지만 평소와는 다른 방식으로 옮기는 것은 허용된다. 예: 이빨이나 팔꿈

치로, 또는 입으로 후후 불어서.

지금 내가 랜드위크의 그 원룸으로 돌아간다면 에루브 안에 있게 된다. 시드니의 소박한 그 방도 새로운 에루브의 경계 내에 들어가기 때문이다. 2016년 승인을 받은 쿠지-마루브라 에루브에는 랜드위크의 거의 전역이 포함된다. "특히 유모차를 타는 어린 영유아를 둔 부모가 안식일을 조금 더 편하게 보낼 수 있도록" 만든 에루브다. 왜 최근 들어 에루브의 수가 "급속도로 늘어나고" 있는지를 설명하면서, 피터 빈센트 교수와 바니 워프 교수는 이런 현상을 두고 자신들이 "재화 숭배의 헤게모니에 대한 저항 및 탈퇴"라고 부르는 것이 표출되어 나타난 결과라고 주장한다. 인문지리학 교수들은 이런 부류의 해석을 유독 선호한다. 모자만 벗어도 자본주의에 대한 저항의 몸짓으로 해석하기 십상이다. 에루브의 급성장을 더 쉽고 그럴듯하게 설명해 보자면, 전 세계적으로 종교적 보수주의 및 지역주의가 심화되고 있으며 유대교도 여느 종교처럼 이런 흐름에 동참하고 있어서라고 말할 수 있다. 에루브의 증가가 우리 시대의 종교 및 정체성 중심의 정치학과는 무관하다고 말할 수 있으면 좋겠지만, 터무니없는 주장이 될 것이다. 앞으로 에루브가 급증할수록 다층적인 도시의 인종 풍경에서 더 눈에 띄는 장소, 그리고 더 많은 논란을 불러일으키는 장소가 되지 않을까 싶다.

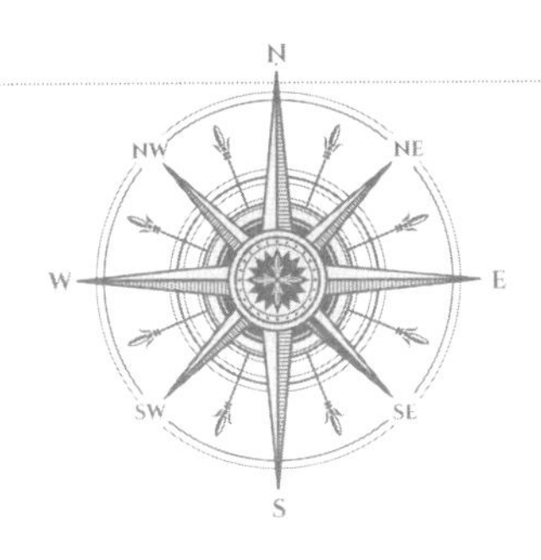

복잡하고 위험한 국경선 긋기

페르가나 분지

페르가나 분지는 가장 가까운 바다에서도 거의 2,000킬로미터나 떨어진 아시아의 중심, 그야말로 중앙의 중앙에 위치하고 있다. 모호하기는 해도 중앙이라는 느낌을 물씬 풍기는 '중앙아시아'의 심장부에 있다 보니, 구舊소비에트연방에 속했던 키르기스스탄, 우즈베키스탄, 타지키스탄의 영토가 만나는 곳이기도 하다.

페르가나 분지는 중심지이지만 사방으로 분열된 장소다. 골칫덩이 고립지가 여덟 곳이나 있다. 두 곳은 타지키스탄의 오지에 해당하는 고립지이고, 나머지는 월경지(본토와 단절된 채 주위가 다른 나라나 다른 행정구역에 둘러싸여 있는 곳-옮긴이)로, 키르기스스탄 영토에 낀 우즈베키스탄의 월경지 두 곳, 우즈베키스탄 영토에 둘러싸인 타지키스탄의 월경지 한 곳, 마찬가지로 우즈베키스탄 영토에 둘러싸인 키르기스스탄의 월경지 한 곳이다. 지도에는 국경이 직선으로 분명하게 표시되어 있지만, 실제 국경은 그보다 훨씬 모호하며 여전히 분쟁의 대상이다. 최근 이 분지의 국경 지대 곳곳에서 외부인들이 '민족 분쟁'으로 분류하는 유혈 사태가 터졌다.

그렇다고 외부 세계가 딱히 관심을 가지고 지켜보는 것은 아니다. '페르가나 분지'라는 명칭 탓일 수도 있다. 이곳이 쓸데없이 복잡한 이해관계, 성가신 지역 문제의 희생양일 뿐인 중요하지 않은 장소라는 인상을 준다. 실제로 이곳에는 1,400만 명이 살며 '분지'는 이스라엘보다 더 큰, 광활하고 낮은 평원이다. 한때는 풍요로운 땅으로 명성을 얻기도 했다. 분지를 에워싼 높은 얼음산에서 얼음이 녹은 물이 흘러내려와 이 지역을 대표하는 뽕나무를 비롯해 살구나무, 복숭아나무, 호두나무 과수원을 키우는 풍요로운 땅이 만들어졌다는 것이다. 이런 과수원, 즉 이 비옥한 땅이 페르가나 분지에서 국경선 긋기와 영토 탈취가 끊이지 않는 원인이기도 하다. 최근에는 물 공급량이 줄면서 땅이 점점 메말라 가는 데다가 인구는 증가해 좋은 경작지가 점점 줄고 있다. 자원을 차지하려는 생사를 건 투쟁이 시작되었으며, 이는 인종 및 민족 정체성과 혐오라는 언어를 통해 펼쳐지고 있다.

페르가나 분지는 훨씬 더 보편적인 현상을 압축한 축소판에 해당한다. 요컨대 이 지역은 환경 위기가 정치 갈등으로 전이되는 방식을 보여 준다. 페르가나 분지에서는 간간이 유혈 사태가 벌어진다. 대표적인 예가 2014년 1월 11일 아침 보루흐Vorukh 마을을 사이에 두고 타지키스탄 군대와 키르기스스탄 군대가 벌인 총격전이다. 보루흐는 키르기스스탄 영토 깊숙이 자리한 타지키스탄의 월경지다. 어느 쪽이 도발했는지를 두고 양측의 진술이 엇갈리지만, 한 시간가량 총격전이 지속되었고 병사 몇 명이 부상을 당했다. 상대방이 130제곱킬로미터의 비옥한 땅을 차지하려고 호시탐탐 기회만 노리고 있다고 서로 의심했기 때문에 총격전이 벌어졌다는 것만은 확실하다. 그 뒤로는 팽팽한 대치 상태가 계속되고 있다. 이 마을뿐 아니라 페르가나 분지 전역의 여러 곳이 이따금씩 총격전이 벌어지는 대치 상태에 놓여 있다.

국경이 명확하고 모두가 그 국경에 만족한다면 이런 분쟁은 일어나지 않을 것이다. 그러나 이 지역에는 모두가 인정하는 정치 지도는 존재하지 않는다. 이 지역 주민은 이곳의 국경을 '바둑판 국경'이라고 부른다. 각국의 영토가 패치워크 담요처럼 복잡하게 엮여 있기 때문이다. 거주민들은 지역의 수원지에서 물을 얻으려면 이 나라, 저 나라의 국경을 넘고 또 넘어야 하는데, 부패한 공무원까지 상대해야 하니 더 험난한 여정이 된다. 이 지역에는 봉급이 쥐꼬리만 하고 훈련도 제대로 받지 못한 보초병이 넘쳐 난다.

각국은 각기 다른 지도를 근거로 들어 국경선을 주장한다. 우즈베키스탄은 1955~1959년에 제작된 지도를 내밀지만, 타지키스탄은 1924~1927년에 제작된 지도를 선호한다. 사실 그 당시만 해도 국경선이 아무 의미가 없었다. 세 나라 모두 소비에트연방에 속한 소비에트사회주의공화국 동지였기 때문이다. 몇몇 역사가가 구 소비에트연방을 가리켜 '다문화 제국'이라고 표현하기 시작했는데, 아주 중요한 진실을 포착한 표현이다. 소비에트연방은 단일화와는 거리가 멀었으며, 놀라우리만치 다양한 종교, 언어, 문화가 뒤섞여 있었다. 모스크바 정부는 무수히 많은 새로운 국가를 탄생시켰다. 구 소비에트연방 출신이면서 국가명이 '스탄'으로 끝나는 나라는 모두 모스크바 정부의 창조물이다. ('스탄stan'은 나라 또는 땅을 의미하는 고대 페르시아어다.) 크렘린궁전에 모인 정치인들은 새로운 국가들의 국경을 끊임없이 이렇게 저렇게 손보면서 원조 꾸러미에 영토 선물을 끼워 넣었는데, 원조 꾸러미는 곧장 수정되거나 철회되기 일쑤였다. 이런 변덕스러운 조치가 오늘날 이 지역 국경이 '변화무쌍'한 주된 원인이다. 러시아가 소비에트 '다문화 제국'의 지배자이긴 했지만, 구 소비에트연방 정부는 민족 간 교류를 권장했으므로 여러 민족이 러시아어를 공용어로 쓰면서 서로의 땅을 자유롭게 오갔고, 다른 민족과 결혼해 가정을 꾸렸다. 1990년대 초 다민족 연합체의 주변부가 독립을 선언하고 떨어져 나가면서 이런 상호 교류가 완전히 중단되었고, 그 대신 민족 순수주의와 국경선 긋기로의 급격한 이동이 시작되었다.

신세대 국경 수비대는 대부분 러시아어를 할 줄 모르므로 서로 소통하는 것이 불가능하다. 우즈베키스탄은 1995년부터 키릴문자 대신 로마자를 사용하고 있지만, 키르기스스탄과 타지키스탄은 여전히 키릴문자를 쓴다. 따라서 고속도로 표지판을 비롯해 국경선 양쪽 지역 인쇄물의 모습도 다르다. 더 나아가 세 나라의 경제성장 속도가 달라서 지역 내에서도 경제 수준 차가 벌어지기 시작했다. 상대적으로 재정에 여유가 있는 우즈베키스탄 쪽 도로는 꽤 잘 관리되고 있다. 우즈베키스탄이 이웃 나라를 바라보는 시선은 차갑다. 1999년 우즈베키스탄 대통령 이슬람 카리모프는 페르가나 분지의 다른 버스 노선을 비롯해 국경선을 넘나드는 버스 노선 운영을 중단한 이유를 설명하면서 이렇게 말했다. "키르기스스탄은 가난한 나라다. 내게는 그 나라 국민을 돌볼 의무가 없다." 그는 소비에트연방 시대의 제로섬게임 논리를 적용해 "매일 5,000명"이 키르기스스탄에서 우즈베키스탄을 찾아온다면서 "한 명이 빵 하나만 산다고 해도 우즈베키스탄 국민이 먹을 빵이 부족해진다."라고 말했다.

민족으로 규정되는 국가가 탄생하면, 어쩌다 그 국가에 속하게 된 수많은 '잘못된 인종' 출신 국민이 소외감을 느낄 수밖에 없다. 아마도 그래서 월경지가 본국의 애정을 얻지 못하는 것일 수도 있다. 소비에트연방이 국경에 손을 댄 결과 월경지 거주민과 '본토' 국민의 핏줄이 늘 같은 것은 아니다. 페르가나 분지에서 가장 큰 월경지인 소흐Sokh가 이런 고아 중 하나다. 소흐의 인구 99퍼센트는 타지크족이다. 그런데 이곳은 키르기스스탄 영토에 둘러싸여 있으며, 본국은 우즈베키스탄이다. 우즈베키스탄 정부는 이 머나먼 오지의 운명에 무관심으로 일관했으며, 우즈베키스탄이슬람운동Islamic Movement of Uzbekistan, IMU(이슬람주의 무장 단체-옮긴이)이 소흐를 통해 우즈베키스탄에서 세력을 확장하려고 시도한 뒤로는 더 냉랭하게 대하고 있다. 현재 우즈베키스탄 정부는 소흐를 안보 취약 지구로 간주하며, 소흐의 국경 수비대는 외부인의 침입을 막는 것만큼이나 월경지 내 거주민의 활동을 감시하는 데 집중하고 있다. 우즈베키스탄 당국은 이슬람 무장 단체의 급습에 대비하고자 월경지의 국경에 대인지뢰를 설치했다. 내 동료 교수인 정치지리학자 닉 메고란('버림받은 도시 공간을 보살피는 방법' 참고)은 이 지뢰에 희생당한 사람들을 인터뷰했다. 그중 한 명은 소흐의 양치기인 아이베크다. 2002년 지뢰를 밟아 부상을 입은 아이베크는 이렇게 전했다. "제가 지뢰에 당했을 때만 해도 경고 표지 같은 건 없었어요. 제가 이렇게 된 후에야 표지판이 생겼죠. 어쨌든 아직까지 아무런 보상도 못 받았어요."

이런 새로운 정체성과 국경은 갈등의 불씨를 제공했고, 이 지역을 덮친 환경 위기가 촉발한 필사적인 갈등에 기름을 부었다. 그동안 중국이 '무릉도원'이라고 부르는, 분지 끄트머리에 있는 고산지대의 빙하와 눈이 이 지역을 농경의 오아시스로 만드는 핵심 역할을 해 왔다. 그러나 최근 연구에 따르면 1961년과 2012년 사이에 '무릉도원'을 덮은 얼음의 27퍼센트가 사라졌다고 한다. 이 연구를 지휘한 대니얼 파리노티 박사는 이를 "매년 스위스 인구 전체와 산업 전체가 6년 동안 소비하는 물의 양"에 해당하는 빙하가 사라진 것이나 마찬가지라고 설명한다. 물 공급량 감소에 불안을 느끼는 것은 월경지 주민만이 아니다. 《알자지라》와의 인터뷰에서 우즈베키스탄 영토에 속하는 한 작은 마을의 지역 관료는 아예 대놓고 이렇게 말한다. 사람들이 "물을 두고 서로를 죽일 지경에 이르렀다"고 말이다. 그는 마을 농부들이 수돗물의 공급 시간대와 분배를 두고 주먹다짐을 벌이고 있다고 전했다.

국가 간 공조를 전혀 기대할 수 없는 상황에서 월경지가 선호하는 해결책은 국경을 넘지 않고 이동할 수 있는 인프라의 구축이다. 예컨대 키르기스스탄은 자국민이 상대국 국경 지대 초소에서 시달리는 일이 없도록 분쟁 지역인 보루호 월경지를 빙 둘러 가는 도로를 건설하는 계획을 세웠다. 그러나 타지키스탄이 그 도로가 자국의 영토를 침범한다고 이의를 제기하는 바람에 더 많은 갈등과 분쟁만 낳았다. 페르가나 분지에 사는 사람들은 엽총, 화염병, 돌 등으로 언제든 무장 태세를 갖출 수 있기 때문에 도로 건설 현장에는 엄중한 경비 병력이 항상 필요하다.

지도 한복판에 있는 페르가나 분지의 비옥한 땅은 에덴동산, 곧 위로와 평안의 땅이어야 할 것만 같다. 그런데 아시아의 심장부인 이곳은 적대 관계가 복잡하게 얽히고설켜 있다. 이 지역에 사는 많은 이들은 이런 쓰디쓴 상황을 겪으면서 과거의 '다문화 제국'에 향수를 느낀다. 주권국가를 얻은 대가가 끊임없는 갈등과 환경 위기관리의 실패라면, 이곳 주민들은 분명 너무나 값비싼 대가를 치르고 있다.

그들의 국경은 왜 인정받지 못하는가

사하라의 모래벽

이것은 국제사회의 인정을 받지 못한 국경과 잊힌 전쟁에 관한 이야기다. 사하라의 모래벽은 세계에서 가장 긴, 여전히 임무를 수행하고 있는 군사 장벽이다. 이 모래벽의 길이는 무려 2,200킬로미터나 되는데, 런던과 상트페테르부르크(구 레닌그라드-옮긴이) 간 직선거리보다도 더 길다. 모래벽의 동쪽 지역은 사하라아랍민주공화국Sahrawi Arab Democratic Republic이 장악하고 있다. 사하라아랍민주공화국은 아프리카연합(AU) 회원국이며, 한때는 전 세계의 거의 절반에 해당하는 국가들로부터 주권을 인정받았던 국가다.

이 모래벽은 종종 사하라의 제방으로 불리기도 한다. 높이 솟은 모래 둔덕 같다고 해서 '제방'을 붙인 것이다. 상공에서 내려다보면 고대 건축물로 보이기도 한다. 구글 어스Google Earth에서 찾기도 매우 쉽다. 서사하라의 한쪽 면을 따라 구불구불하게 내려오다 휙 꺾여 대서양을 향해 뻗어 나간다. 이 모래벽이 아주 먼 과거의 유적이 아니라는 것을 알아채기까지는 시간이 좀 걸린다. 표면이 모래바람에 닳고 군데군데 모래 요새가 세워진 이 모래벽은 마치 황량한 주변 풍경에 다시 스며든 고대 로마 시대의 잔재, 오래전 사라진 제국의 성벽처럼 보인다. 그런데 모래벽이 갑작스럽게 방향을 틀어서 생긴 각진 모서리가 너무 많다. 일부 요새에는 비행기 이착륙장도 있는 것 같다. 고대가 아닌 현대의 건축물인 것이다. 9만 명의 병사가 지키는 이 모래벽과 그 주변은 700만 개로 추정되는 지뢰로 뒤덮인, 세계에서 최고로 위험한 지역 중 하나다. 병사들의 안전을 위해, 그리고 뜨거운 태양을 피하기 위해 모래벽 아래에는 지하 터널을 팠다. 모래벽에는 2미터 내지 3미터에 이르는 제방을 두 겹으로 쌓은 곳도 많으며, 모래벽의 동쪽에는 참호를 팠는데, 지도에는 이 참호가 메마른 사막을 따라 손톱으로 긁어낸 자국처럼 보인다.

이 모래벽은 1980년에 북쪽에서 남쪽으로 여섯 구역으로 나누어 지어지기 시작해 1987년에 완공되었다. 모래벽에는 '틈', 즉 통로가 다섯 군데 있다. 모로코 군대가 적군인 사하라 아랍민주공화국 군대를 추격할 때 쓰려고 만든 것으로 보인다. 이 적군은 폴리사리오해방전선Polisario Front이라는 명칭으로 더 널리 알려져 있다. 폴리사리오해방전선은 서사하라 전체를 자국 영토라고 주장하지만, 현재 그 땅은 모래벽으로 단단히 방어되고 있으며 모로코왕국이 점령하고 있다. 자칭 사하라아랍민주공화국이 차지한 땅은 기껏해야 척박한 모래사막뿐이다. 엎친 데 덮친 격으로 사하라아랍민주공화국의 이른바 국제 동맹국들은 대부분 좋은 시절에만 친구 노릇을 했다. 1970년대에 반짝 지지를 얻었지만, 그 후로 인구가 60만 명에 불과한 사하라아랍민주공화국이 국가로 자립하기 어렵다고 판단한 많은 국가는 이 공화국을 선뜻 주권국가로 인정하지 않고 있다.

1884년부터 1975년까지 스페인의 지배를 받은 서사하라는 현재 모로코의 널따란 뒷마당이나 마찬가지다. 서사하라의 면적은 모로코 전체 영토의 60퍼센트에 달하지만 수년간 모래벽에 갇힌 채 식민지 취급을 받았다. 모로코는 정부 정책의 일환으로 자국민이 이곳에 정착하는 것을 권장한다. 1975년 녹색행군Green March에는 모로코 국기, 모로코 왕의 사진, 그리고 『쿠란』을 손에 든 수백, 수천만 명의 모로코 애국자들이 참여했다. 대부분은 이 기나긴 행군을 걸어서 완주했다. 모로코 측은 이 행군이 빈 땅에 대한 영유권을 돌려 달라고 요구하는 평화 시위라고 주장했지만, 이 행군 때문에 이곳에 살던 사라위족이 쫓겨났다. 현재 모로코 국적 정착민이 서사하라 인구의 3분의 2를 차지하는 것으로 추정된다.

이 모래벽은 단단한 만큼 취약성을 상징하기도 한다. 모로코가 이 모래벽을 쌓은 이유는 1970년대에 모로코 군대가 폴리사리오해방전선에 밀리고 있었기 때문이다. 수적인 우세에도 불구하고 전투에서 패배하고 있던 모로코 군대는 모래벽을 쌓아 전세를 뒤집었다. 활동 공간이 제한된 폴리사리오해방전선은 할 수 있는 일이 별로 없었고, 그 뒤로 약 25년간 지속된 휴전협정을 맺을 수밖에 없었다. 과거의 유물처럼 보이는 모래벽이지만 제 역할을 한 것이다. 이런 오래된 전술은 거칠고 심지어 무식해 보이기까지 하지만 효과적이다. 한편으로 이 모래벽은 분쟁이 이토록 오래 지속되고 있는 주된 이유이기도 하다. 양쪽 진영은 각각의 진지에서 정지 상태에 빠져 버렸다. 모래벽은 폴리사리오해방전선의 서사하라 입성은 막았는지 몰라도, 동시에 복수심을 불태우며 귀환을 맹세하는 사라위 난민 세대를 낳았다. 또한 모로코는 이 확장된 영토를 지키느라 엄청난 비용을 쓰는 군사국이 되었다.

사하라의 모래벽은 이따금 사막의 베를린장벽으로 불리기도 하지만 비할 데 없이 독특한 건축물이다. 외진 데다 인구밀도도 낮고 지구상에서 가장 뜨거운 곳이다 보니, 땅에 국경을 표시하는 일이 거의 없는 지역이라서 더 그렇다. 모래벽의 일부가 모리타니 영토를 침범했다는 사실만 봐도 사하라에서 국경이 얼마나 허술하게 관리되고 있는지를 알 수 있다.

'사라위Sahrawi'는 '사막의 거주민'을 뜻하는 아랍어다. 이 단어는 여러 종족을 가리킨다. 현재 사라위족 대다수는 알제리와 모리타니의 난민 수용소에서 지낸다. 사하라의 모래벽에 비판적인 견해를 가진 이들이 보기에, 이 모래벽은 사라위족이 고향으로 돌아가는 것을 막는 장애물이자 모로코의 제국주의적 야심을 보여 주는 상징물이다. 사하라아랍민주공화국의 임시 수도인 티파리티는 모래벽 동쪽에 위치한 오아시스 도시다. 이곳에서는 폴리사리오해방전선의 망명정부인 사라위국가평의회Sahrawi National Council가 통치권을 행사하려고 노력 중이다. 국가평의회의 주요 업무 중 하나는 사하라아랍민주공화국이 여전히 존재한다는 것을 국제사회에 알리는 일이다. 원래도 그다지 주목받지는 못했지만 지금은 아예 존재 자체가 잊힐 위기에 놓여 있다. 이곳은 과거에 스페인령이었는데, 스페인 정부는 1930년대에 이르러서야 이 땅을 실질적으로 통치할 수 있게 된다. 1950년대에 서사하라에서 인산염이 발견되면서 스페인 정부는 광산 근처에 학교, 값싼 주택 등 기반시설에 투자하기 시작했다. 이런 새로운 기회가 주어지자 많은 사라위족이 유목 생활을 포기하고 이곳 마을에 정착해 민족 정치에 관심을 가지게 된 것으로 보인다. 그렇게 사라위 국가라는 관념이 생겨났다. 사라위족은 1975년에 스페인이 '스페인 사하라'라고 부른 이 지역을 떠나자 독립을 선언했다. 그런데 스페인이 떠나는 것을 본 이웃 국가들은 이를 이 지역에 영유권을 주장할 절호의 기회로 여기고서 몰려들었다. 모로코 정부는 서사하라를 자국의 '남부 지구' 또는 대모로코Greater Morocco라고 부르는 것을 선호한다. 이런 모로코 정부의 입장을 사이드 사디키라는 법학 교수가 상세히 정리하고 있다. 사디키 교수는 사하라의 모래벽이 방어 구조물이라고 설명하면서 사라위 '초소형국가체micronation'는 존속 자체가 불가능하다고 말한다. 사디키 교수는 국제사회가 귀를 기울일 만한 방식의 언어를 쓴다. 리비아에서 무기가 쏟아져 들어오고 이슬람 폭도의 먹잇감이 되기 쉬운 이 지역에서, 사하라의 모래벽은 대對테러 장치로 둔갑한다. 사디키 교수는 사하라의 모래벽이 "이슬람 무장 단체가 감히 침투할 수 없는 효과적인 장애물"이며 이 모래벽의 존재 자체가 "왜 서사하라가 다른 지역에 비해 이들 단체의 공격에서 자유로웠는지를 설명한다"고 말한다. 사디키 교수는 서사하라가 만에 하나 독립국이 된다면 곧장 "파탄 국가failed state"로 전락해 아프리카에서 "무장 단체, 무기, 마약 거래의 온상"이 될 것이라고 예측했다.

사디키 교수는 또 다른 비장의 카드도 꺼내 든다. 그는 사하라 모래벽이, 이민자들이 유럽으로 밀려드는 것을 늦추는 역할을 한다고 말한다. 이 모래벽이 없었다면 "신뢰할 수 없는 사하라 남쪽의 이민자들"이 모로코를 통과해 유럽으로 흘러들어갔을 거라고 말이다. 정말 그렇다면 사하라의 모래벽은 상당히 역설적인 효과도 발휘하고 있다. 사하라의 모래벽은 현재 잘 알려지지 않은 방식으로도 활용되고 있는데, 모로코 정부는 자국에 들어온 불법 이민자를 이 모래벽의 동쪽으로 몰아내고 있다. 남아시아와 다른 아프리카 국가에서 모로코 북쪽으로 유입된 이민자들은 남쪽으로 밀려난 뒤 사막으로 쫓겨나고 있는 것이다. 사막을 헤매다 갈증으로 죽을 위기에 몰린 이들이 때때로 폴리사리오해방전선에게 구조되기도 한다.

사막의 베를린장벽 주변의 정치 온도가 뜨겁게 달아오르고 있다. 많은 피난민이 이도저도 아닌 고성소(천국에도 지옥에도 가지 못한 망자들이 머무는 장소-옮긴이)에서 사는 데 지쳐 가고 있다. 사라위의 원로 정치인들은 무장 반란을 중단하고 휴전협정을 맺은 것에 공식적으로 불만을 표하고 있다. 모로코는 날이 갈수록 자신감을 얻고 있다. 2016년 모로코는 이 분쟁 지역을 관통하는 대로를 건설했으며, '대모로코' 통합 계획을 빠른 속도로 실행에 옮기고 있다. 모로코의 무함마드 6세는 '찬란한 녹색 행군' 40주년 기념식 연설에서 모로코 정부가 '남부 지구'라고 부르는 곳에 새로 건설될 도로와 철로, 그리고 항구와 공항에 대해 이야기했다. 그는 모로코 국민에게 "우리 영토를 해방시키고 평화와 안보를 강화하는, 역사에 길이 남을 성과를 거둔 이래, 우리는 사하라의 거주민들이 모로코의 정식 국민이 되어 고귀한 삶을 누릴 수 있도록 최선을 다했다"고 알렸다.

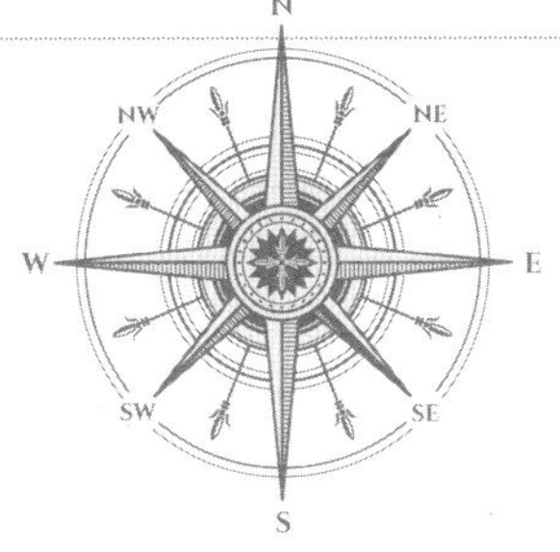

분리주의는 어떻게 싹트는가

신러시아

밖은 영하 20도였지만 나는 모스크바의 어느 따뜻한 라디오 방송국 스튜디오에서 초소형국가체를 주제로 한 가볍지만 점잖은 대화를 기대하며 앉아 있었다. 그런데 깡마른 젊은 진행자가 분을 못 이겨 방방 뛰는 걸 보면서 당황할 수밖에 없었다. 그는 가벼운 잡담에는 전혀 관심이 없었다. 처음부터 공격적인 질문을 마구 퍼부어 댔다. "도네츠크Donestk는 어쩌라고요? 돈바스Donbass의 희생자들은 어떻게 되는 겁니까? 이들을 위한 초소형국가체는 왜 존재하지 않나요?" 나는 이 지역에서는 소규모의 고립지와 초소형국가체가 한물간 주제가 아니라 매우 절실하고도 생생한 주제라는 사실을 재빨리 깨닫고 있었다.

나는 목소리를 한껏 높여 말도 안 되는 소리를 늘어놓았다. 가늘게 치켜뜬 진행자의 눈에 비친 것이 부디 동정심이기를 바라면서, 한창 분쟁 중인 이 국경 지대에 대해 더 자세히 알아보겠다고 마음속으로 굳게 다짐했다.

신러시아, 즉 노보로시야Novorossiya는 18세기 중반 즈음 현재의 우크라이나 남부에 처음 등장했다. 다른 유럽 강국이 뉴잉글랜드, 누에바에스파냐 등 미개척지에 대해 영유권을 주장한 것처럼, 같은 시기에 러시아도 이 지역에 대해 영유권을 주장했다. 그러나 원주민을 아예 몰아낸 신대륙의 정착지와는 달리 노보로시야는 늘 여러 목소리와 복잡한 민족 정치가 뒤섞여 공존하는 현장이었다. 20세기 초에 사라졌던 그 노보로시야가 21세기 초에 부활했다. 비록 2년을 못 채우고 다시 사라졌지만, 이 국가는 아주 끈질긴 관념이 되어 유럽의 새로운 민족 분리주의 정치의 핵심 요소로 자리 잡았다. 노보로시야의 이야기는 21세기에 해체된 수많은 풍경들 중에서도 가장 치열한 분쟁 현장의 한복판으로 우리를 이끈다.

많은 우크라이나인은 '노보로시야'라는 말을 들으면 등골이 서늘해진다. 영토 수탈이 떠오르기 때문이다. 간단한 두 단어(노보와 로시야-옮긴이)를 이어 붙인 것뿐인데 우크라이나의 절반이 러시아 것이 된다. 반대로 러시아 사람들 대다수는 우크라이나에서 소수민족인 러시아인이 반反러시아 정서의 희생양이 되고 있다고 생각한다. 그리고 열성적인 몇몇 러시아인은 러시아가 옛 식민지를 되찾기를 바란다.

노보로시야는 1764년에 건국되어 1918년까지 존재했다. 그 뒤에는 새로 건국된 우크라이나소비에트공화국Ukrainian Soviet Republic에 병합되었다. 노보로시야의 토지는 정착민 집단에게 분배되었고, 이들은 활기찬 다문화 공동체를 형성했다. 우크라이나인과 러시아인뿐 아니라 세르비아인, 유대인, 루마니아인, 그리스인, 이탈리아인 등이 섞여 있었다. 이곳에 정착하려고 유럽 전역에서 사람들이 모여들었다. 새로 건설된 마을에 자신의 이름을 붙이는 이들도 있었다. 최근 분리주의자의 공격이 집중되고 있는 도네츠크의 한 광산 도시는 웨일스 출신 이민자 존 휴즈John Hughes가 세운 곳으로, 한때 '유조프카Yuzovka'라고 불렸다('Yuz'는 'Hughes'를 러시아식으로 표기한 것으로, '유조프카'는 '휴즈 마을'이라는 뜻이다).

당시에 노보로시야가 특정 민족만을 위한 국가가 되겠다고 나선 것은 결코 아니었다. 그러나 러시아 출신 이민자가 워낙 많은 데다 러시아제국 정부가 우크라이나의 문화 및 언어를 억압했기 때문에, 19세기 말에는 모든 우크라이나 도시들이 러시아어를 쓰고 있었고, 성공하고 싶은 우크라이나인은 러시아어를 배워야만 했다. '러시아 동화정책'이 강력하게 추진되는 시대이기도 했지만, 특히 도네츠크와 루간스크가 속한 동부의 돈바스 지역의 산업도시들에 러시아인이 몰려들었다. 돈바스는 소비에트연방의 발전소 중 하나가 되었다. 1987년 이 지역은 소비에트연방 총 석탄 사용량의 26퍼센트를 생산했다. 또한 이곳은 소비에트연방 몰락 이전과 이후에 공산주의의 보루가 되었다. 1994년 도네츠크와 루간스크에서 실시한 국민투표에서 90퍼센트에 달하는 유권자가 러시아어에도 우크라이나어와 동등한 지위를 부여하는 데 찬성했다는 사실은 전혀 놀랍지 않다. 우크라이나 정부는 이 요청을 받아들이지 않았다.

2013년 말 우크라이나에서는 민족 분쟁과 혼란의 시기가 시작되었고, 아직도 진행 중이다. '우크라이나 혁명'은 '독립광장Independence Square'에서 시작되었다. 이 '혁명'은 유로마이단Euromaidan('유로 광장'-옮긴이) 혁명으로 더 잘 알려져 있다. 명칭에서 이미 혁명의 정치적 성향이 잘 드러난다. 이 혁명은 러시아가 아닌 유럽연합에서 미래를 찾는 우크라이나인들이 주도했다는 것이다. 이 시위로 러시아의 지지를 받는 대통령을 물러나게 하는 데는 성공했지만, 그들은 소수라고는 해도 무시할 수 없는 친러시아 집단의 목소리는 대변하지 못했다. 그 결과 반反마이단 시위가 남부와 동부의 도시들을 휩쓸었다. 그러자 러시아가 개입해 우크라이나에서 친러시아 성향이 가장 강한 크림반도를 장악했다. 우크라이나 남부와 동부의 다른 지역에서도 친러시아 시위가 무장 반란으로 확대되었다.

노보로시야의 유령이 우크라이나를 맴돌며 괴롭혔다. 2014년 4월 7일 도네츠크 정부 청사를 장악한 시위대는 '도네츠크인민공화국'의 탄생을 선언했다. 친러시아 성향의 분리주의자와 우크라이나 군대 간에 무력 공격이 오가기 시작했다. 우크라이나 군대의 '반테러' 캠페인에도 불구하고 돈바스 민병대의 확산을 막을 수 없었고, 5월 4일 도네츠크인민공화국은 도네츠크 경찰청에 깃발을 꽂았다. 다른 마을과 도시도 곧 분리주의자의 공격에 무너졌다. 분리주의자는 시골까지 진출하지는 못했지만, 주요 도시는 대부분 장악했다. 도네츠크 인구의 절반에 해당하는 약 187만 명의 사람들이 반란군의 지배하에 있게 되었다.

그렇게 돈바스 전쟁이 발발했다. 강도 낮은, 지리멸렬한 소모전이 지속되는 동안 수천 명이 목숨을 잃었다. 러시아의 불법 무장 단체와 지원 때문에 우크라이나는 반란군을 쉽사리 진압하지 못하고 있다. 서류상으로는 우크라이나 군대의 규모가 더 크고 무장도 잘되어 있지만, 분리주의자들은 국경 너머 이웃으로부터 계속해서 원조를 받고 있다. 군인뿐 아니라 일반 시민까지 각계각층의 러시아인이 이들의 취지에 공감하며 힘을 보태고자 애쓴다. 러시아의 많은 도시에서는 돈바스에서 싸울 지원병을 모집하는 공공 모병 행사가 열렸다. 친러시아 자원봉사자는 더 먼 곳에서도 모여들었다. 체첸의 전투 요원과 러시아의 영토를 되찾고 러시아정교회를 보호하는 것이 자신들의 신성한 의무라고 주장하는 이른바 '신코사크new Cosssak (제1차 세계대전 당시 활약했다가 1920년 강제 해산된 코사크 기병대의 정신을 잇는다는 취지로 2005년 푸틴 러시아 대통령이 부활시킨 준군사조직-옮긴이)'도 그런 봉사자 무리에 포함된다.

도네츠크인민공화국이 독립을 선포한 지 일주일여가 지났을 때 블라디미르 푸틴 러시아 대통령은 방송에서 속셈을 드러내고 말았다. "이 사실을 환기하고 싶습니다." 그는 라디오 방송 청취자에게 말했다. "하르코프, 루간스크, 도네츠크, 헤르손, 니콜라예프, 오데사 등 차르 시절 노보로시야라고 불렸던 지역은 그 당시 우크라이나 영토가 아니었습니다." 자신이 진짜 하고 싶었던 핵심 논지에 가까워지자 푸틴은 역사의 비논리성에 의문을 제기했다. "1920년대에 소비에트 정부는 이들 지역을 우크라이나에 넘겼습니다. 왜 그랬을까요? 도무지 알 수가 없습니다. 예카테리나 2세Catherine the Great와 포템킨Potemkin이 누구나 아는 유명한 전쟁에서 쟁취한 지역들인데 말이죠."

우크라이나 남부 전체의 정치적 지위에 의문을 제기하는 듯한 질의에 우크라이나 정부는 바짝 긴장했다. 푸틴이 역사를 돌아보는 시간을 가진 뒤 며칠도 지나지 않아, 돈바스 동부의 루간스크가 '인민공화국'으로 독립한다고 선언했다. 최종 우승 상품을 지체 없이 낚아채려고 새로 탄생한 두 '인민공화국'의 지도자들은 곧 노보로시야 연방을 세울 계획이라고 공표했다. 이렇게 부활한 신러시아는 그 뒤로도 내내 현실보다는 열망에 가까워 보였다. 연방 수립 선포 이후에도 그랬다. 마찬가지로 새로운 조직인 신러시아당이 2014년 5월 13일 창당을 선포했다. 신러시아 의회 의장 올레그 차레프는 신러시아가 "우크라이나 남동부의 다른 모든 공화국과 병합할 준비가 되어 있고, 가능하다면 서부의 공화국도 받아들일 것"이라고 발표했다. 도네츠크의 '인민 총독'인 파벨 구바레프는 새로운 국가의 정치적 대변인인 신러시아당을 두고 "이 어려운 시기에 어머니의 나라에 충성하는 진정한 애국자이자 아버지의 나라를 지키는 진정한 전사임을 증명한 사람들만이 당을 이끌어 갈 것"이라고 선언했다.

새로운 국가는 '총선'을 실시할 것이며, 국가國歌 선정을 위한 응모전을 열겠다고 밝혔다. 그러나 이들 국가가 영토로 삼은 지역이 워낙 분열되어 있고 분쟁이 심한 곳이다 보니, 새로운 국가가 정당성을 확보하기는 힘들었다. 돈바스 전쟁은 부침을 거듭하면서 여러 번 정전협정에 들어갔다. 총 열한 번이었다. 점점 많은 외부 전문가들이 돈바스 전쟁이 교착상태에 빠졌다고 분석했다. 신러시아는 몇 달을 간신히 버티다가 2014년 12월 주권을 재확인하는 선언을 했다. 이번에는 신러시아가 소비에트 연방의 직계 후손이라는 주장을 덧붙였다. 2015년 1월 1일 신러시아 지도부는 마침내 백기를 들고 "유보 상태"에 들어간다고 선언했다. 그러나 많은 이들은 이 국가가 소멸되었다기보다는, 한 분리주의 정치인의 말을 빌리자면 "다른 차원으로 이동"했다고 본다. 즉 다양한 친러시아 운동가, 전사, 정치인에게 동기를 부여하고 연대감을 고취하는 관념이자 소망이 되었다는 것이다.

신러시아는 새로운 시대에 관한 시대착오적인 비전이었다. 아주 먼 과거에 뿌리를 둔 미래의 장소를 꿈꿨다. 그런데 단순히 비전에 머물지는 않았다. 21세기 초에 재점화된 강력한 불쏘시개인, 정체성 및 운명에 관한 인종적·민족적 인식을 담고 있었다. 신러시아는 오직 러시아만의, 또는 우크라이나만의 위기를 보여 주지 않는다. 불만으로 들끓고 있는 분열된 우리 시대의 영토 정치학이 그 어느 때보다도 유동적인 정치 지도를 그리고 있다. 부당함에 대한 뿌리 깊은 분노가 이런 파편화를 낳는 원심력의 동력이다 보니, 그 기세가 쉽사리 수그러들 것 같지는 않다.

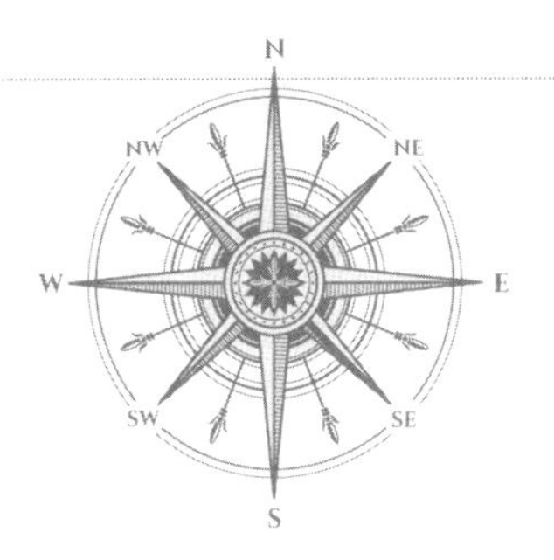

영토가 없어도 주권을 인정받은 나라

몰타기사단

스페인 계단Spanish Steps에서 멀지 않은, 짙은 그림자가 드리워진 가운데 고급 상점이 즐비한 로마의 콘도티거리를 걷다 보면, 68번지가 뭔가 특별한 곳이라는 것을 알아채게 된다. 68번지의 으리으리한 대문 위에는 깃발 두 개가 걸려 있다. 둘 다 빨간색 바탕에, 한쪽 깃발에는 여덟 개의 모서리가 뾰족하게 튀어나온 하얀 몰타의 십자가가, 다른 한쪽 깃발에는 평범한 십자가가 그려져 있다. 대문의 빛바랜 명패에는 이런 글귀가 적혀 있다. '소브라노 밀리타레 오르디네 오스페달리에로 디 산 지오반니 디 제루살레메 디 로디 에 디 몰타Sovrano militare ordine ospedaliero di San Giovanni di Gerusalemme di Rodi e di Malta'(성 요한의 예루살렘과 로도

스 및 몰타의 주권 군사 병원 기사단).

당신은 지금 세계에서 가장 작은 나라, '성 요한의 예루살렘과 로도스 및 몰타의 주권 군사 병원 기사단Sovereign Military Hopitaller Order of Saint John of Jerusalem of Rhodes and of Malta'의 기사단장 궁전 앞에 서 있다. 면적은 6,000제곱미터에 불과하지만 106개국과 외교 관계를 맺고 있으며, 전 세계 10여 개국에 대사관을 두고 있다. 이 국가는 미국, 중국, 인도에서는 주권국가로 인정받지 못하지만, 남아메리카, 유럽, 아프리카의 대다수 국가에서는 주권국가로 인정받고 있다. 국제연합에서는 상임 옵서버(참관국) 지위를 인정받아서 거의 모든 회의에 참석하며, 국제연합이 작성하는 공식 문서의 당사자가 된다. 그 외에도 미주개발은행부터 세계보건기구에 이르기까지 각종 국제기구에 대표를 보내고 있다.

국가로서의 지위가 국제사회에서 얼마나 주권국가로서 인정받고 있는가로 가늠되는 것이라면, 몰타기사단은 확실히 국가다. 몰타기사단은 군대도 갖추고 있다. 이탈리아 군대 내에서 별도의 의료 연대로 활동하며 병상 192개를 수용할 수 있는 자체 병원 열차(부상병 후송 설비를 갖춘 군용 열차-옮긴이)도 운영한다. 지금은 해산되었지만 한때는 공군 연대도 있었다. 1947년 이탈리아가 전후 금지 조치에 걸리지 않으려고 전투기 여러 대를 몰타기사단에 넘겼기 때문이다. 오늘날 남아 있는 공군의 흔적이라고는 폭격기 한 대가 전부다. 몰타 십자가가 새겨진

이 폭격기는 이탈리아 공군 박물관에 전시되어 있다.

몰타기사단 영토의 크기를 확정하기가 쉬웠던 적은 한 번도 없다. 1048년 예루살렘에서 세워진 이래 몰타기사단은 여기저기 흩어져 있긴 해도 매우 중요한 땅들을 소유했다. 로도스(1310~1523년 소유)와 몰타(1530~1798년 소유)도 있지만, 그 외에도 카리브해의 비교적 크기가 작은 섬 네 곳(세인트크리스토퍼섬, 세인트마틴섬, 세인트바르텔르미섬, 세인트크로이섬)을 비롯해 수많은 마을과 성이 포함되기도 했다. 이들 영토 대부분에 대한 영유권은 이미 오래전에 잃었고, 1834년 몰타기사단은 현재의 기사단 본부로 이사했다. 로마의 다른 곳, 아벤티노 언덕의 기사단장 빌라Magisterial Villa에도 또 하나의 주소지를 두고 있는데 이곳은 몰타기사단의 이탈리아 주재 대사관이다. 오늘날 몰타기사단에는 1만 3,500명이 넘는 기사, 데임Dame(기사Knight에 상응하는 지위의 여자에게 붙는 존칭-옮긴이), 사제와 8만 명의 평생 자원봉사자, 대부분 의료 인력인 2만 5,000명의 직원이 소속되어 있다.

그런데 정말로 이 나라의 총 면적은 6,000제곱미터일까? 이 질문에 대한 답을 하기는 쉽지 않다. 실제로 몰타기사단을 여느 국가처럼 취급해 물리적 영토의 크기를 측정하려고 한다면 아마도 실패할 확률이 높다. 워낙 독특한 국가이기 때문이다. 몰타기사단은 그 어떤 땅에 대해서도 영유권을 주장하지 않는다. 다만 자국이 주권국가이며 "국제법상 주권을 인정받는 주체"라고 주장한다. 달리 말하면 기사단은 스스로를 독립체라고 내세우며, 그런 존재로 인정받는다. 그러나 기사단은 스스로 국가라고 주장하지는 않는다. 만약 지금까지 언급한 개념들의 차이가 잘 이해된다면 당신은 나보다 똑똑한 사람이다. 그런 구별은 답보다 더 많은 질문을 낳는다. 그렇다면 영토가 없는 주권이 과연 존재할 수 있는가? 주권을 행사할 땅이 없는데도? 콘도티거리에 있는 기사단장 궁전의 정문을 벗어난 기사단 거주민은 어떤 정부에 충성을 맹세하는가?

처음 콘도티거리 68번지를 발견한 건 오직 관광객의 지갑에만 관심이 있는 상가를 이리저리 오가며 헤매고 있을 때였다. 그래서 68번지에 걸린 깃발을 봤을 때 무척이나 기뻤다. 유쾌한 전대의 유물, 현대사회에 어울리지 않는 옛날 조직을 발견했다고 생각했기 때문이다. 그런데 지금은 내가 발견한 것이 무엇인지 잘 모르겠다. 68번지에는 매우 복잡한, 그러면서도 신선한 지정학적 관념이 작동하고 있다. 주권이 사람들의 관계망 내에서만 효력을 발휘하며, 국경으로 규정되지 않을 수도 있다는 관념을 이해하고 받아들이기란 쉽지 않다. 어쨌거나 국제법 전문가를 흥분시키는 독립체인 것만은 틀림없다. 몰타기사단은 법적 별종으로 자주 인용된다. 이탈리아 법원의 1991년 판결은 몰타기사단이 "고유의 체제를 보유"하고 있으며 "독특한 국제적 주체성"을 지닌다고 판단했다.

이런 흥미로운 공식은 아마도 한때는 교황청에도 적용할 수 있었을 것이다. 교황청은 가톨릭교의 교회법이 적용되는

68

구역인데, 1929년 더 일반적인 국가의 형태를 띤 바티칸시국Vatican City이라는 독립 도시국가의 지위를 얻었다.

유럽연합 같은 국제기구도 국가로서의 지위는 빠진 주권을 지닌다고 주장하는 이들도 있다. 다른 국가의 지배를 받고 있지만 국제사회의 인정을 받는 망명정부가 존재하는 국가도 이에 해당한다고 주장하기도 한다. 그러나 나는 그런 주장에 동의할 수 없다. 그런 예들은 콘도티거리에 존재하는 독립체와는 달리, 더 전통적인 영유권 주장을 보충하는 사례처럼 여겨진다. 몰타기사단과 유사하다고 주장할 만한 가장 그럴듯한 후보는 가상 초소형국가체, 즉 인터넷에서 텍스트로만 존재하는 상상의 왕국일 것이다. 그러나 그런 왕국은 비누 거품만큼이나 찰나의 존재들이어서 침실에 틀어박힌 창조자가 지루해지는 순간 터져 버린다. 그리고 그런 왕국은 아무런 활동을 하지 않는다. 몰타기사단은 수천 년 넘게 존재했고 공식적으로, 그리고 기사단이 120개국에서 수행하는 의료·봉사·구호 활동으로 국제사회의 인정을 받고 있다.

몰타기사단은 지정학적으로 수수께끼 같은 존재다. 기사단의 기묘한 지위가 기사단의 활동을 방해하기는커녕 도움이 되는 것처럼 보이기 때문에 더 그렇다. 기사단의 공식 목표는 "(가톨릭) 믿음을 지키고 가난한 이들을 돕는 것"이다. 종교적 의도를 적극적으로 드러내는데도 통상적인 국가에는 잘 주어지지 않는 세계적인 접근권을 누린다. 몰타기사단은 전 세계에서 구호 활동을 벌이는 외에도 베들레헴 지역에서는 최고급 산부인과 병원을, 터키 국경 지역 킬리스에서는 시리아 난민을 돌보는 야전병원을, 시리아 알레포에서는 아동 병원을 운영하고 있다. 2016년에는 지중해를 건너온 31만 명이 넘는 피난민에게 기사단의 이탈리아 자원봉사자들이 의료 서비스 및 구호 물품을 제공했다.

기사단이 수행하는 종교와 자선의 현대적인 대리인이라는 역할은 기사단 장교들에게 부여되는 바로크 시대의 명칭과 묘한 대비를 이룬다. 기사단에서 '최고 권위를 부여받은 이'는 기사단의 군주이자 기사단장인 프라(수도사)Fra'다. 2017년 1월까지 79번째 기사단장은 영국인 프라 '매슈 페스팅'이었다. 기사단장은 로마에 있는 기사단장 궁전에서 지내며, '국가 총위원회가 임명한 기사들'이 선출하는 종신직이다. 현대의 기사단 지도부가 역사상 유례없는 혼돈의 시기 및 교황청의 간섭에 맞닥뜨리면서, 수도사 페스팅의 기사단장 종신 임기가 갑작스럽게 중단됐다. 2017년 기사단장 페스팅과 기사단에서 서열 3위인 최고 서기관 알브레히트 폰 뵈젤라거가 대립하자, 프란치스코 교황이 개입했다. 교황은 페스팅의 사임을 요구했고, 페스팅은 그의 말을 그대로 인용하자면 "알겠습니다, 그러죠." 라고 답했다. 페스팅은 당시 상황을 이렇게 설명했다. "규제를 받아들여야 합니다. 기꺼이 복종해야 합니다. 원래 그래야만 하는 거니까요." 이 사태를 지켜본 일부 사람들은 교황청이 기사단을 침공 내지는 정복했다고 여겼다. 하지만 페스팅이 교황의 뜻에 복종한 것은 한 국가의 수장이 다른 국가의 수장에게 항복 의사를 표시한 것이라기보다는 가톨릭 교리의 실천이라는 문제로 봐야 한다. 이 글을 쓰는 현재 몰타기사단은 1년 임기의 임시 기사단장 '자코모 달라 토레 델 템피오 디 산귀네토'가 이끌고 있다. 앞으로 '주권 기사단'이 자신들의 지도자를 선정하는 일에 교황이 얼마만큼의 주권을 허락할지 지켜보면 흥미로울 것이다.

기사단장은 몰타기사단 여권을 소지하며, 최고 지휘관과 최고 서기관도 마찬가지다. 다른 '일반 여권'은 발행되지 않기 때문에 이 세 명은 세계에서 가장 희귀한, 국제적으로 인정되는 여권의 소지자다. 그 밖에도 400개의 '외교 여권'이 전 세계에서 활동하는 기사단 직원에게 발급된다. 이 본토 없는 국가의 공공 물품은 기사단장 궁전에서 생산된다. 이곳에서 기사단의 공식 화폐도 발행된다. 몰타기사단 화폐는 1318년에 만들어졌고, 정식 명칭은 스쿠도다. 스쿠도는 동전으로 발행되며, 타리, 그라나, 피치올리 같은 더 낮은 단위의 화폐로 나눠지고 유로에 연동한다. 스쿠도 동전은 궁극적으로는 화폐 수집가를 위한 물품이며 기사단 내에서만 통용된다. 그러나 기사단이 발행하는 우표는 쿠바부터 몽고에 이르기까지 거의 60개국에서 통용된다.

이 흥미로운 국가의 특이한 골동품이 이 국가의 매력 중 하나다. 그러나 몰타기사단은 결코 구시대의 유물이 아니다. 현대 국제사회에서 의료 및 구호 서비스의 주요 공급자이기 때문이다. 그들은 매년 수십만 명의 사람들을 돕는다. 그리고 중요한 국가이기도 하다. 워낙 중요한 국가이다 보니, 음모론자들이 몰타기사단에 엄청난 권력과 비밀스러운 목적을 꾸준히 부여한다. 음모론자들에 따르면, 몰타기사단의 진짜 목적은 전 세계 정부에 침투해 성지를 되찾는 것이다. 이슬람 지하디스트(이슬람 성전주의자-옮긴이)가 이 가설을 냉큼 받아다가, 그 추종자들에게 몰타기사단 대사관을 공격할 것을 명했다. 중동 지역에 있는 기사단 대사관은 이런 중상모략이 사실이 아니라고 공식적으로 표명해야만 했다.

어떤 면에서는 몰타기사단의 역할과 본질이 무엇인지가 명백하다. 몰타기사단은 도움이 필요한 사람들을 돕는 고대 가톨릭 조직이다. 그런데 바로 그래서 미스터리이기도 하다. 몰타기사단의 감춰진 비밀 같은 부류의 미스터리를 말하는 것이 아니라, 몰타기사단이 지극히 공적인 존재이고 누가 봐도 특이한 존재라서 미스터리라는 것이다. 여기 영토가 없는 국가, 국경 없는 주권이 있다. 이곳은 세계에서 가장 작은 국가다(어쨌든 기사단장 궁전이 6,000제곱미터의 면적을 차지하고 있다). 그런데 여러 면에서 가장 큰 국가이기도 하다. 아주 작은 땅 조각을 겨우 차지하고 있으면서도 도움의 손길이 필요한 곳이면 어디든 달려가는 이 국가의 활동 영역만큼은 모든 곳에 닿아 있으니까.

브렉시트 이후, 영국은 분열되고 있다

스트랫퍼드공화국

2016년 6월 23일 영국은 국민투표 결과 유럽연합에서 탈퇴하기로 결정했다. 같은 해 7월 8일, 내가 지난 23년간 거주한 스트랫퍼드그로브Stratford Grove는 영국으로부터의 독립을 선포했다. 스트랫퍼드그로브 거리 끄트머리에 동네 주민이 모여 부스를 설치했다. 부스에서 시민권 시험에 통과하면 스탬프가 찍힌 여권을 발급받았다. 나도 하나를 발급받았고, 지금 내 옆에 그 여권이 있다. 꾸깃꾸깃한 종이는 어린 수탉 그림이 그려진 스탬프 자국과 함께 "스트랫퍼드공화국은 이 스탬프를 받은 모든 이에게 가고 싶은 곳은 어디든 방해받지 않고 마음껏 다닐 것을 허하노라!"라고 공표하고 있다.

종잇조각 한 장이 전부다. 어느 거리 축제의 기억, 그것뿐이다. 그런데도 차마 휙 내다 버릴 수가 없으니 이상하다. 여권에는 연금술과도 같은 힘이 있다. 어떤 여권인지는 중요하지 않다. 심지어 이런 여권에도 그런 힘이 있다. 잉크와 종이에 의례가 더해지면서 다른 무언가로 탈바꿈한다. 아무리 우스꽝스러운 의례라도, 의례 자체만으로 의미가 생긴다. 시민권 시험에는 다음과 같은 문제가 출제되었다. "스트랫퍼드공화국이 우주 탐사 프로젝트를 추진하고 다른 행성을 식민지로 삼아야 할까요? 네, 또는 아니오로 답하시오." 모두들 "네."라고 답했다. 스트랫퍼드공화국의 애국가는 〈부기 원더랜드Boogie Wonderland〉(미국의 밴드 어스윈드앤드파이어Earth, Wind and Fire가 1979년에 발표한 디스코 장르의 경쾌한 곡–옮긴이)다. 하늘은 맑았고, 강한 바람이 펠트로 가장자리를 두른 장식용 깃발이 잔뜩 매달린 밧줄을 흔들어 댔으며, 거리는 사람들로 북적였다. '유럽연합에 영국 붙이기' 같은 게임이 여기저기서 펼쳐졌다. 눈을 가린 아이들이 친구 티나네 집 나무 담장에 분필로 그려진 유럽연합 지도 위에 영국 사진을 붙이는 놀이였다. 포장도로 위에는 끊임없이 새로운 국경선이 그려졌다. 영토가 자꾸 넓어졌고, 국경은 자꾸 복잡해졌다. 스트랫퍼드공화국배 꽃 대회도 열렸다. 옮겨 심기 쉽고 모든 집 울타리에서 자라는 작은 보라색 꽃, 덩굴해란초가 당당히 우승을 차지했다.

울프강과 개비가 커다란 화분을 들고 와서 차의 통행을 막았다. 덕분에 우리는 여섯 시간 동안 잔뜩 흥분한 시끌벅적한 무리를 이루어 이리저리 건너다니면서, 무엇을 할 수 있을지 서로 아이디어를 주고받았다. 지나가던 사람들도 자연스럽게 무리에 합류했다. 공화국 국기와 국경선을 본 어떤 이탈리아인 교수가 음료수를 제공하는 탁자 옆에 있던 나를 콕 집어 대화를 시도한 터라 그와 진지한 대화를 나눴다. 그는 도대체 영국인이 무슨 꿍꿍이인지, 앞으로 어떻게 될 거라고 생각하는지를 알고 싶어 했다. 내가 그의 의문을 해소하는 데 그다지 큰 도움은 못 되었겠지만 싸구려 와인에 취한 나는 그를 꽉 안아 주기는 했다.

행복한 날이었다. 행사가 잘 마무리될지 불안했던 나로서는 특히 더 행복한 날이었다. 말썽이 일어날 수도 있다고, 훼방꾼이 나타날 것이고 싸움이 벌어질 거라고들 말했다. 우리의 파티 주제가 함부로 건드리면 안 되는, 논란의 여지가 다분한 주제라고 경고하는 목소리도 있었다. 나는 대략 지난 2주 동안 이웃을 방문하면서 아이디어를 모으고 참여를 이끌어 내려고 애썼다. 그다지 어려운 일은 아니었다. 다만 아마도 오히려 잘된 일이겠지만 '잔류파'와 '탈퇴파' 간 '줄다리기'나 고함치며 치유하는 시간 등의 아이디어는 채택되지 않았고, 안타깝게도 분리 독립을 택한 도시를 다룬 고전 코미디 영화 〈핌리코로 가는 여권*Passport to Pimlico*〉의 차고 상영회는 실현되지 않았다.

동네 아이들 몇몇은 여전히 새로운 소국 건설이라는 아이디어를 부지런히 실천하고 있어서, 나는 요즘도 '스트랫퍼드공화국'이라는 주소가 적힌 엽서와 편지를 종종 받는다. 물론 주소를 그렇게 기입하면 반송될 위험도 감수해야 한다. 그런데 이 도시에서 우리 동네만 이런 생각을 한 것은 아니다. 이웃 동네인 히튼에도 최근 '히튼공화국'을 홍보하는 국기, 머그잔, 티셔츠를 생산하는 가내수공업체가 생겨나고 있다. 브렉시트는 도시의 분립 독립 가능성에 대한 관심을 불러일으켰고, 사람들은 정부의 규모와 형태가 고정불변이 아닌 눈 깜짝할 사이에 변할 수 있는 유동적인 것이라는 사실을 다시금 깨닫게 된 듯하다.

사람들은 작은 지역 단위에 느끼는 유대감이 약해지고 있다고들 말했다. 뿌리가 없는 모바일 세계에서는 지역에 대한 소속감이 사라지고 있다고 말이다. 나는 그렇게 생각하지 않는다. 실제로 이 논리를 완전히 뒤집어서 적용할 수도 있다. 혼란스러운 세상에서는 지역적인 장소가, 진정 우리의 것이라고 할 수 있는 장소가 가장 소중하지 않을까? 내 눈에는 규모가 큰 정치 단위, 국제적 거물인 유럽연합뿐 아니라 국가라는 단위가 더 큰 위기에 직면한 것처럼 보인다. 어쨌거나 그런 단위를 비난의 대상으로 삼기가 더 쉬우니까. 브렉시트 투표 결과도 그런 불신을 반영한다. 먼 곳에 존재하는 거대한 정부 구조가 현재의 모든 불행의 원흉이라는, 끝없이 재활용되는 확신이 작용한 것으로 보인다. 이는 현대사회의 구호이기도 하다. 즉 '그들'은 비난받아 마땅하고 '평범한 사람'인 우리 '대중'은 무시당하고 목소리를 내지 못하고 있다는 것이다. 꽤 흥미로운 결과를 낳는 불평꾼의 세계관이라 할 수 있다. 예를 들어 막상 브렉시트가 결정되었을 때 아무도 그다음에 무엇을 해야 할지 몰랐고, 심지어 즐거워 보이지도 않았다. 사람들은 뭔가에 반대하려고 투표했을 뿐, 뭔가를 지지하려고 투표한 것이 아니기 때문이다. 그래서 투표 결과를 축하하는 거리 축제 같은 것도 없었다. 탈퇴파의 중심지인 영국의 북동부에 살고 있는 나라면 적어도 거리 축제 하나쯤은 목격했을 것이라고, 어떤 식으로든 브렉시트 탈퇴를 축하하는 움직임을 포착했을 것이라고 생각하겠지만, 그런 것은 전혀 보지 못했다. 충격에 빠진 침묵이 전부였다.

영국은 스스로 파편화 시대의 전면에 나섰다. 내가 사는 뉴캐슬어폰타인에서는 그 사실이 더더욱 생생하게 다가온다. 뉴캐슬어폰타인은 스코틀랜드와의 경계선에서 65킬로미터 가량 떨어진 곳에 있다. 스코틀랜드에서는 잔류파가 확실한 다수였다. 그 경계선 아래쪽에 있는 잉글랜드의 최북단으로 건너오면 탈퇴파가 압도적인 다수를 차지했다. (뉴캐슬만이 유일한 예외다.) 하룻밤 사이에 그 경계가 더 뚜렷하게 느껴졌다. 매우 중대한 변화가, 그것도 바로 나를 둘러싸고 일어나고 있었다. 이 책에서는 파편화의 구심점 역할을 하는 장소를 찾아 전 세계를 돌아다녔지만 그 장소가 고향일 때, 분열되는 것이 자신의 국가일 때 그것은 더 이상 일련의 관념이 아니라 마음 깊숙한 곳을 건드리는 무언가가 된다. 격변에 뒤따르는 해방과 두려움, 자유와 혼란이 뒤섞인 이상한 감정에 휩싸이기 시작한다. 끔찍하면서도 황홀한 기분이 든다. 한없이 걱정하다가도 그냥 다 내려놓고 운명에 맡기게 된다. 심장이 두근거리고 피가 솟구친다.

브렉시트 투표가 끝난 뒤 몇 달 간 '탈퇴파'와 '잔류파'는 서로 대립하는 두 개의 종족으로 규정되었다. 인터넷 채팅방을 어떤 식으로든 길잡이로 삼는다면, 이 두 종족은 서로를 뼛속 깊이 증오하고 있었다. 이것은 사후에 만들어진 신화다. 나 자신이 그런 편 가르기가 터무니없다는 것을 보여 주는 좋은 예다. 나는 친유럽연합 거리 축제를 조직했지만, 그렇다고 내가 딱히 유럽연합을 좋아했던 건 아니다. 유럽연합의 민주적 책임성 부재와 동질성 추구 및 중앙 집중식 문화에 나는 언제나 거부감을 느꼈던 데다가, 유럽연합 '탈퇴' 결정은 영국에 백해무익하다는 것이 자명하므로 결코 과반수를 얻지 못할 거라고 확신했기 때문에, 몇 달 동안은 내내 투표 자체를 하지 않을 거라고 주위에 떠벌리고 다녔다. 그런데 투표일이 다가올수록 나는 더 적극적인 친유럽연합파가 되었고, 투표 당일 '잔류'하는 쪽에 표를 던졌으며, 투표 결과에 충격을 받고 절망했다. 그러나 나는 스스로 '잔류파'와 '탈퇴파' 둘 중 한쪽에 속한다고 자신 있게 말할 수 없다. 나는 두 진영 모두에게 경멸의 대상이 될 수 있는 난처한 입장에 있다.

아마도 많은 사람들이 이런 입장, 혹은 이와 유사한, 불안하고도 모호한 입장이라고 생각한다. 그리고 탈퇴파와 잔류파로 영국 국민을 나누려고 서두르는 과정에서 묻힌 목소리가 있다면, 우리처럼 자기 불신으로 오락가락하는 이들의 목소리였을 것이다.

영국 국민을 탈퇴파와 잔류파, 친유럽연합파와 반유럽연합파로 나누는 과정에서 브렉시트의 지리학적 결과가 '영국의 독립'보다는 분열과 와해로 더 잘 설명된다는 사실도 묻혔다. 투표 직후 스코틀랜드 자치 정부 제1장관 니콜라 스터전은 런던 시장 사디크 칸과 유럽연합에 잔류할 방법을 논의하기 시작했다. 스코틀랜드가 결국 영국에서 독립하고 브렉시트는 잉글랜드만의 몫으로 남거나, 더 정확하게 말하면 이렇게 여러 영토가 합쳐진 상태에서는 로브렉시트RoBrexit(Rest of Britain exit의 약자로, 영국에서 스코틀랜드를 제외한 나머지 지역의 유럽연합 탈퇴를 뜻함)로 갈 확률이 더 높아 보인다. 다른 지역에서는 분리 독립을 요구하는 목소리가 그렇게까지 높지 않지만 논의는 꽤 활발하다. 내가 마지막 확인한 바로는 런던 시장에게 영국으로부터 런던의 독립을 선언하라고 요구하는 청원이 17만 9,843명의 지지 서명을 얻었다. 런던을 싱가포르 같은 도시국가로 만들자는 것이 이 청원의 요지다. 런던의 주요 재계 인사인 케빈 도란은 런던이 독립국가가 되는 것이 가능할 뿐 아니라 "20~30년 안에" 반드시 일어날 일이라고 말한다. 유권자의 72퍼센트가 EU에 잔류하는 쪽에 표를 던진 런던 사우스워크지구 의회 의장인 피터 존은 영국과 런던의 정치적 관계를 심각하게 재고할 때가 왔다고 말했다. "런던이 국가라면 유럽연합에서 열다섯 번째로 큰 국가"일 거라고 지적하면서, "오스트리아, 덴마크, 아일랜드보다 경제 규모가 크며, 런던의 가치관은 유럽의 가치관과 비슷하다. 개방적이고, 스스로의 국제적인 위상에 자신이 있다."라고 주장했다.

이런 식의 발언에 나머지 영국이 런던을 보는 시선이 고울 리가 없다. 연합 왕국의 몸통에 새로운 틈이 생기고 있다. 저명한 사회학자 리처드 세넷은 "런던은 런던과 뉴욕으로 이루어진 국가에 속한다"고까지 주장한다. 이 말에 런던에 있는 일부 사람들은 현명하게 고개를 끄덕일 것이다. '런던 추종자들' 사이에서는 흔히 접할 수 있는 분리주의적 성향을 반영하고 있지만, 아주 기괴한 발언이다.

대중의 분위기는 불만이 들끓는 양상을 보이고 있다. 활력은 있지만 동시에 예측 불가능하다. 아마도 지난 몇 세대 동안 대부분의 세계가 이런 분위기였는지도, 그러니까 언제든 무질서 상태에 빠질 수 있다는 느낌이 지배했는지도 모르겠다. 나는 그런 세계에 대해 잘 안다고 감히 말할 수 없다. 내가 다른 사람들보다 여행을 많이 하는 것은 사실이지만 내 여행은 피상적이고 일시적이니 말이다. 내가 아는 것은 이 거리, 내가 수

십 년 동안 잠들고 일어난 이 거리다. 기껏해야 닫힌 문과 작은 정원과 마당의 집합들에 불과하지만, 사람들이 공동체를 언급할 때마다 내가 떠올리는 곳이다. 일상적인 대화, 미소, 손짓. 가끔가다 이웃과 함께 마시는 차. 이것이 내가 아는 것, 내가 아주 잘 아는 세계다. 세계가 해체된다. 만화경이 돌아간다. 그래도 나는 여전히 모퉁이 가게로 터덜터덜 걸어간다. 평소와 마찬가지로. 저기 티나가 보인다. 곧 티나의 생일파티가 열릴 것이다. 저기 잭이 있다. 밴을 주차하고 있다. 여기는 익숙한 내 소박한 마당이다. 몇 달 전 우리는 축제를 벌였다. 앞으로도 축제를 벌일 것이다. 거시적으로는 아무 의미가 없는 일이었다. 하지만 내게는 의미가 있었다.

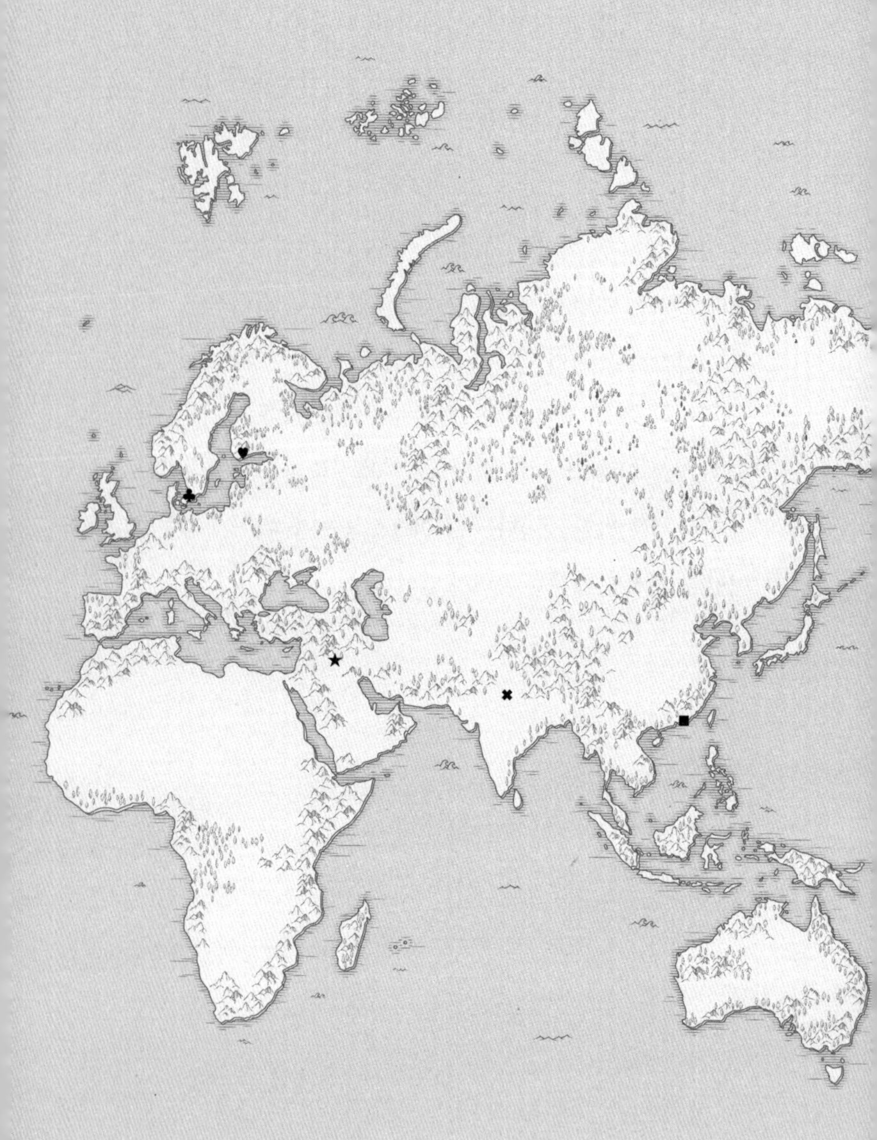

★ 이라크-레반트 이슬람국가
✖ 넥 찬드의 록가든
♣ 크리스티아니아
♥ 헬싱키의 야생 식량 수확 체험기
♠ 헬리콥터의 도시
■ 지면이 없는 도시

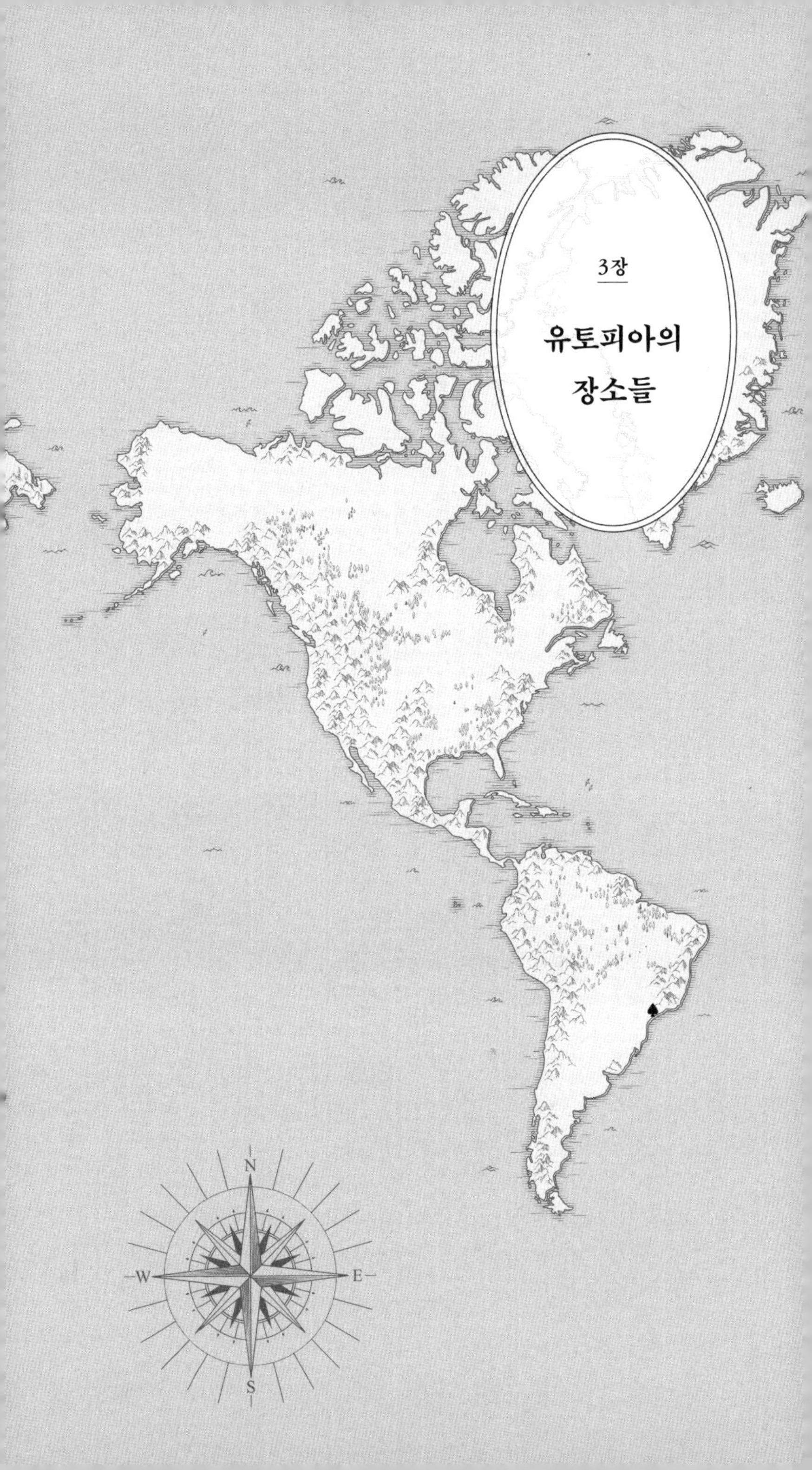

3장

유토피아의 장소들

◐

유토피아는 장소와 가까우면서도 불편한 관계를 이어 왔다. 토머스 모어가 말한 유토피아는 이상적인 장소지만, 동시에 비非장소였다. 모어의 유토피아섬은 우화, 더 나아가 일종의 풍자였다. 그곳은 결코 존재할 수 없는 어딘가였다. 모어가 그린 유토피아는 오늘날에 와서는 무자비해 보이기까지 한다. 엄격한 법치주의가 지배하고 노예제도가 유지되는 곳. 그래서 우리는 이 완벽한 사회가 모두에게 완벽하지는 않을 것이라는 생각을 떨칠 수가 없다. 유토피아에도 어두운 면이 있는 것이다. 독일의 나치도 여느 히피 집단처럼 유토피아 실험을 했을 뿐이니까. 이 장의 여정은 가장 암울한 형태의 이상 사회인 이라크-레반트 이슬람국가(2014년 국가 참칭 이전 이슬람국가Islamic State, IS의 명칭으로, 미국·일본 등은 IS를 국가로 인정할 수 없다며 이 명칭을 종종 사용한다-옮긴이)에서 출발한다. 그다음에는 그보다는 행복한, 자유를 추구하는 괴짜 유토피아의 영역들을 돌아다닌다. 이들 유토피아는 여러 얼굴을 하고 있는데, 하나같이 장소에 애정 어린 시선을 보내면서 최고의 장소를 상상하고 빚어내는 데 온 힘을 쏟아붓는다. 사이버토피아의 주민들에게 장소는 온라인 영역에서 시각화된다. 그러나 누구나 알아볼 수 있는 풍경, 이를테면 목가적인 초지, 섬, 마을을 만들어 내는 데 집착한다는 점에서 여전히 꽤 고전적이다. 텐트에서 지내는 방랑자인 신유목민은 새로운 유토피아를 지향하는 또 하나의 집단이다. 가벼운 몸과 마음으로 세계를 대하는 신유목민의 관점은 자유로운 이동성이 행복을 보장한다는 관념에 토대를 두고 있다. 나는 이런 관점에 전혀 매력을 느끼지 않는다. 삶을 기나긴 여정으로 삼는 것이 신유목민에게는 잘 맞을지 몰라도 내게는 맞지 않는다. 아주 작은 단 하나의 장소에 집중하는 행위야말로 애정의 표현이며, 그것이 인도의 찬디가르라는 도시에서 넥 찬드가 정성 들여 빚은 결과물이 돋보이는 이유다. 나는 폭포와 나무 그늘로 채운 비밀 세계인 넥 찬드의 록가든과 그것을 에워싼 현대적인 도시의 대비에 흠뻑 취한다. 인도를 떠난 우리는 독창적이고 별난 유토피아인 도시 고립지 크리스티아니아와 도시 채집 공동체가 있는 헬싱키를 찾아간다. 마지막으로 더 삭막하고 더 불편한 미래상을 돌아본다. '헬리콥터의 도시'로는 상파울루의 상공을, '지면이 없는 도시'로는 홍콩의 공중 부양 거주지 및 일터를 살펴본다. 두 도시 모두 지면에서 멀찍이 떨어진 삼차원의 수직 도시라는 새로운 도시 형태를 도입하고 있다. 다만 그런 도시를 제대로 누리는 데는 돈이 필요하다.

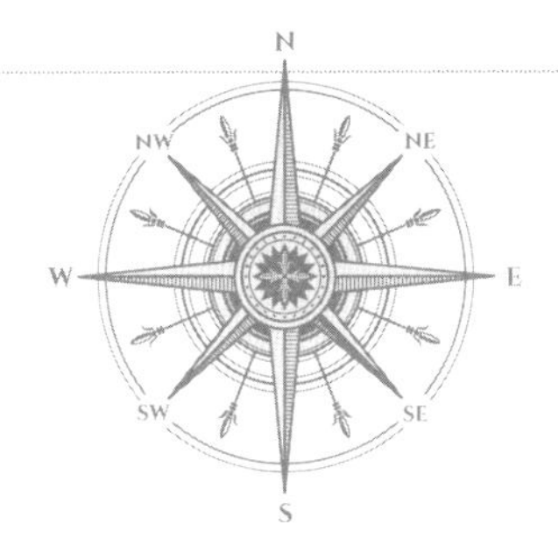

종교적 야심이 낳은 암울한 유토피아

이라크-레반트 이슬람국가

어린 소년 두 명이 미국 국기를 짓밟고 서서 위쪽에 걸린 커다란 세계지도를 손으로 가리키고 있다. 지도에는 북아프리카와 서아프리카, 그리고 중동 지역에서 선명한 불꽃이 피어나고 있다. 이라크-레반트 이슬람국가Islamic State of Iraq and the Levant, ISIL가 발행한 지리학 교과서의 표지 그림이다. (레반트는 지중해 동부의 국가들을 가리키는 말이다. ISIL을 이라크-시리아 이슬람국가, 또는 이슬람국가IS를 뜻하는 아랍어를 써서 다에시Daesh라고 부르기도 한다.) 두 소년은 ISIL이 점령한 지역을 바라보고 있다. 이 교과서를 근거로 삼는다면, 이 전투적인 새 국가는 한계를 모르는 자신감과 국제적 야심을 품고 있는 것 같다.

ISIL의 지도는 늘 유동적이었다. 우리는 확정된 국경에 익숙하다. 이 국가가 존재한다는 것을 암시하는 지도는 많지만, 하나같이 ISIL의 국경은 점선으로 표시해 놓았다. 여전히 미정이며 변화 중이라는 의미다. 이 글을 쓰고 있는 2017년 6월 현재 ISIL의 지도는 갈가리 찢기고 있다. ISIL의 시리아 지역 수도인 라카Raqqa가 함락되기 직전이며, 한때 ISIL의 최고 정복지였던 이라크의 제2도시 모술Mosul도 몇몇 거리 외에는 거의 빼앗긴 상태다. 이슬람국가는 서구 세계뿐 아니라 '아랍 세계' 대부분으로부터 지탄받고 있다. 이슬람국가가 내세우는 이슬람 교리가 이 지역의 경제 붕괴의 원흉이자 이슬람교의 명성에 먹칠을 한 악당으로 비난받고 있으니, 아마도 아랍 세계에서 더 미움을 받고 있다고 해야 할 것이다. 그러나 군사적인 측면에서 보면 ISIL이 거둔 성과는 대단하다. 2015년 ISIL의 세력이 절정에 이르렀을 때는 ISIL의 점령지가 요르단의 영토만큼 넓었다. 천만 명이 ISIL의 지배하에 있었고, ISIL의 통제권은 시리아와 이란의 국경 지대를 넘어서 ISIL의 실질적인 수도인 시리아의 라카에서 이라크의 모술까지, 더 나아가 바그다드 남부의 농업 지역에까지 미쳤다. 2016년에는 줄줄이 영토를 잃는 바람에 ISIL의 직접적인 통제력이 미치는 지역이 급격히 줄어들어 뚝뚝 끊긴 가는 선들이 되어 버렸다.

그러나 적어도 아직까지는 활동 중이므로 이 글도 현재형으로 쓰겠다. ISIL은 전 세계에서도 보기 드문, 지극히 이념적인 국가 만들기의 극단적인 예에 해당한다. 또한 순수하고 완벽한 사회, 즉 유토피아를 부활하려는 열망이 극단으로 치달으면 괴물을 낳을 수도 있으며, 장소 만들기가 향수와 집단 학살의 조합을 가져오기도 한다는 것을 보여 준다. 이슬람국가는 지독하리만치 전체주의적인 야망을 지닌 종교 국가다. 대규모 희생, 대규모 살상, 대규모 파괴로 규정되는 국가인 것이다.

ISIL이 워낙 무자비하고 폭력적인 국가이므로 진정한 종교 국가라고 할 수 없다는 주장을 어느 정도 위안으로 삼는 사람도 많다. 이슬람국가의 추종자는 가짜 신도라고 매도하면서 말이다. 그러나 그렇지 않다. 이슬람국가의 모든 조치와 법률은 종교에 대한 지도부의 충성심이 얼마나 뿌리 깊은지 보여 준다. 이라크 북부 쿠르드 지방정부의 안보국장인 마스루르 바르자니는 한 자살 폭파 미수범이 잊히지 않는다고 말했다. 폭파에 성공하기 직전 체포된 범인은 자살 폭파가 미수에 그친 것을 진심으로 아쉬워하며 이렇게 외쳤다고 한다. “10분만 더 주어졌더라면 예언자 무함마드를 영접할 수 있었는데!” 바르자니가 보기에 “그들은 상대를 죽이건 자신이 죽임을 당하건 자신들이 승리했다고 믿는다”.

ISIL은 1999년 요르단의 전과범 아부 무사브 알자르카위가 세운 국가로, 2013년 시리아로 영토를 확장한 이후 현재의 명칭을 사용하기 시작했다. 확장은 이슬람국가의 이념과 국가 관행state practice에서 핵심적인 요소다. 이슬람국가는 전 세계 곳곳에서 자가 복제 하기를 원하며, 그것도 아주 간절히 원한다. ISIL은 세력이 약해지고 있을 때조차도 확장의 다음 단계를 계획한다. 신의 가호가 있으니 이슬람의 땅이었던 곳은 전부 되찾을 수 있다고 믿기 때문이다. 그러려면 스페인과 포르투갈까지 점령해야 한다. 두 국가도 칼리프국(칼리프를 수장으로 하는 이슬람 신정 일치 국가-옮긴이)으로 끌어들여 함께 유럽 전체, 북아프리카와 서아프리카를 집어삼키고, 터키, 사우디아라비아, 걸프만 국가들, 이란, 파키스탄을 거쳐 중국까지 진출한다. 그 다음은? 물론 세계 정복이다.

ISIL을 공식적으로 승인한 국가는 없다. ISIL 또한 모든 국제 협약 및 국가 간 협약, 국제기구를 신을 모독하는 이교도라며 배척한다. 그들은 이 세계를 이슬람국가를 뜻하는 **다울랏 알이슬람**Dawlat al-Islam과 믿지 않는 국가를 뜻하는 **다울랏 알쿠프르**Dawlat al-Kufr로 양분한다. 후자에게는 자비를 베풀 필요가 없다. ISIL이 승객 대부분이 관광객인 러시아 여객기를 폭파하고, 파리와 런던에서 평범한 시민에게 총과 칼을 휘두르는 등의 끔찍한 행위를 저지르는 이유는 이교도 군대의 보복을 이끌어내기를 바라고 기원하기 때문이다. ISIL의 지도부가 굳게 믿는 예언에 따르면, 믿는 자와 믿지 않는 자 간에 최후의 투쟁이 벌어져야 심판의 날이 더 빨리 오기 때문이다. ISIL은 의심, 성찰, 심지어 단순한 호기심조차 찾아볼 수 없는, 점점 가까워지는 심판의 날에 대한 굳건한 믿음을 동력으로 삼아 종말론적 과업을 추진 중이다.

그런 고집스러운 확신에 차 있기 때문에 ISIL이 흉폭한 상대가 된 것이다. 하지만 그들의 확신은 약점이 되기도 한다. ISIL이 혐오의 대상일 뿐 아니라, 손쉬운 표적이기도 한 탓이다. 알카에다Al-Qaeda 같은 초기 이슬람 단체가 가벼운 몸으로 종횡무진할 때는 공격하기가 쉽지 않았다. 그런데 고정된 영토가 생긴 뒤로는 도로, 전기 공급망, 공장, 지리학 수업 등 일반적인 국가의 인프라를 떠안게 되었고, 그래서 괴롭히기 쉬운 대상이 되었다. 특히 공중폭격에 취약해졌다. 그런데도 ISIL은 버티고 있다. 이는 끊임없이 새로운 지원병이 밀려들어오는 상황 덕분이기도 하다. ISIL은 신성한 목적지가 되었다. 전 세계에서 참신도들이 모여든다. 진짜 이슬람 사회에서 살고, 그 사회를 위해 죽는 것이 자신들의 의무라고 믿기 때문이다. 안보 전문 기업 수판그룹The Soufan Group은 2015년 86개국에서 2만 7,000명 내지 3만 1,000명의 사람들이 이슬람국가 및 유사 과격 종교 단체에 합류하려고 시리아와 이라크로 왔다고 추정했다.

자살 테러, 종교 제물, 처형으로 줄어드는 머릿수를 채우려면, 그만큼 구성원의 모집, 훈련, 관리에 공을 들일 수밖에 없다. ISIL은 2015년에 지방정부 체계를 갖추게 된다. 이라크와 시리아에 각각 정부 수장을 앉히고 교도소, 안보, 경제 등을 담당할 관료들도 임명했다. 거의 모든 행정 업무에 이슬람교 고문과 이슬람교 교리 전문가가 참여하거나 개입하며, ISIL의 막강한 종교 지도자인 '칼리프' 아부 바크르 알바그다디가 모든 정부 조직을 지휘한다. ISIL은 강력한 지도부(2016년과 2017년의 연이은 패배로 와해되었겠지만)가 이끄는 국가이며 인력 자원과 물적 자원을 전부 군사적 목적에 쏟아붓는다. 그러나 세련되지는 않지만 광범위한 복지 제도도 운영한다. 의료 서비스가 무료이며 '자격을 갖춘' 가난한 이들에게 현금을 지급한다.

이런 정권하에서 살면서 얻는 혜택은 매우 불안정하다. 지도상의 경계는 빠르게 움직인다. 월경지와 영토가 하룻밤 새 경계 안으로 들어왔다가 다시 빠져나갈 수 있다. 전쟁 중인 세력들의 잔인함에 노출된 것으로도 모자라, 이런 유동적인 국경선 때문에 일반인들 사이에서는 어느 방향으로 가야 안전한지, 누구를 믿어도 되는지에 대한 뿌리 깊은 불신이 자리 잡았다. 히드라처럼 머리가 여럿인 이 지역의 내전은 수많은 왕국, 지역 유지, 토호 세력들이 토지소유권을 조각조각 나눠 가진 중세 시대의 지도처럼 바둑판 무늬의 얼룩덜룩한 지도를 낳았다. 다만 현대의 바둑판 지도는 다원주의가 원인이 아니라, 오히려 다원주의가 축출되는 과정에서 만들어졌다.

레바논, 시리아, 이라크 북부는 한때 중동 지역에서도 특히 다양한 종교가 공존하는 곳이었다. 고대 기독교 공동체와 야지디족이 여러 이슬람교 소수 분파와 뒤섞여 살았다. 이들 집단은 안식처에서 쫓겨나 피난민이 되는 고통스러운 경험을 하면서 장소의 중요성을 절감했다. 가장 안타까운 사례는 2014년 8월 ISIL로부터 '악마 숭배자'로 몰려 피신해야만 했던 야지디족이다. 약 4,000명이 이라크 북부에 있는 신자르산Mount Shinjar에 몸을 숨겼다. 신자르산은 야지디족이 노아의 방주의 최종 정박지라고 믿는 성지다. 몇 주간 산에서 야영을 하던 야지디족은 다시 그곳을 빠져나와 피난민이 되었다. 기독교인, 유대인, 기타 소수민족들이 그랬듯이 이들도 앞서 쿠르디스탄, 터키, 유럽, 북아메리카로 탈출한 이들을 따라 망명을 꾀하고 있다.

ISIL은 순수한 장소를 만들고 싶어 했다. 복잡성이 완전히 배제된 이슬람 유토피아를 말이다. 전 세계적인 다문화주의라는 시대의 흐름에 맞서, ISIL은 불확실성이 배제된 단일문화주의로의 회귀를 부르짖었다. 고대 유적지, 성지, 시아파 모스크, 교회를 부수고 무너뜨리는 행위는 ISIL 지도부가 위협이라고 규정한 다양성을 제거하기 위한 것이다. 종교적 극단주의는 장소와 극단적인 관계에 있다는 것을 환기하는 서글픈 현상이다. 종교적 극단주의는 장소를 정화하고 굴복시키고 싶어 하며, 자신들의 영토 완성 과업에 의문을 제기하거나 자신들이 생각하는 좁은 의미의 이상적인 시민의 조건을 충족하지 못한 사람은 하나도 남김없이 쫓아내고자 한다.

ISIL은 자신과 그 바깥에 있는 모든 사람에게 치명적인 존재여서, 이 지역 사람들과 기타 지역 사람들이 ISIL의 존재 자체를 부정하는 것도 당연하다. 중동 지역에는 ISIL의 기원과 자금 출처에 관한 음모론이 엄청나게 많이 돌고 있다. 레바논의 외교부는 심지어 이런 소문을 진지하게 받아들인 나머지, 미국 대사를 불러들여 ISIL이 미국과 이스라엘의 공작이라는 주장에 대해 해명을 요구하기도 했다. 이집트 카이로의 신문 가판대에서 산 신문에는 ISIS가 "미국의 해외 부대 역할을 수행 중"이며 오바마 정부가 "ISIS에 무기를 공급하고 있다"는 기사를 읽었다. 사람들은 차라리 ISIL을 조종하는 배후 세력이 미국과 이스라엘이라고 믿고 싶어 한다. 혼란에 빠진 무기력한 대중은 음모론을 통해 자신들이 호락호락 당하지만은 않는다는 환상을 품는다. 이렇게 아무도 모르는 비밀을 알고 있다고 믿고 싶겠지만, 오히려 그들은 아무것도 모르고 있다. 이 지역의 갈가리 찢어진 지도를 복원하고 싶다면, 먼저 ISIL의 엄격한 종교적 과업이 외부에서 주입된 것이 아니라는 점을 인정해야 한다. 이 땅을 산산조각 내고 있는 괴물은 이 땅에서 태어난 돌연변이다.

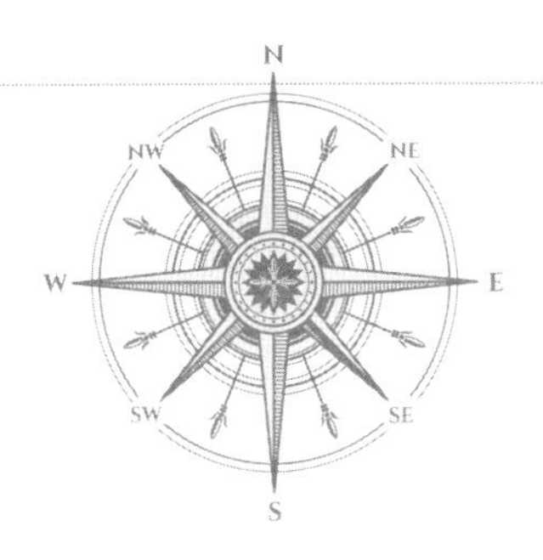

가상현실이 우리를 해방시킬 것이라는 신화

사이버토피아

21세기의 꿈들이 사이버토피아로 몰려들고 있다. 아주 거대하고 웅장한 흐름이며 주위에 있는 모든 것을 빨아들이면서 한없이 떨어져 내리는 폭포다. 우리가 어디로 가고 있는지, 저 모퉁이를 돌면 어떤 즐거움과 공포가 우리를 기다리고 있을지에 관한 끊임없는 수다로 우리의 화면을 채운다.

지금 이 화면 뒤에서 나는 세컨드라이프Second Life에 나 자신을 등록한다. 세컨드라이프는 다중 사용자를 위한 양방향 서비스 플랫폼 중 가장 규모가 큰 사이트다. 그리고 지금 저기, 파릇파릇한 풀밭 위에 내가 있다. 인간의 형상을 하고서 다른 사람의 아바타 밑에 가만히 서 있다. 내 위에 있는 아바타는 반짝이는 검정 날개를 파닥이고 있는 게 인간 나비 같다. 짜증 날 정도로 가까이서 날고 있다. 화면에 대화창이 열린다. "너 지금 벌거벗고 있는 거 알지?" 세컨드라이프는 '무한한 가능성의 세계'와 '한계 없는 삶'을 약속한다. 그런데 나는 아직 그런 것들을 누릴 준비를 갖추지 못한 듯하다. 세컨드라이프에는 처음 접속해 본 터라 초조하게 계속 마우스만 클릭한 끝에 마침내 상점에서 레깅스를 사는 데 성공한다. (돈을 지불해야 했다.) 어느새 내 손에 쇼핑백이 들려 있다. 이제는 James2003love(대화명 '섹스가 하고 싶어')나 Mockingay223(대화명 '가끔은 이 모든 게 한낱 꿈이었으면 하는 생각이 들어') 등 새로 만난 친구들과 시간을 보낼 수 있을지도 모른다. 그런데 쇼핑백이 열리지 않는다. 하는 수 없이 회갈색 몸을 그대로 드러낸 채 이 세계를 돌아다닌다. 쉴 새 없이 이 연옥에서 저 연옥으로 끊임없이 도망쳐야 하는 저주받은 존재처럼.

나는 파란 하늘을 날아다니다 디스코섬Disco Island에 툭 떨어진다. 나는 춤이 추고 싶은가? 그것도 나쁘지 않겠지. '그렇다'에 클릭하는 순간 이 섬을 지배하는 미치광이가 영원히 춤을 추게 만들지 어찌 알았겠는가? 나는 순식간에 단단한 디스코 사슬에 묶인다. 한쪽 다리를 옆으로 쭉 뻗었다가 열정적으로 몸을 흔들다가 어깨를 흔들며 걸었다가 닭처럼 팔을 파닥거리기를 반복하던 나는 마음의 평화를 되찾기 위해 바다에 뛰어드는 데 성공한다.

그래서 지금 저러고 있다. 벌거벗은 채 쇼핑백을 손에 꼭 쥐고서 파도에 잠겨 허우적대고 있다. 뭔가 나만 소외되고 있는 느낌이다. 세컨드라이프의 지형은 아찔할 정도로 멋진데 말이다. 끝없이 펼쳐진 이 세계에서는 정체성과 풍경이 아주 밀접한 관련을 맺고 있으니까. 사이버토피아의 환상에서는 장소가 중요한 역할을 한다. 그래서 이 세계의 환상이 펼쳐지는 데는 시간이 걸리지만, 바로 그 환상이 사용자의 상상력에 불을 지피기도 한다. 인스타그램이나 페이스북 등에는 '장소'가 없으므로 이들 사이트에서 사진을 쓱 훑어보거나 게시글을 확인하는 행위는 순식간에 스치듯 이뤄진다. 요컨대 사용자가 사이트에 시간이나 노력을 투자해도 그런 행위가 몰입으로 이어지지는 않는다. 나무, 섬, 건물을 집어넣고, 사람들이 그 나무, 섬, 건물 주위와 사이를 돌아다니게 해야 사이버공간이 어느 정도 진짜처럼 느껴지기 시작한다.

그러나 장소를 만드는 데는 돈이 든다. 세컨드라이프의 토지 임대료가 워낙 비싸다 보니, 같은 콘텐츠를 더 싼 가격에 파는 사이트들이 시장에 등장했다. 자기 땅을 소유하는 것이야말로 누구나 탐내는 최상의 전리품이다. 내 화면의 오른쪽 위에서는 6만 5,535제곱미터의 땅을 구매하라고 귀찮게 군다. "1주일에 고작 1,488린든달러밖에 안 해요!"라면서. (1,488린든달러는 현실에서는 6달러다.) 그 돈이면 "벨라포인트의 초현실 스카이돔 더코브!(완벽한 사생활 보장, 눈에 보이는 이웃이 없어요!)"에 입주

할 수도 있다. 이것이야말로 횡재다. 이곳에서 섬을 사려면 대개 (진짜 돈으로) 400달러 이상은 써야 하니 말이다. 세컨드라이프는 '여유가 있는 사람들'은 1만 달러 이상을 투자한다고 자랑한다. '대규모 다중 사용자 온라인 롤 플레잉 게임'인 엔트로피아유니버스Entropia Universe에는 더 부유한 무리가 모여든다. 2009년 버즈 에릭 라이트이어는 (이번에도 진짜 돈으로) 33만 달러를 들여 우주정거장 크리스탈 팰리스 스페이스 스테이션을 샀다. 최근에는 로스앤젤레스에 본사를 둔 한 게임 회사가 600만 달러를 주고 행성 하나를 샀다.

왜 가상현실 공동체에 가입해 놓고, 다시 '눈에 보이는 이웃'을 신경 쓰지 않아도 되는 사적인 영역을 굳이 돈을 주고 마련하는 걸까? 좋은 질문 같지만, 지금 파도 아래 숨은 사람은 나다. 나는 이것이 파도라는 것을 안다. 파도치는 소리가 나지막하게 들려오기 때문이다. 그러나 이런 잔잔한 음향 효과에도 불구하고 세컨드라이프를 비롯해 우리의 관심을 끌려고 애쓰는 모든 '가상현실' 사이트가 텍스 에이버리(20세기 중반 〈벅스 버니〉, 〈톰과 제리〉 등 여러 시리즈를 창조한 미국의 애니메이션 감독-옮긴이)의 애니메이션만큼이나 현실감이 떨어진다는 사실은 바뀌지 않는다. 조잡하게 결합된 가짜 사람들이 색을 채운 블록 사이를 헤치고 잔디, 바다, 돌을 무한정 복사해서 붙인 평면 위를 날아다닌다. 참가자들이 조심스럽게 덧붙이는 작은 말 상자는 소통 행위가 아닌 주문처럼 보인다. 생명이 없는 픽셀에 어떻게든 생명을 불어넣으려고 작은 주문을 반복해서 내뱉는다. 나는 이슬람 성지인 모트 마운트Moat Mount에 도달한다. 새소리가 울려 퍼지고 있다. 모두가 원 모양으로 둘러앉아 자신들이 얼마나 '느려 터진 것'처럼 느껴지는지, '얼마나 땅이 느려 터졌는지'를 한탄하고 있었다. 다들 여전히 명상하느라 앉아 있는 것처럼만 보였는데, 알고 보니 프로그램에 문제가 생겨서 누구든 움직일 때마다 동작과 풍경 간 연결이 확 끊어져서 팔다리와 건물들이 공중에 떠 있게 되었다. 몇 분 뒤 비니를 쓴 남자가, 면도를 하지 않은 입가 어딘가에서 담배를 삐죽 내밀어 문 채로 나를 바다로 밀어 넣었다. (다른 사람과 부딪히면 밀 수 있다.) 내게 어울리는 장소는 바다뿐인가 보다.

가상현실에 최적화된 오큘러스 리프트Oculus Rift 헤드셋을 마련했더라면, 아니면 세컨드라이프의 업그레이드 버전이 나올 때까지 기다렸다면 다른 경험을 했을지도 모르겠다. 그러나 우리 중 가장 나이가 어린 사람조차 완전한 몰입이 가능한, **진짜로** 진짜 같은 경험은 늘 개봉 박두 상태라는 것을 알 정도로 나이를 먹었다. 실제로는 결코 개봉된 적이 없으며, 앞으로도 개봉될 가능성은 없어 보인다. 게다가 가상현실이 진짜 현실보다 더 진짜처럼 느껴질 것이라는 전망은 이미 세컨드라이프 주민 사이에 불만을 낳고 있다. 대다수가 자신들이 이 사이트를 좋아하는 이유는 이곳이 진짜처럼 보이거나 느껴지지 않아서라고 거세게 항의하면서, 만약 자신들이 100퍼센트 진짜를

원했다면 그냥 방문을 열고 나가면 그만이라고들 말한다.

웨스트민스터대학교의 리처드 바브룩 교수는 1950년대 이후 사이버공간이 약속하는 유토피아는 진화가 아닌 **반복**을 거듭했다고 주장한다. 『상상 속 미래*Imaginary Futures*』에서 그는 "최첨단 유토피아는 언제나 바로 저 너머에 있었지만 우리는 결코 거기에 도달하지 못했다"는 사실을 상세히 설명한다. 요컨대 극도로 발달한, 상호 연결된 디지털 세계라는 미사여구는 박제된 기록이 되어 버렸다는 것이다. "미래는 예나 지금이나 같은 모습이다."라고 바브룩 교수는 말한다. 미래는 이데올로기적 지침을 반영한 비전이다. 그 지침은 자본주의를 자유와 동일시하는 냉전 시대의 시도로 거슬러 올라간다. 그래서 곧 기술이 우리 모두를 해방시키고, 말로는 감히 표현할 수조차 없는 즐거움을 제공할 것이라는 신화를 끊임없이 생산한다. 바브룩 교수가 보기에 우리 시대의 "가장 기묘한 이야기"는 그토록 많은 사람이 이 재생산된 약속을 기꺼이 믿기 때문에 더욱 기묘해지고 있다.

그렇다면 1950년대보다 훨씬 이전으로 가면 어떨까? 최초의 가상 세계, 이후의 모든 가상 세계가 암묵적으로 담고 있는 그 장소로. 에덴동산 말이다. 사이버 컨설턴트 마거릿 워타임은 『사이버 천국의 문*The Pearly Gates of Cyberspace*』에서 사이버공간에 투영된 초자연적인 소망과 에덴동산 간 연결 고리를 밝힌다. 워타임은 사이버공간을 "영혼의 엄청난 갈망이 모여드는 곳"이라고 부르면서, 이 공간이 종교와는 분리된 천국으로 가는 통로 역할을 한다고 주장한다. "육신의 한계를 뛰어넘고자 하는 갈망 … 통증, 한계, 심지어 죽음조차도 제거하고 싶은 소망"을 나타낸다고 말이다. 모든 유토피아가 이런 소망을 반영하지만, 워타임의 말을 빌리자면 사람들이 기꺼이 자신을 벗어던지는 장소, 자신의 정신과 육체 모두를 바치는 장소인 사이버공간은 "시공간 밖에 존재하는 공간, 육신의 찬란함을 고스란히 재건할 수 있는 공간"을 통한 구원의 약속까지 완벽하게 갖춘 새로운 부류의 영성으로 우리를 유혹한다.

영혼의 찬란함을 머릿속에 떠올리면서 나는 사투 끝에 파도에서 스스로를 건져 올려 리빙 메모리즈 메모리얼 가든Living Memories Memorial Garden으로 날아간다. 이곳은 사람들이 죽은 이(실제로 살았던, 그리고 지금은 진짜로 죽은 사람)를 추모하며 "나무나 촛불이나 명판에 표식"을 남길 수 있는 성소다. 그러나 나는 다른 방식으로 작별을 고한다. 사이버토피아가 가상현실이라는 아이디어의 신선함은 이미 오래전에 사라졌고 2020년대를 바라보는 현재, 가상현실은 미래에 대한 향수처럼 느껴지기 시작했다. 그래서인지 나는 너무도 자주 짜증이 난다. 바로 지금처럼 말이다. 손에는 여전히 쇼핑백이 대롱대롱 매달려 있지만 옷을 입을 수 없는 내 아바타는 전진 모드에 갇혔다. 종종 벌어지는 일이지만 어쩐지 이번에는 더 괴롭다. 나는 꽃이 만발한 기념수를 짓밟고 또 짓밟는다. 프로그램을 종료하고, 아바타 기록을 삭제하고, 회원 탈퇴를 하고, 현실로(그 현실이 어디이든) 다시 도피하지 않았다면 여전히 그러고 있지 않을까.

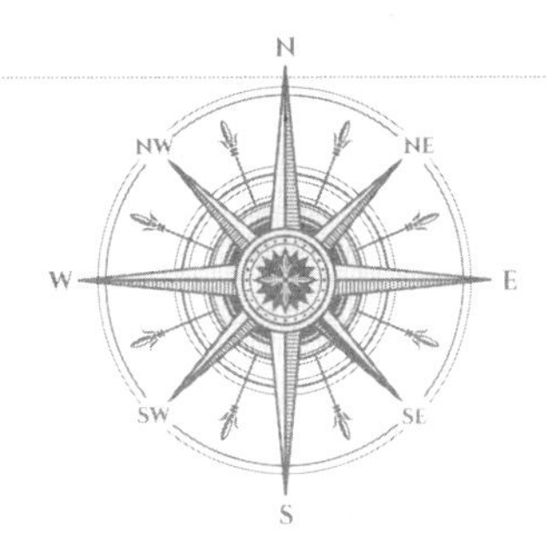

어떤 곳에도 얽매이지 않는 삶은 행복한가

신유목민

장소는 중요하다. 집이라 부를 수 있는 장소를 갖고 싶은 욕구야말로 가장 기본적인 욕구다. 너무 뻔한 말을 하는 것 같겠지만, 이런 말을 굳이 할 수밖에 없다. 이런 관념에 도전장을 내민 강력한 신新유토피아가 등장했기 때문이다. 이 새로운 유토피아는 어디에도 얽매이지 않는 초이동성이 보장된 삶이 좋은 삶이라고 주장한다. 세계 자본주의가 추구하는 자유로운 문화, 즉 유연성이 보장되는 '임시 고용'에 문화적 개방성과 지루한 일상에 대한 혐오 같은 진보적 가치를 섞어 놓은 매력적인 이상향이다. 인정하고 싶지는 않지만 나는 반짝거리는 이 새로운 목적지에 마음이 끌린다. 그래서 이 신유토피아를 찬양하는 아름다운 책을 샀다. 표지에는 잘생긴 사람들이 지나치게 작은 텐트와 바퀴 달린 조그마한 오두막에 앉아 있다. 책 제목은 『신新 유목민*The New Nomads*』인데, 어찌된 영문인지 나는 이 책에 금세 빠져들었다. 다만 이런 연애 감정은 동경심에 저지른 또 다른 구매 행위, 그러니까 지면에서 붕 띄워 둘 수 있는 텐트의 즉흥적인 구매와 함께 끝이 났다. 텐트 구매가 완벽하게 실패로 돌아간 이야기는 나중에 하겠다.

『신유목민』의 앞표지에는 석양이 비치는 얕은 호수가 나온다. 호수에는 매끈한 주머니처럼 생긴 이동 주택이 주차되어 있다. 자동차 바퀴와 손을 꼭 잡고 있는 젊은 커플의 종아리 주변에서 물결이 잔잔하게 일렁인다. 젊은 커플은 이 이동 주택의 자랑스러운 소유주다. 처음에 표지를 얼핏 봤을 때는 기후변화와 해수면 상승을 주제로 한 심각한 내용의 책일 거라고 생각했다. 이 표지에 등장한 커플은 그런 변화를 견뎌 낸 생존자이고 말이다. 그런데 아니었다. 이 사진에 나오는 이동 주택은 '시랜더Sealander'다. 야심만만하고 경제적으로도 여유가 있는 젊은 세대에게 주문을 받아 세심하게 제작하는 맞춤 이동 주택이다.

> 이동성은 자유의 최종 형태다. … 오늘날의 크리에이터들은 베를린의 공유 사무실에서 6개월간 일하다가, 칠레의 이동 주택에서 여름을 보내고, 다음 프로젝트가 시작하는 날에 딱

맞춰 뉴욕의 임시 작업실에 나타나는 그런 생활 방식을 즐긴다.

–『신유목민』 뒤표지

신유목민은 기본만 갖춘 이동 가능한 생활공간 판매 시장의 핵심 고객인, 전 세계를 누비는 기업가 정신이 투철한 젊은이들을 말한다. 점점 커지고 있는 이 시장에서 취급하는 생활공간은 분해해서 끌고 다닐 수 있는 최고급 원목 오두막부터 "현대의 방랑자를 위한 간소화된 제품"인 "색앤드팩Sack und Pack"까지 다양하다. 색앤드팩의 구성품은 떡갈나무 막대, 가죽 한 줄과 네모난 천이 전부다. 색앤드팩에 머물 때는 "가장 기본적인 소지품만 들고" 들어갈 수 있으므로 "우리가 가벼운 몸으로 진짜 모험을 떠날 수 있게" 도와준다.

색앤드팩을 들고 포즈를 취한 우아한 젊은이는 어떤 패션이 최신 유행하고 있는지를 아주 잘 보여 준다. 카디건, 챙이 짧은 플랫캡, 무릎까지 오는 긴 양말, 그리고 반바지를 입고 있다. 이유는 모르겠지만, 이런 고급 패션과 자부심이 좁은 공간과 결합했다는 사실이 꽤 우스꽝스럽게 느껴진다. 『신유목민』에 실린 한 장의 사진이 특히 내 마음을 사로잡는다. 사진 속 젊은 여성은 양 옆에 기다란 손잡이가 달린 커다랗고 허술한 하얀 북처럼 생긴 자신의 둥근 텐트 집 안에 있다. 신기하게도 이 작은 물체 안에 온몸을 욱여넣었을 뿐 아니라 태아 같은 포즈로 밖을 보고 누워 있다. 표정은 평온 그 자체다. 마치 "나는 완전해요."라고 말하는 듯하다. 텐트는 뉴욕의 '임시 작업실'이나 베를린의 '공유 사무실'에 뚝 떨어졌다가 훽 떠날 때 이용하는 이동 수단인지도 모르겠다.

'디지털 유목민' 얀 칩체이스에 관한 부분을 읽으면서 나는 특정 장소에 연연하는 멋쩍은 미소를 지을 수밖에 없었다. "작가, 탐험가, 제품 디자이너, 글로벌 기업가"인 얀은 "매년 40여 개 도시를 돌아다니며 포춘 500대 기업 고객들의 브랜드 및 기술 개발에 관한 급박한 자문에 응한다." 그는 "로 유틸리티 파우치Raw Utility Pouch"의 발명가이기도 하다. 로 유틸리티 파우치는 "어떤 환경이나 조건에서도 서류를 안전하게 운반"할 수 있다. 칩체이스는 D3 더플백도 발명했다. 칩체이스 자신의 "무無바퀴" 지침에서 영감을 얻어 만든 유연한 기내용 손가방이다.

신유목민이 겉보기에 볼품없어 보이는 재료로 그토록 멋진 이미지를 구축했다는 게 놀라울 따름이다. 디자인에 관한 장황설을 다 빼고 나면 남는 것은 이동 주택과 가방뿐이다. 이 새로운 유토피아에서 금지되는 단어들이 몇 가지 있다. 그 누구도 감히 입에 올리지 않는 단어들. 바로 '이동 주택촌'과 '캠핑장'이다. 이동 주택촌은 지구 전체를 통틀어 보더라도 상당히 기이한 장소에 속한다. 영구 정착지이건 휴가지이건 어느 경우에나 지면과는 최소한의 접촉을 추구한다. 집들이 늘 땅에서 어느 정도 간격을 띄우고 있으며, 언제든 떠날 준비가 되어 있다. 그러나 이런 곳들은 '신유목민'과는 거리가 멀다. 준準 주택 상자들의 대열, 툭툭 끊긴 길, 작은 깃발들, 회관처럼 보이는 건물의 존재 등 이곳 사람들은 정체되고 묶인 것처럼 보인다. 덩어리를 이루며 한데 뭉쳐 있어서, 이동성만큼이나 공동체를 떠올리게 된다. 이런 차이에서 신유목민의 초超개인주의가 부각된다. 신유목민은 획일성을 배척한다. 한데 모이더라도 축제 현장이나 군중에서 멀리 떨어진 모닥불 주위에 즉흥적으로, 소수만이 모인다.

『신유목민』이 끊임없이 강조하듯이 신유목민이 행복하고, 충만하고, 창조적이라는 것을 의심하지는 않는다. 그러나 그들은 다소 불편한 가설을 내세운다. '신유목민' 하위문화가 하나같이 외부를 향해 외치는 메시지는 오직 자신들만이 어떻게 살아야 잘 사는 것인지를 알고 있으며, 나머지 사람들은 전혀 모른다는 것이다. 우리는 지루하고 진부한 사람들이고, 자신들이 다양한 크기의 주머니 속에서 이리저리 휘젓고 다니는 동안 상황 파악도 못한 채로 멍하니 손 놓고 있다고. 신유목민은 중요한 통찰을 놓치고 있는 것 같다. 아니면 단순히 공감 능력이 부족하던가. 사람들이 정처 없이 여기저기 돌아다니면서 살고 싶어 하지 않는 데는 다 이유가 있다. 우리가 아무 이유 없이 신유목민과는 정반대의 삶, 즉 안정, 서로를 아끼는 공동체, 집이라고 부를 수 있는 공간을 지키기 위해 희생하고 애쓰는 것이 아니다. 부유한 신유목민은 스스로를 크리에이터이자 혁신가로 묘사하지만, 여러 면에서 거품 속에서 살고 있다.

무엇보다 '유목민'이라는 단어를 잘못 사용하고 있다는 점이 거슬린다. 전통적인 유목민은 아무 뿌리 없이 지구 곳곳을 돌아다니거나 집과 장소를 하찮게 여기지 않았다. 그들은 고정된 특정 장소들을 오갔다. 예를 들어 여름 초지와 겨울 초지를 오가는 식이었다. 그리고 각각의 장소를 아주 깊이 이해했다. 진짜 유목민은 비행기를 옮겨 타는 디지털 기업가 무리보다는 장소에 묶인, 정적인 무리와 공통점이 더 많다. 아마도 '신유목민'이 스스로를 '작은 이동 주택에서 사는 소규모 자영업자'라고 부른다면 진실에 더 가까울 것이다. 다만 왜 그러지 않는지는 충분히 이해가 된다.

물론 살짝 질투도 난다. "오늘은 미얀마에서 새로운 은행 서비스를 설계하고 내일은 사우디아라비아에서 새로운 브랜드를 기획한다"지 않는가. (이것도 얀 칩체이스 이야기다.) 물에 떠 있는 동그란 달걀에서 나와 아름다운 호숫가에 발을 디딘다. 나도 '색앤드팩'을 등에 매고 그들의 삶을 맛보고 싶다. 이들의 삶의 방식에 홀딱 빠진 나는 (그리고 솔직히 말하자면 조금 취하기도 했다) 어느 날 밤 인터넷 쇼핑을 하다가 해답을 찾았다고 생각했다. 삼각형의 나무 텐트를 단돈 800파운드(우리 돈으로 약 116만 원-옮긴이)에 팔고 있었다. 세 꼭짓점과 연결된 긴 밧줄을 각각 다른 나무에 묶기만 하면 된단다. 지면에서 멀찍이 떨어진 멋진 아지트가 탄생하는 것이다. 아주 멋질 것 같지 않은가. 다음

날 아침 내 배우자는 경악했다. 말 그대로 할 말을 잃었다. 그녀가 보기에는 정신이 똑바로 박힌 사람이라면 결코 쓸 일이 없는 물건에 내가 지나치게 큰돈을 썼으니까. 그런 반응은 이미 예상하고 있었다. 일부러 더 쾌활한 목소리로 나는 우리의 새롭고도 가벼운 삶을 묘사했다. 나무에 스스로를 가뿐하게 묶고서 현명함, 무심함 등 흡사 부처 같은 표정으로 아래 세상을 내려다보면서 남들이 부러워하는, 떠돌이 생활을 영위하는 삶을.

그날 아침 내가 레이철에게 설명한 대로 일이 풀리지는 않았고, 덕분에 그녀는 의기양양해졌다. 텐트를 치려면 딱 필요한 위치에 놓인 나무들을 찾아야 한다. 그로부터 적어도 한 시간 가량 텐트를 이리저리 늘리고 접고 난 뒤에도 텐트는 당장이라도 무너져 내릴 것 같은 모습으로 힘없이 늘어져 있었다. 물론 텐트가 무너지더라도 크게 다칠 일은 없었다. 텐트 바닥에 있는 덮개를 열고 들어가니 텐트 바닥이 코끼리 가죽처럼 축 늘어져서 내가 앉은 자리가 땅에 닿을락말락할 정도였으니까. 내 공중 부양 텐트는 형광 초록색 주머니 속으로 다시 들어갔고 그 뒤로 위층 다락에 납덩어리처럼 자리를 차지하고 있다. 내 끈기 부족과 한밤중 레드 와인을 마시면서 하는 인터넷 쇼핑의 위험성, 그리고 내가 스스로와 외부 세계 앞에서 신유목민 행세를 했던 시기를 기록한 증거로 말이다.

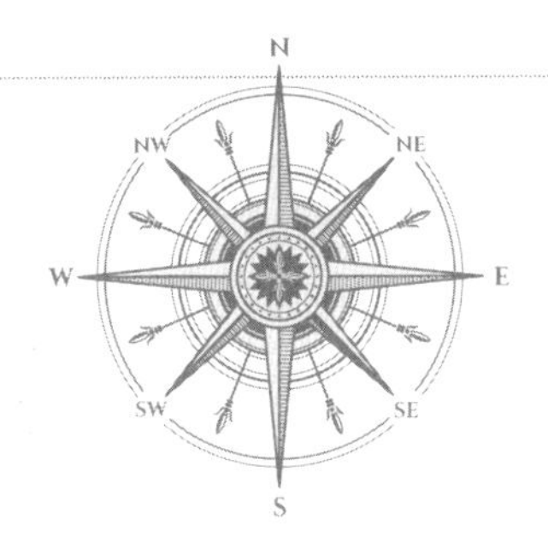

합리성과 비합리성의 유쾌한 이중주

넥 찬드의 록가든

이것은 두 도시의 이야기다. 1950년대에 두 남자가 각자 유토피아를 건설한다. 한 명은 세계적으로 인정받는 건축가였고, 다른 한 명은 지역의 젊은 도로 감독관이었다. 르 코르뷔지에Le Corbusier와 넥 찬드Nek Chand는 인도 뉴델리에서 북쪽으로 약 240킬로미터 떨어진, 태양이 뜨겁게 내리쬐는 펀자브의 평원에서 자신의 프로젝트에 매달려 온 힘을 쏟았다. 이 둘은 서로 만난 적이 없다. 그리고 그들이 건설한 유토피아도 마치 다른 행성의 것인 양 극과 극을 달린다. 르 코르뷔지에가 설계한 찬디가르Chandigarh는 펀자브주의 새로운 주도로, 본격 모더니즘을 표방한 삭막하고 대담하고 깔끔한 기하학적인 형태의 도시다. 넥 찬드의 록가든Rock Garden('암석 정원'-옮긴이)은 르 코르뷔지에의 장대한 프로젝트의 그림자 속에서, 그 폐기물로 지어졌다. 이곳은 타일, 파이프 등의 파편과 조각을 이리저리 끼워 맞춰 만들어졌다. 이런 뜻밖의 포장 재료는 빙빙 돌고 도는 산책로, 터널, 폭포가 되어 9.7헥타르에 이르는 면적을 덮고 있다. 그리고 이 포장면을 자갈과 폐기물 조각들로 빚은 조각상 무리가 멍하니 내려다보고 있다. 원숭이, 당나귀, 날아다니는 무용수, 거대한 모자를 쓴 사람들, 자전거 타는 사람 따위의 조각상이다.

르 코르뷔지에는 인도의 초대 총리 자와할랄 네루의 공식적인 환대를 받았다. 네루는 그가 설계한 새로운 도시가 "과거의 전통에 얽매이지 않는 자유로운 인도를 상징하는 곳"이 될 것이라고 선언했다. 반면에 넥 찬드는 은밀하게 불법 프로젝트를 진행했다. 그의 프로젝트는 1975년에 가서야 적발되었다. 다행히도 행정 당국은 이 프로젝트의 가치를 알아봤고, 넥 찬드에게 50명의 인부를 감독하는 '록가든 하급 지휘관'이라는 직책을 부여하고 봉급을 지급했다. 과거에 "얽매이지 않는" 것과는 거리가 먼 넥 찬드의 록가든은 향수에 흠뻑 젖어 있다. 현재 이곳은 공공에게 개방돼 인도인과 해외 관광객 모두가 꾸준히 찾는 명소가 되었지만, 워낙 빽빽한 미로이다 보니 중세의 복잡성을 계승하고 소규모 은신처를 대표하는 공간으로 남아 있다.

이 두 장소의 관계는 지리적 우화처럼 펼쳐진다. 엄격한 어머니와 제멋대로인 아이의 이야기 같기도 하다. 한쪽은 주소가 마치 컴퓨터 코드 같은 (도시는 섹터, 블록, 페이즈로 구획되어 있다) 전문성 및 합리성의 공간이고, 다른 한쪽은 C블록과 4a섹터 사이에 낀 채 환상이 흘러넘치는 유기적인 공간이다. 하루의 대부분 동안 찬디가르는 자동차 떼의 침공을 묘사한 조르조 데 키리코의 그림처럼 보인다. 이글이글 타오르는 무자비한 도로가 내뿜는 매연 속에서 기침을 하고 있노라면, 곡선과 유쾌한 기묘함이 담긴 록가든에 대한 기대가 높아질 수밖에 없다.

높다란 벽 뒤에 숨은 록가든은 부모와도 같은 찬디가르에 등을 돌리고 있다. 어떻게 들어가야 할지 도통 알 수가 없다. 굳은 표정의 경비원이 내게 손짓을 한다. 덩치가 꽤 큰 콘크리트 새들로 윗부분을 장식한, 성벽의 틈새를 가리킨다. 가까이 다가가자 벽에 작지만 깊은 네모난 구멍이 여러 개 나 있는 것이 보인다. 각 구멍 뒤에는 우울해 보이는 매표원이 가만히 들어앉아 있다. 록가든은 들어가기도, 들어가서 방향을 찾기도 쉽지 않다. 철 회전문을 밀고 들어가면, 조각상과 작은 연못이 드문드문 자리를 잡고 있는 뜰이 나온다. 십여 명의 관광객 무리에 섞인 나는 넥 찬드의 창조물이 내가 기대했던 것보다 훨씬 작다는 생각을 하며 서성인다. 관광객들끼리 은밀한 시선을 주고받는다. 불안에 휩싸이면서 실망감이 커진다. 여자 두 명이 반쯤 숨겨진 좁다란 계단을 타고 사라진 뒤 돌아오지 않

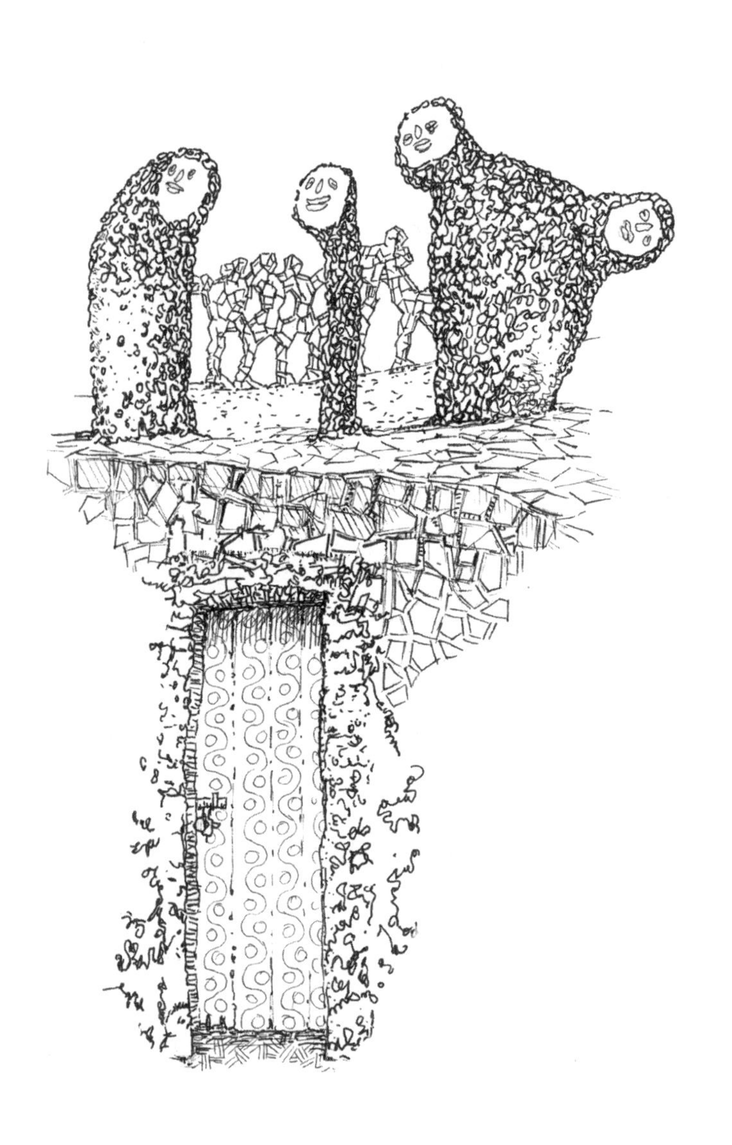

자, 사람들이 그쪽으로 조심스럽게 모인다. 저기 멀리 보이는 여자들의 주황색과 빨간색 사리에 눈을 고정한 채, 다들 어두운 통로를 따라 바스락 소리를 내며 따라 들어간다. 갑자기 날이 바뀐다. 완전히 뒤집어진다. 아치를 통과한 우리는 세웠다기보다는 실로 엮은 것처럼 보이는 거대한 풍경을 바라보며 멍하니 서 있다. 산책로와 층층의 구조물이 하늘에 닿아 있고 온갖 방향으로 뻗어 있다. 넓은 폭포가 화려한 색의 회반죽으로 만든 나선, 톱니, 곡선을 따라 흘러내린다. 이런 장소가 갑자기 눈앞에 펼쳐지자, 그것도 철저히 감춰져 있던 장소가 순식간에 나타나자, 얼른 달려 나가서 놀고 싶은 충동이 되살아난다. 즉각적이고도 다소 아찔한 깨달음을 얻는다. 어느 방향으로 뛰어도 더 많은 것을 발견하게 될 것이며, 그러고도 여전히 발견할 것들이 많이 남아 있으리라는 깨달음. 이곳은 정해진 경로도, 해설판도, 진지한 설명도 없다. 이곳은 철저히 감각적인 장소다.

거미줄 같은 이곳에도 일종의 중심부는 존재한다. 나중에 만들어진 뱀처럼 둘둘 말린 회랑인데, 천장에 가족용 그네를 매달았다. 넥 찬드는 말년에 자신이 건설한 왕국의 심장부인 이곳의 천장을 따라 난 작은 난간에 앉아 있곤 했다. 그의 발 아래에서는 즐거움을 못 이겨 킥킥 웃는 소리가 날아올랐다. 넥 찬드는 아흔 살까지 살았다. 2015년 6월 그가 사망하자 언론에는 그를 칭송하는 부고들이 실렸고, 인도 총리 나렌드라

모디까지 나서서 넥 찬드의 '멋진 창조물'을 찬미한 것을 보면, 넥 찬드의 괴짜 같은 상상에 인도 전체가 매료당했다는 생각이 든다. 반면에 르 코르뷔지에의 찬디가르에 대한 평가는 꽤 오래전부터 비판적으로 바뀐 상태다. 인도가 지향해야 할 미래상을 유럽인이 제시했다는 사실만으로도 심기가 불편한 것이다.

그러나 이 두 장소와 이 장소들을 창조한 인물들을 조금 더 자세히 들여다볼 필요가 있다. 아주 사랑받는 지역의 괴짜와 권위주의적인 외부 전문가 사이에 대립구도를 세우는 식의 묘사는 흔히 볼 수 있다. 전 세계 어디서나 벌어지고 있는 일이다. 프랑스 남동부 오트리브의 꿈의 궁전, 팔레이데알Le Palais Ideal도 이와 비슷한 예다. 페르디낭 슈발이라는 우체부가 만든 팔레이데알은 마치 넥 찬드가 만든 록가든의 미니어처 같다. 이 건축물은 초현실주의자들에게, 훗날엔 상황주의자들에게 칭송받았는데, 이들은 전문가들이라면 무조건 질색했고 그중에서도 르 코르뷔지에를 경멸했다. 그러나 '주류 예술'이 없다면 '비주류 예술'이라는 게 의미가 있을까? 합리성이 없다면 비합리성도 있을 수 없는 것처럼 말이다. 17섹터에 있는 호텔에서 나와 따뜻한 밤공기를 맞으며, 멀끔하게 차려 입고 즐거워 보이는 쇼핑객들로 북적이는 환한 거리를 걷다가 나는 갑자기 고민에 빠진다. '기묘한 장소들'이 우리에게 기쁨을 주는 이유는 오직 그런 장소들이 더 진지한 장소들에 둘러싸여 있어서

가 아닐까라는 생각이 문득 들었기 때문이다. 찬디가르는 실패작이 아니다. 인도에서 1인당 소득이 가장 높은 도시이며, 기타 사회 발달 지표에서도 가장 먼저 상승 곡선을 그린 곳이다. 이곳 시민들은 자신들의 도시를 자랑스러워한다. 이 도시의 공간 논리는 이 지역의 관용구에도 스며들어 있다. 찬디가르에서는 죽음을 완곡하게 표현할 때 '25섹터로 간다'고 말한다. 25섹터에는 화장터가 있다. 아마도 이 도시가 그토록 부유하고 잘 살기 때문에 록가든의 존재를 받아들이고 좋아하는지도 모른다. 찬디가르와 록가든이 상극이라고는 하지만, 그래서 더 서로를 필요로 한다.

이 두 장소의 연결 고리는 꽤 뿌리 깊다. 각각 다른 방식으로 공통의 트라우마를 치유하고 있다. 넥 찬드는 라호르에서 북쪽으로 80킬로미터 떨어진 곳에서 태어났다. 라호르는 한때 펀자브주의 주도였지만 지금은 파키스탄 영토에 속해 있다. 넥 찬드의 가족은 힌두교를 믿었고, 그래서 새로운 국경선 남쪽으로 피난해야만 했다. 새로운 국경선이 펀자브주의 주도를 앗아 갔기 때문에 찬디가르가 탄생하게 되었다. 뿌리를 잃고 혼란에 빠진 지역 주민에게 자부심과 삶의 의미를 만들어 주려고 건설한 도시다. 훨씬 더 내밀한 방식으로, 록가든도 같은 역할을 한다. 처음에 찬드는 어머니에게 들은 신들이 사는 이국적인 땅에 관한 이야기에서 영감을 얻어 이 정원을 만들기로 결심했다. 이야기 속 아름다운 성역이 록가든에서 부활했다. 단순히 신화 속 왕국만이 아니라 잃어버린 어린 시절의 땅을 환기하는 장소다.

찬디가르와 록가든은 모두 상상 속에서 영토를 탈환하려는 시도다. 한쪽은 미래를, 다른 한쪽은 과거를 바라보고 있지만, 양쪽 다 대담한 시도이며 적어도 현재로서는 서로의 존재에 만족하고 있는 듯하다. 찬디가르와 록가든은 일종의 합의에 이르렀다고도 할 수 있는데, 이는 다른 장소들에도 시사하는 바가 크다. 요컨대, 기이한 구석이 하나도 없는 모더니즘은 지루하며, 가장 합리적인 도시에도 도피처가 있어야 한다. 이것은 지금의 인도가 특히 귀담아들어야 할 교훈이기도 하다. 넥 찬드에게 보내는 애정 어린 찬사들이 오늘날 인도를 뒤덮은 소음 속에서 전부 묻혀 버리고 있으니 말이다. 게다가 그 소음의 대부분은 모더니즘에 한껏 치우친 미래 비전이 대량생산되고 있는 건설 현장에서 쏟아져 나오고 있다. 때로는 사방으로 뻗어 나가고 있는 주택단지와 도로가 마치 누군가가 뱉어 낸, 혼돈에 빠진 찬디가르의 또 다른 조각처럼 보이기도 한다. 그러나 찬디가르와는 달리 그런 장소들에는 우리가 장소와 관계를 맺는 데 중요한 측면이 끼어들 자리가, 여유가 없다. 다시 말해, 록가든에 해당하는 친밀감과 기묘함이 머물 안전한 장소가 없다. 르 코르뷔지에와 넥 찬드는 서로 만난 적이 없지만, 나는 타협과는 거리가 멀었던 르 코르뷔지에가 자신이 미처 몰랐던 경쟁자의 창조물을 마음에 들어 했을 거라고 믿고 싶다. 르 코르뷔지에는 자신이 밀어낸 것들—부서진 타일과 파이프 조각들 전부—이 좋은 집을 찾았다는 내 생각에 동의했을 것이다. 그리고 합리적인 도시는 제멋대로인 쌍둥이 형제를 필요로 하고, 또 사랑한다는 생각에도.

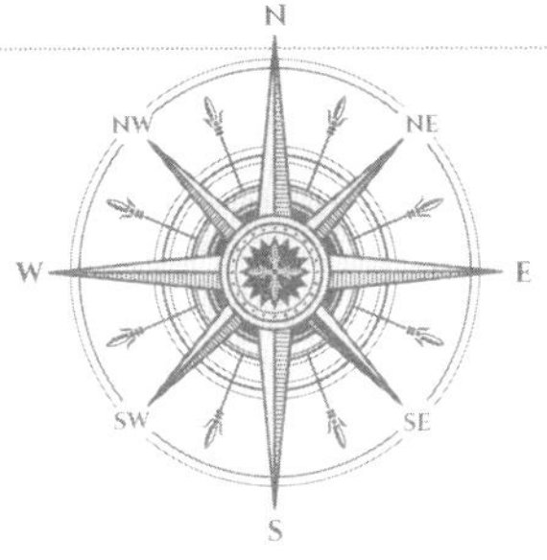

도시 한복판에서 자유로운 삶을 실험하다

크리스티아니아

크리스티아니아Christiania는 덴마크의 수도 코펜하겐의 중심부에 흔치 않은 초록빛을 띤 토지 34헥타르를 차지하고 있는 자유의 섬이다. 대개 개인들이 지은 집과 작업실이 미로처럼 얽히고설킨 이곳은 고대 그리스 시대의 목가적 이상향 아르카디아를 떠올리게 한다. 크리스티아니아 헌법에도 나오는 매력적인 메시지를 고스란히 담고 있는 풍경이다. "누구나 자신이 하고 싶은 것은 무엇이든 할 수 있는 자유를 누린다. 단, 다른 이들이 자신이 하고 싶은 것을 할 자유를 침범해서는 안 된다."

1,000여 명이 거주하는 이 작은 자치국은 자체 통화(뢴Løn 동전은 약 50개 상점에서 사용 가능하다), 법률, 정부, 가치관을 지닌다.

크리스티아니아는 전 세계에서 자유지상주의 및 조합주의 도시 실험이 가장 완성형에 가깝게 실현된 곳이다. 실험은 1972년부터 실시되고 있었지만, 내가 크리스티아니아와 가까워진 것은 2013년 9월의 어느 무더운 날이었다. 나는 운이 좋았다. 크리스티아니아의 공동 설립자 중 한 명인 에머릭, 그리고 친구 헬렌 자비스가 나의 가이드가 되어 주었기 때문이다. 헬렌은 학계에서 크리스티아니아 전문가로 통하는데, 실제로도 이 자유지상주의 고립지 내에 있는 모든 상점과 지름길을 훤히 꿰고 있었다.

2013년만 해도 이곳을 방문한 사람들은 먼저 마약 거래 구역인 푸셔가街를 통과해야만 했다. 그로부터 몇 년 뒤, 2016년 9월에 이 악명 높은 구역은 끔찍한 폭력의 현장이 된다. 총격전이 벌어져 한 명이 죽고 부상자도 여럿 나왔다. 지금은 사라지고 없지만, 그 마약 거래 구역은 크리스티아니아가 진정으로 추구하는 바가 무엇인지를 가려 버리는 곳이었다. 이리저리 돌면서 에머릭의 집으로 가는 길에 나는 헬렌과 에머릭에게 크리스티아니아의 진정한 의미에 대해 배웠다. 에머릭은 크리스티아니아를 구성하는 열네 개 자치 마을 중 하나인 댄딜라이언The Dandelion('민들레 마을'-옮긴이)의 주민이었다.

헬렌과 에머릭의 호위를 받으며 걷는 내게 크리스티아니아는 포근한 마을처럼 느껴졌다. 우리는 끊임없이 멈춰 서서 수다, 소식, 인사를 주고받았다. 그런데 마을을 돌아다니는 사람들 대부분은 호기심 많은 관광객이었다. 크리스티아니아는 코펜하겐에서 두 번째로 관광객이 많이 모여드는 명소다. (간발의 차이로 1등을 차지한 관광 명소는 스릴 넘치는 놀이 기구를 선보이는 티볼리공원이다.) 에머릭은 그런 유명세가 크리스티아니아의 생존에 도움이 되었다고 기꺼이 인정한다. 현재 크리스티아니아는 덴마크의 국보가 되었다. 우리는 '놔두고 가져가기' 오두막 옆을 지나간다. 너저분한 중고 장터처럼 보이지만, 이곳은 크리스티아니아 주민들이 옷과 기타 살림 물품을 기부하거나 얻는 곳이다. 다른 곳처럼 여기도 상주 직원이 없고 자율적으로 운영된다. 지역 신문과 우체국을 비롯해 수도, 하수, 기타 유지 보수 등의 관리 비용은 크리스티아니아 주민들이 매달 조합 기금에 지불하는 비교적 저렴한 일정 금액의 '사용료'로 충당한다.

우리는 곧 크리스티아니아의 대표 상징물 중 하나인 불교 건축물 스투파 앞에 도착했다. 흰 수염을 지저분하게 기른 남자가 세운 하얀 꽃병 모양의 기념비다. 그 남자는 스투파 옆에 친 거대한 텐트 안에서 한가롭게 지내고 있었다. 텐트 안에는 그가 머무는 장소이자, 그가 여전히 짓고 있는 중인 듯 보이는 방주 모양의 배가 있다. 여기서 우리는 '중앙 상점'인 그린홀Green Hall로 이어진 골목을 따라 내려갔다. 그린홀은 18세기에 세워진 목재 건물로, 한때는 승마장으로 쓰였다. 이곳에는 널빤지, 못, 문, 창문 등 집을 짓는 데 필요한 모든 재료가 가득 쌓여 있었다. 이곳은 슈퍼마켓을 대신하기도 한다. 주력 품목은 중고 가구와 사무용품이다. 사무용 문방구의 엄청난 양에 나는 혼란스러워졌다. 크리스티아니아에서 이토록 문방구에 대한 수요가 많을 거라고는 예상하지 못했다. 그러나 나는 이곳에서는 개인주의를 표출하는 통로 중 하나가 소규모 자영업이라는 사실을 알게 되었다. 크리스티아니아가 강조하는 '히피'라는 꼬리표(그리고 이곳이 '루저'의 천국이라는 관념)는 과장된 것이다. 거죽을 조금만 뚫고 들어가도 이곳의 기업가 정신, 근면성실함, 그리고 젠체하는 것처럼 보이기까지 하는 까탈스러움이 눈에 들어올 것이다. 이런 특징들이 덴마크인 고유의 '휘게 hygge'(그런데 덴마크 현지식 발음은 '후가'이다) 찬미와 결합한다. '휘게'는 최근 유행하기 시작한 단어로, 집처럼 안락하면서도 아름다운 상태를 가리킨다. 코펜하겐의 가게들은 '휘게' 시장을 겨냥해 털실로 떴거나 무늬를 새겼거나 실로 엮은 물건들로 가득하다. 여러 나라 언어가 사용되는 무정부주의적인 성향에도 불구하고, 크리스티아니아는 보헤미안 감성이 더해진 덴마크 특유의 포근한 이상향을 담고 있다.

우리는 아치형 입구를 지나 햇빛을 받은 목조 주택들이 만드는 원 안으로 들어섰다. 에머릭은 이곳에서 동거인과 딸을 키우며 산다. 유토피아를 소재로 한 윌리엄 모리스의 우화 『아무 곳도 아닌 곳에서 온 소식 *News from Nowhere*』에 나오는 목가적인 천국에 들어선 것 같다. 여기저기 꽃이 피어 있고 새들의 노랫소리가 울려 퍼지는 이 고립지가 꽤 큰 대도시의 한복판에 존

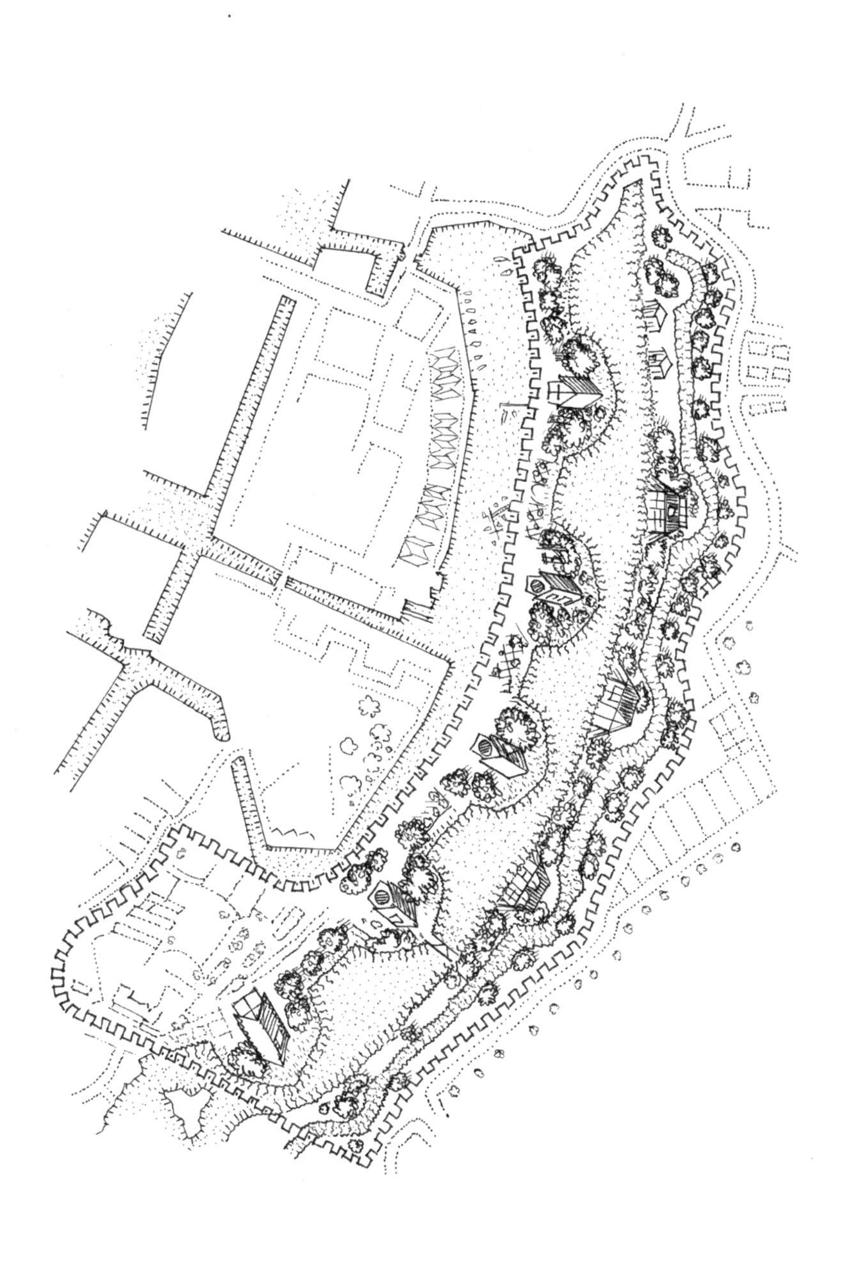

재한다는 사실만으로도 절로 그런 비유가 떠오르지만, 그게 전부는 아니다. 이곳에서는 아이들을 위한 그네부터 가정집의 문틀에 이르기까지 거의 모든 곳에 일일이 손을 대고 정성을 들인 티가 나기 때문이다. 악기와 레코드가 에머릭네 집 한쪽 벽을 가득 채웠지만, 이 집은 누가 봐도 사랑의 노동으로 지은 집이다. 식탁, 창틀, 난간의 매끄러운 표면을 나도 모르게 손으로 쓸어 보게 된다. 크리스티아니아는 공동 거주 방식을 철저하게 고수하고 모든 토지와 주택은 공동체의 소유지만, 애정으로 돌본 이곳의 집들에서는 개인의 개성이 특히 잘 드러난다. 이곳의 집들은 사생활이 보장되는 개인의 장소인 동시에 공동체의 협동 작업으로 탄생한 결과물의 일부다.

집주인들은 나머지 덴마크인이 버리는 것들을 다양하게 재활용하는 자신만의 방식에 자부심을 느끼는 듯하다. 이곳에서는 새로운 것, 돈을 주고 산 것을 거의 볼 수 없다. 충격적인 '유리 집'은 이런 생활 방식의 정수를 보여 준다. 이 유리 집은 아찔하게 솟은, 게다가 상당히 기울어진 주택이다. 유리창만을 재활용해서 집 전체를 지은 것처럼 보인다. 덴마크의 건축가 메레테 안펠트-몰레루프는 크리스티아니아를 '변형 재활용' 연구소라고 부른다. 개인들이 만들어 뒤죽박죽 뒤섞인 구조물들이 건축 전문가들의 논평을 이끌어냈다는 사실에 이상하게도 기분이 좋아진다. 많은 전문가가 이곳을 유럽에서 가장 활기찬 건축 현장으로 꼽는다. 크리스티아니아의 다른 흥미로운 유명 건축물로는 바난후세트Bananhuset('바나나 집'-옮긴이), 파고다, 그리고 커다란 호숫가 갈대밭 안쪽에 자리 잡은, 마치 최근에 착륙한 UFO처럼 보이는 작은 집 등이 있다.

에머릭은 덴마크 해군이 오래전부터 이 지역을 방치했다고 설명한다. 1970년에 지역 주민이 아이들에게 놀이터를 만들어 줄 부지를 확보하려고 울타리 일부를 제거했다고 한다. 같은 해 《호우에블레으*Hovedbladet*》('주류 잡지'-옮긴이)라는 대안 신문이 낡은 막사의 재활용을 제안했고, 그 뒤로 노숙자들이 엄청나게 모여들기 시작했다. 당시 건물이 150채 정도 있었는데, 곧 개인이 지은 집 180채가 더해졌다. 1975년에 이르자 이곳 주민이 약 900명에 달했고, 코펜하겐의 다른 지역과는 달리 그 뒤로 그 숫자가 거의 그대로 유지되고 있다.

나는 에머릭, 헬렌과 크리스티아니아의 하늘에 드리워진 논란의 먹구름에 대해 이야기하기 시작했다. 2016년 총격 사건이 있기 훨씬 전부터 이곳은 분열된 장소였다. 크리스티아니아 같은 장소의 존재 자체를 허용할 정도로 관용적인 몇 안 되는 관대한 나라 덴마크지만, 때로는 인내심을 시험당하곤 한다. 어쨌든 자유를 만끽하는 무법 지대가 땅 한 뼘이 아쉬운, 인구밀도가 높은 도시 한복판에 떡하니 버티고 있지 않은가. 크리스티아니아에는 이웃과 멀찍이 떨어져 나무와 정원으로 둘러싸인 상당히 넓은 집에서 사는 사람들도 있다. 이웃 동네인 크리스티안하운을 비롯해 코펜하겐의 다른 지역에서는 갑부들이나 누릴 수 있는 사치다. 공원이나 공공 주택지로 활용할 수도 있는 땅을 소수의 크리스티아니아 주민이 여유롭게 사용하고 있는 것이다. 크리스티아니아는 이민을 엄격하게 제한하는 폐쇄된 공동체다. 크리스티아니아 주민은 1,000명이 채 안 되는데도, 더는 새로운 주민을 받아들일 여유가 없다고 주장한다. 덴마크의 한 풍자 TV 프로그램 '덴 할레 산헤드Den halve sandhed'('반半진실'-옮긴이)는 유유자적한 호숫가에 널빤지를 한 짐 싣고 가서 작은 집을 짓는 장면을 통해 크리스티아니아의 이런 주장을 비꼬았다. 이 장면이 방송된 직후 크리스티아니아 주민들의 항의가 빗발쳤고, 분을 못 이긴 주민은 방송 스태프의 트레일러에 수입 목재를 쏟아부었다. 크리스티아니아에 새로 합류한 이들은 자신들도 기존 주민만큼이나 이곳에 집을 지을 권리가 있지 않느냐고 반문한다. 그러나 크리스티아니아 주민들은 동의하지 않는다. 자치 '마을' 중 한 곳에서 주민 전원의 찬성을 받아야만 이곳에 정착할 수 있다. 주민들은 널찍한 거주지와 반半목가적인 환경에 만족하고 있다 보니, 외부인이 그런 찬성을 얻어 내기는 매우 힘들다. 대개 "한 사람이 빠지면 그 자리를 다른 한 사람이 채운다"는 식으로만 진행된다.

물론 이해가 안 되는 건 아니다. 크리스티아니아가 누구에게나 문을 활짝 연다면 곧 무너지고 말 것이다. 사람들이 우르르 몰려들 테고, 바람직하지 않은 유형의 무정부주의가 장악할 것이다. 기존 주민들은 독특한 무언가를 만들어 냈고 그것을 지키고 싶어 한다. 어쩌면 자유는 이기적이어야만 지킬 수 있는 것인지도 모른다. 우리가 자유롭기 위해서는 외부인인 당신이 자유롭게 들어올 수 없어야 한다는 메시지를 암묵적으로 전하고 있다. 크리스티아니아가 삶을 바라보는 이런 비정한 관점을 대놓고 스스로 인정하는 일은 거의 없다. 그래서 크리스티아니아의 주민들이 '국경 거부, 국가 거부'라는 문구를 목소리 높여 외치고, 자신들이 '유럽이라는 요새'를 비판하는 세력이라고 내세울 때면 다소 뻔뻔스럽게 느껴지기도 한다.

이 모든 논란의 밑바탕에는 이른바 크리스티아니아의 '정상화' 논쟁이 깔려 있다. 2011년 2월 덴마크 정부는 크리스티아니아 주민에게 토지와 건물을 매입하지 않으면 쫓아내겠다는 '협상 불가' 안을 제시했다. 크리스티아니아가 덴마크의 법망 밖에서 지낸 지 40년이 지난 뒤의 일이다. 탄생 이래 가장 큰 도전에 직면한 크리스티아니아는 공공에 개방되었던 입구를 걸어 잠그고 나흘에 걸쳐 토론을 벌였다. 공동체 내 입장 차가 생각보다 컸다. 일부는 주민들이 자신의 집을 소유하도록 허용하는 완전한 정상화를 지지했다. 다른 이들은 정부의 안을 거부해야 한다고 주장했다. 유토피아의 종말을 가져올 그런 정부의 안을 받아들이는 것에 반대했으며, (이곳이 크리스티아니아이다 보니) 그런 반대 견해를 춤으로 표현했다. 결국 크리스티아니아는 정부 안을 수용했다. 공동체가 토지와 주택을 매입하기로 결정한 것이다. 에머릭처럼 이 안을 지지한 세력은 크리스티아니아가 '외부의 감시로부터의 자유를 샀다'고 보았으며, 그 덕분에 실험을 지속할 수 있게 되었고 크리스티아니아의 존속이 보장되었다고 생각한다. 그러나 이 안으로 크리스티아니아가 주류에 편입되기 시작했다는 사실을 부인할 수는 없다. 정부 안을 수용함으로써 크리스티아니아는 (적어도 서류상으로는) 덴마크의 다른 지역과 마찬가지로 정부의 건축 규제와 건물의 유지 및 보수에 관한 법률의 적용 대상이 되었기 때문이다. 2012년 7월 1일, 토지와 건물 매입을 위해 크리스티아니아 재단이 설립되었다.

이런 은밀한 타협에도 불구하고 크리스티아니아는 여전히 희망의 상징이다. 이곳에서는 법률과 규제로부터 자유로운 삶에 대한 갈망, 자신을 자유롭게 표출하고자 하는 열망이 찰나의 변덕이 아니라 확고부동한 의지다. 부족한 점도, 논란의 여지도 많지만, 크리스티아니아가 존재한다는 사실이 중요하다. 이 '도피 지대'가 완벽하다고는 결코 주장할 수 없으며, 따라서 환상에 미치지 못한다고 비난해서도 안 된다. 여전히 진화 중이고, 외부 세계와 순탄하지는 않지만 열린 관계를 맺고 있는 대안적인 섬이다. 지극히 개인주의적이면서도 집단주의적인 거주 방식이 현대 도시에서 아주 잘 유지되고 보탬이 될 수도 있다는 것을 보여 주는 장소다.

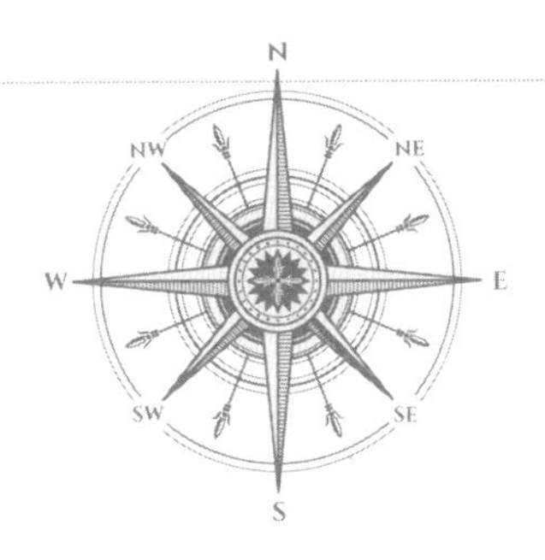

야생 식물 채집의 자유를 기본권으로 보장하는 나라

헬싱키의 야생 식량 수확 체험기

지나치게 익은 노랗고 작은 열매가 몰랑몰랑하다. 가시투성이 가지에서 열매를 살살 떼어 보지만, 내가 손을 대자마자 터진다. 묽은 과즙이 꽁꽁 언 손가락 위를 타고 줄줄 흐른다. 그래도 타원형의 매끈한 산자나무 열매 몇 개를 간신히 입술에 가져간다. 이전에도 핀란드에 와 본 적이 있고 당시에 이 엄청나게 멋진 열매의 약 같은 쓴맛에 어느 정도 익숙해진 나는 내 전리품을 한껏 즐긴다. 나는 이번 도시 채집 체험에서 대단한 성공을 거두었다는 자부심까지 느낀다. 사실 성공을 기대하지 않았다. 채집에 적절한 시기도 아니고, 핀란드 수도의 중심부에 있는 냇가의 작은 공원을 헤매고 있으니 말이다. 12월도 끝을 향해 달려가는 오늘의 기온은 한낮에도 영하 6도를 기록하고 있다. 그러나 인터넷에서 다운받아 프린트한 '헬싱키 수확 지도' 덕분에 이 키 큰 산자나무를 만날 수 있었다. 지도에 표시된 다른 수확 가능한 작물들처럼 이 산자나무에도 고유한 소개글이 첨부되어 있었다. (다만 내가 어렵게 찾은 이 나무가 "오래된 나무. 과실이 아주 조금 열리며 열매 크기도 작다."라고 적혀 있어서 마음이 상한다.)

야생 식량을 찾아 나서는 것은 이상향을 찾아 나서는 것과 같다. 도시를 정원으로 다시 그려 보려는 시도다. 이렇게 또 하나의 에덴동산을 발견하려면 노력을 들여야 한다. 쉽게 손에 넣을 수 있는 것이 아니다. 그런데 그게 핵심이다. 이 시도는 우리에게 곁눈질로 비스듬히 도시를 바라보라고 요구한다. 그러면 콘크리트 덩어리와 벽돌이 아닌 자연의 선물이 눈에 들어온다. 내게 헬싱키 수확 지도는 길을 찾는 일에 홀딱 빠지게 만드는 도구다. 핀란드만에서 곧장 불어와 살을 에고 뼛속까지 스며드는 세찬 바람에도 나는 멈추지 않았다. 주위에는 아무도 없다. 적어도 아무도 없는 것 같다. 사과나무("작고 오래된 나무로, 매해 크기가 제각각인 사과 십여 개가 열리는데 그대로 먹기보다는 잼으로 만들어 먹으면 더 좋다.")를 찾으려고 암석 위에 뿌리를 내린 소나무들 사이를 비집고 들어가려는데, 아직 털갈이가 반 정도만 끝나서 얼룩덜룩한 겨울 코트를 입은 비쩍 마른 토끼가 내 앞으로 튀어나온다. 토끼는 시야를 확보하려는 듯 두 다리를 쭉 뻗어 등을 펴고 꼿꼿이 선다. 시골에서조차 토끼를 보기 힘든 영국에서 온 나로서는 짜릿한 경험이다. 작은 도시공원에서 산토끼가 바로 코앞에 있다. 이 황량한 자연에서 먹을 것을 찾아 헤매는 생물이 나만은 아닌 게 분명하다.

내 경쟁자가 하도 굶주려 보였기 때문에 야생인 흉내를 내는 나 자신이 다소 천박하게 느껴진다. 솔직히 말해 나는 굳이 야생 열매를 따서 끼니를 해결해야 하는 처지는 아니다. 하지만 이런 활동이 정말 즐겁다. 사람들은 대개 핀란드인은 무뚝뚝하다고 말한다. 그래서 외향적인 핀란드인은 아주 눈에 잘 띈다고들 한다. 사람들이 모인 곳에서 다른 사람의 신발만 뚫어져라 쳐다보는 무리가 있다면, 그들이 바로 핀란드인이다. 그러나 핀란드 사람들조차도 야생 수확 이야기를 할 때면 활력이 넘친다. 나는 학술회의에 참석하려고 이곳에 왔다. 회의 주제도 아주 거창한 '서구 세계: 개념, 서사, 정치'다. 회의 장소는 시골 한복판에 있는 유베스퀼레라는 현대적이면서도 소박한 도시다. 서구 세계의 수수께끼 같은 특성을 두고 머리를 긁적이며 고심하는 중간중간에 나는 젊고 매력적인 회의 조직위원인 유카와 헨나-리카를 붙들고서 핀란드인의 채집 관습에 대해 밑도 끝도 없는 장황설을 풀어놓았다. 알고 보니 이 둘도 대다수의 핀란드인처럼 어린 시절부터 야생 채집을 즐겼다고 한다. 이들은 내게 이런 질문을 받은 것에 다소 놀란 듯 보였다. "**물론** 열매를 따러 다니죠. 다들 그러지 않나요?" 핀란드에는 먹을 수 있는 베리의 종류가 서른일곱 종이나 된다. 이름도 아주 예뻐서 달달한 기억을 떠올리게 한다. 링곤베리, 빌베리, 클라우드베리, 라즈베리, 크랜베리, 북극라즈베리, 베스카딸기, 늪블루베리, 시로미, 로완베리, 그리고 산자나무 열매 따위다. 또한 견과류, 버섯, 자작나무 수액, 소나무 껍질 가루, 다양한 허브, 기타 사냥감과 낚시감도 풍부하다.

도시와 자연을 다시 이어 주는 일은 21세기의 가장 중요하고도 급박한 과제 중 하나로 꼽힌다. 그것은 또한 현실적으로 실현될 가능성이 가장 큰 유토피아이기도 하다. 핀란드의 다른 지역처럼 유베스퀼레는 끝없이 펼쳐진 소나무 숲과 매년 이즈음에는 얼어붙는 호수들에 둘러싸여 있다. 핀란드인이 자국법으로 보장한 '모든 사람의 권리', 즉 누구나 개인 소유의 정원을 제외한 모든 곳을 돌아다니고 야영하고 자연에서 식량을 채집할 권리에 자부심을 느끼는 것도 당연하다. 핀란드는 평등주의적인 본능이 깊이 뿌리박고 있는 나라다. 다시 말해, 자연이 준 선물은 공동 유산으로 취급된다. 다만 핀란드 국민이 550만 명에 불과하고 숲을 소유한 가구가 63만 2,000세대에 달한다는 사실을 염두에 둘 필요가 있겠다. '도시 생활'이 곧 자연과의 단절을 의미한다거나 도시 거주민이 '자연 결핍 장애'로 고통받고 있다는 전제는 이 나라에서는 통하지 않는다. 우리가 흔히 도시 생활이라는 주제를 논할 때는 유베스퀼레 같은 평범한 마을과 도시는 간과되곤 한다. 도시는 뉴욕이나 런던 등을 가리키는, 메트로폴리스라는 용어로 규정되는 장소가 되었다. 그래서 우리는 대다수 도시민이 그보다 훨씬 작은 장소에서 산다는 사실을 잊곤 한다. 유베스퀼레처럼 거의 모든 거리 모퉁이에서 숲이 보이고 '자연과의 유대'가 흉내 내기가 아닌 일상적이고 당연한 그런 도시 말이다.

나도 그런 도시에서 자랐다. 적어도 그랬다고 믿고 싶다. 어린 시절에는 밤송이에서 달콤한 밤알을 어렵사리 꺼내고 땅에 떨어진 능금을 집어드는 게 아주 평범한 일처럼 느껴졌다. 적어도 나는 그렇게 느꼈다. 블랙베리를 딸 때면 늦여름, 그러니까 '블랙베리 시기'가 왔다는 것을 알 수 있었다. 가장 잘 영근 통통한 블랙베리를 한가득 따서 채운 축 늘어진 봉지를 자랑스럽게 집에 들고 왔다. 이보다 더 좋은 게 또 있을까? 그래서 그토록 많은 사람이 그런 단순한 즐거움을 되살리려 애쓰고 도시를 도로와 건물이 아닌 산자나무와 사과나무의 연결망으로 다시 그리려고 노력하는 게 전혀 놀랍지 않다.

야생 채집이 뭔가 더 자유분방하고 멋진 무언가로 탈바꿈한 현장을 목격하려면 더 크고 더 세련된 도시로 나가야 한다. 이를테면 유베스퀼레에서 헬싱키로 날아가야 한다. 실제로 현재 전 세계에서 유행의 최첨단을 달린다고 인정받는 코펜하겐의 식당 노마Noma는 '수렵 채집 트렌드'라고 명명된 흐름의 선구자로 꼽힌다. 이곳의 시식 메뉴에는 '새로운 계절의 첫 사과'와 '꽃이끼 튀김' 등이 포함되어 있으며, 가격은 200파운드가 넘는다. 2016년 노마는 문을 닫았다. 노마 운영진은 크리스티아니아 근처에 '도시 농장'을 세울 계획이라고 한다.

도시 채집은 쾌락주의자와 환경주의자라는 두 얼굴을 지녔다. 런던의 '야생음식계'에서는 환경주의자의 얼굴이 더 많이 비친다. '야생음식계'에서는 존 렌스튼의 『먹을 수 있는 도시: 야생 식량으로 가득한 1년*The Edible City: A Year of Wild Food*』를 경전으로 삼고 있다. 런던의 해크니하비스트Hackney Harvest와 어번하비스트Urban Harvest 같은 단체는 먹을 수 있는 꽃 산책 등의 행사를 기획하며 모든 과실수와 먹을 수 있는 풀의 위치를 기록하는 데 힘을 쏟고 있다. 런던의 이런 공동체의 혈족들은 세계 곳곳에 있다. 멜버른과 시드니, 뉴욕에도 활발히 활동하는 조직들이 있다. 샌프란시스코의 포러지SFForageSF라는 단체는 신선한 아이디어로 무장한 음식 관련 스타트업들에게 홍보 및 영업 장소를 제공하는 '언더그라운드마켓Underground Market'을 지원하며, 유랑하는 저녁 식사 모임인 '와일드키친Wild Kitchen'을 운영한다.

도시에서 식량을 조달하는 마법은 현대인의 취향에 꼭 들어맞는다. 그것은 친환경, 지역 생산물 소비, 독특함을 추구한다. 풍요와 절약의 충돌, 원시와 교양의 충돌은 역설적인 결과를 낳는다. 남아프리카 케이프타운의 한 식당은 다음과 같은 홍보 문구를 내걸었다. "온종일 힘든 채집 활동 뒤에는 탁 트인 바다와 테이블산Table Mountain이 보이는 고급스러운 테이블베이호텔이야말로 당신이 돌아가서 편히 쉴 훌륭한 안식처로 삼기에 안성맞춤입니다." 아니면 맨해튼 시내의 고급 숙소 페닌슐라호텔은 어떨까? 그곳에서는 투숙객이 야외 피크닉을 즐길 수 있으며, 심지어 "센트럴파크Central Park 여기저기에 야생의 허브와 채소가 몰래 자라는 장소로 안내"도 해 준다. 가장 단순한 즐거움이 사치로 포장되어 판매되고 있는 것이다. 비행기를 타고 유베스퀼레로 가는 길에, 나는 핀란드 항공이 제공하는 잡지에서 핀란드가 현재 "증가세를 보이는 계층, 즉 신선한 공기, 고요함, 깨끗한 자연 등 고급 녹색 환경이라는 사치에 기꺼이 프리미엄을 지불하는 부유한 상류층 파견단"에게 인기라는 글을 읽었다.

이렇게 부유한 채집·수확인의 수가 늘다 보니, 런던의 한 야생 식량 사이트는 "고급 식당에 야생 버섯을 공급하는 사냥꾼들에 의해 환경이 훼손될 우려 때문에 일부 공원에서는 이들의 출입을 금지하고 있다"고 밝혔다. 그러나 도시 채집이라는 새로운 유행은 더 깊고 오래되었으며, 일상을 뛰어넘는 무언가가 살짝 표출된 것에 불과하다. 지난 수백 년간 핀란드 전역의 도시 및 마을 주민의 머릿속에는 야생 수확 지도가 들어 있었다. 그리고 전위적인 식당들이 손님에게 손으로 뽑은 잡초로 만든 음식을 내놓는 데 싫증을 낸 한참 뒤에도, 그들은 이런 방식으로 도시를 활용할 것이다. 냉동 닭튀김이 노마의 시식 메뉴에서는 환영받지 못하듯, 상류층이 환영받지 못하는 유베스퀼레 같은 곳에서는 소도시와 전원이 단절된 적이 한 번도 없었다.

헬싱키로 돌아가 볼까? 나는 바쁜 페리 선착장이 내려다보이는 거친 땅에서 자라고 있는 특정 호두나무("큰 나무. 열매가 손이 잘 닿지 않는 곳으로 떨어지지만 워낙 많이 열린다.")를 찾아 얼음으로 뒤덮인 거리를 터덜터덜 돌아다니고 있다. 그런데 좀처럼 찾을 수가 없다. 호두나무를 식별하게 도와줄 잎이 모조리 떨어진 지 오래였기 때문이다. 게다가 나는 뼛속까지 얼어붙었다. 마침내 쭈글쭈글하게 말라붙은 호두가 발에 차인다. 곧 나는 길바닥이 온통 알맹이가 쏙 빠진 호두 껍데기투성이라는 것을 알게 된다. 나무를 찾았다는 것에 만족하기로 한다. 아무도 봐주지 않는 거인 같은 나무다. 페리를 오르내리는 대형 트럭 소리에 묻혀 눈길 한 번 받지 못하지만 정말 아름답다. 몇 달 전만 해도 열매가 주렁주렁 매달려 있었을 것이다. 우리 모두 또 그렇게 되리란 것을 안다. 내년 가을이 오면, 또다시 수확이 시작될 것이다.

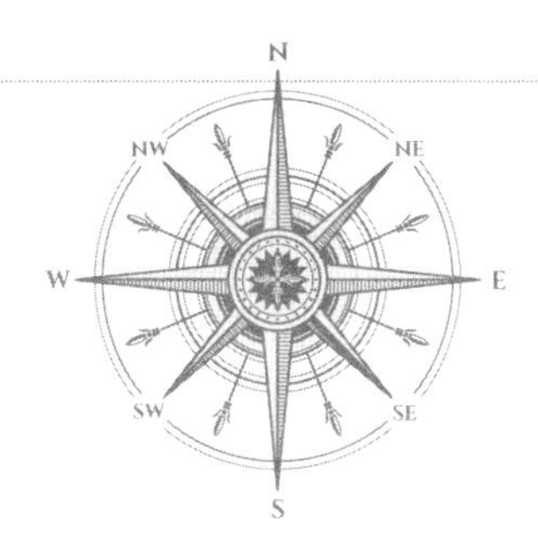

헬리콥터는 어떻게 최상위층의 전유물이 되었는가

헬리콥터의 도시

최초로 헬리콥터를 시승한 사람은 프랑스의 엔지니어 폴 코르뉘였다. 1907년 네 개의 날개가 달린 기계가 웅웅 소리를 내며 그를 태운 채 간신히 떠올랐다. 코르뉘는 지면에서 수직으로 고작 30센티미터 떠올랐을 뿐이지만, 그것만으로도 헬리콥터가 환상이 아닌 현실이 되기에 충분했다. 그 뒤로 몇십 년에 걸쳐 헬리콥터는 점점 더 높이 떠올랐고, 이동성과 현대성을 대표하는 상징물이 되었다.

브라질의 대도시 상파울루는 현재 헬리콥터 도시라는 명칭이 가장 잘 어울리는 장소다. 상파울루에서는 5분마다 최소 네 대의 헬리콥터가 이착륙한다. 이곳은 헬리콥터가 사회를 어떻게 바꾸는지, 누구를 위해 바꾸는지를 볼 수 있는 장소이기도 하다. 상파울루는 메트로폴리스다. 아열대 고원에 약 2,200만 명의 사람들이 모여 사는 거물급 도시다. 논란의 여지가 있지만 '세계에서 가장 교통 체증이 심한 도시'라는 칭호를 붙인다면 상파울루가 강력한 후보인 것만은 틀림없다. 교통 정체로 막힌 구간이 무려 294킬로미터나 이어진 기록이 있을 정도다. 일반인이 출퇴근 시간대에 집과 회사를 오가려면 몇 시간이 걸린다. 더 큰 문제는 일단 도로에 갇히면 솜씨 좋은 도둑들에게 손쉬운 먹잇감이 된다는 것이다. 꼼짝 못하는 사람들만큼 매력적인 사냥감도 없을 것이다. 살인과 납치 등 더 끔찍한 범죄도 종종 벌어진다. 납치가 워낙 성행하다 보니, 상파울루에는 신체 부위의 재건 수술만을 전문적으로 실시하는 성형외과의도 있다. 납치범들이 몸값을 요구할 때 귀 등 신체 부위를 절단해서 보내는 걸 선호하기 때문이다.

상파울루에서는 안보 산업이 호황을 누리고 있다. 전기 울타리, 방탄 자동차, 보안 주택단지 등이 특히 성황리에 판매 중인 상품들이며, 물론 여기에는 탈출에 최적화된 이동 수단인 헬리콥터도 빠질 수 없다. 영국 전체보다 상파울루의 헬리포트 개수가 더 많다. 이렇게 말하면 엄청나게 느껴지지만 도시의 헬리콥터는 크기가 꽤 작다. 많은 인원을 실어 나르는 게 목적이 아니라서 두세 명만 태울 수 있으면 된다. 문자 그대로 부유층의 부상을 다룬 『수직*Vertical*』이라는 간단한 제목의 훌륭한 책을 쓴 스티븐 그레이엄(친구이자 이웃이다)은 상파울루에서 헬리콥터의 평균 탑승 인원이 세 명이라고 가정했을 때, "이 공중 교통 체계는 한 번에 상파울루 전체 인구의 0.00075퍼센트밖에 실어 나르지 못한다"고 추정한다.

헬리콥터 도시는 부유층을 위한 유토피아이며, 부자들만의 거주지를 확장하고 완성한다. 우리 같은 나머지 사람들에게서 벗어나, 보다 높은 곳에서 지내는 능력을 새로운 차원으로 끌어올린다. 헬리콥터는 대개 도시 외곽의 보안 주택단지에서 날아올라 도심의 상업지구로 가거나 호텔 지붕과 주요 공항 사이를 오간다. '부의 승계'라고도 불리는 이런 현상은 전혀 새로운 것이 아니다. 대중과 거리를 두려는 부유층의 노력은 부 그 자체만큼이나 오래되었다. 그러나 헬리콥터는 이런 공간적 분리에 새로운 측면을 더한다. 헬리콥터 소유주는 도시를 삼차원의 입체적인 공간으로 활용하며 자유롭게 돌아다닌다. 반면에 못난 대중은 정해진 선형의 길을 따라 이동할 수밖에 없어서 이차원인 평면에 갇혀 지낸다.

2005년 상파울루의 한 TV 프로그램과 인터뷰를 진행한 어느 헬리포트 설치업자의 말을 빌리면, 부를 상징하는 고층 건물에는 헬리포트가 필수 장치가 되었다. "요즘은 옥상의 헬리포트를 조각상처럼 빚어야 훌륭한 건축물로 인정받습니다." 라고 그는 덧붙였다. "헬리포트가 조각상 같은 역할을 하는 거죠." 헬리콥터가 상파울루에 미치는 영향을 연구한 브라질의 사회학자 사울루 B. 스웨너는 이렇게 말한다. "새로 지은 많은 건물은 처음에 설계할 때부터 헬리포트 설치를 전제합니다. 규제가 점점 강화되고 있지만, 옥상의 헬리포트를 설계할 때 특히 금속 뼈대를 이용해 기업의 정체성과 힘을 담아낼 여지가 여전히 있으니까요." 스웨너는 헬리포트와 헬리포트가 끌어들이는 헬리콥터 무리에 관심이 있다. 시각적 상징, 즉 우월함과 권력을 뚜렷하게 보여 주는 상징물이라고 생각하기 때문이다. 그는 헬리콥터가 "출발과 도착을 확실하게 알리는 이동 방식"이라고 말한다. 무엇보다 엄청난 소음을 유발하기 때문이다. 헬리콥터 계급의 구성원들은 거리에서 스스로를 떼어 내려고 애를 쓰지만, 그러면서도 아주 잘 들리는 신호를 거리로 내보낸다. "너는 거기 아래에 있고 우리는 여기 위에 있다"는 것이다.

스티븐 그레이엄은 이것을 "엘리트 헬리콥터 도시주의elite helicopter urbanism"라 부르면서, "거주·작업·여가 환경이 계속 향상되는 최고 엘리트층의 수직적 승계 과정을 보다 광범위하게 확장하고 유지하는 역할을 한다"고 주장한다. 계층의 분리가 시작되었고, 거리는 '엘리트'에게는 두려움과 혐오의 대상이 되었다. 엘리트는 "이제 만성적으로 북적이는 지층의 거리 풍경을 위에서 내려다보고 있으며, 그런 거리에 더는 의존하지 않아도" 되므로.

이 모든 헬리콥터가 내는 소음 때문에 2009년부터는 학교

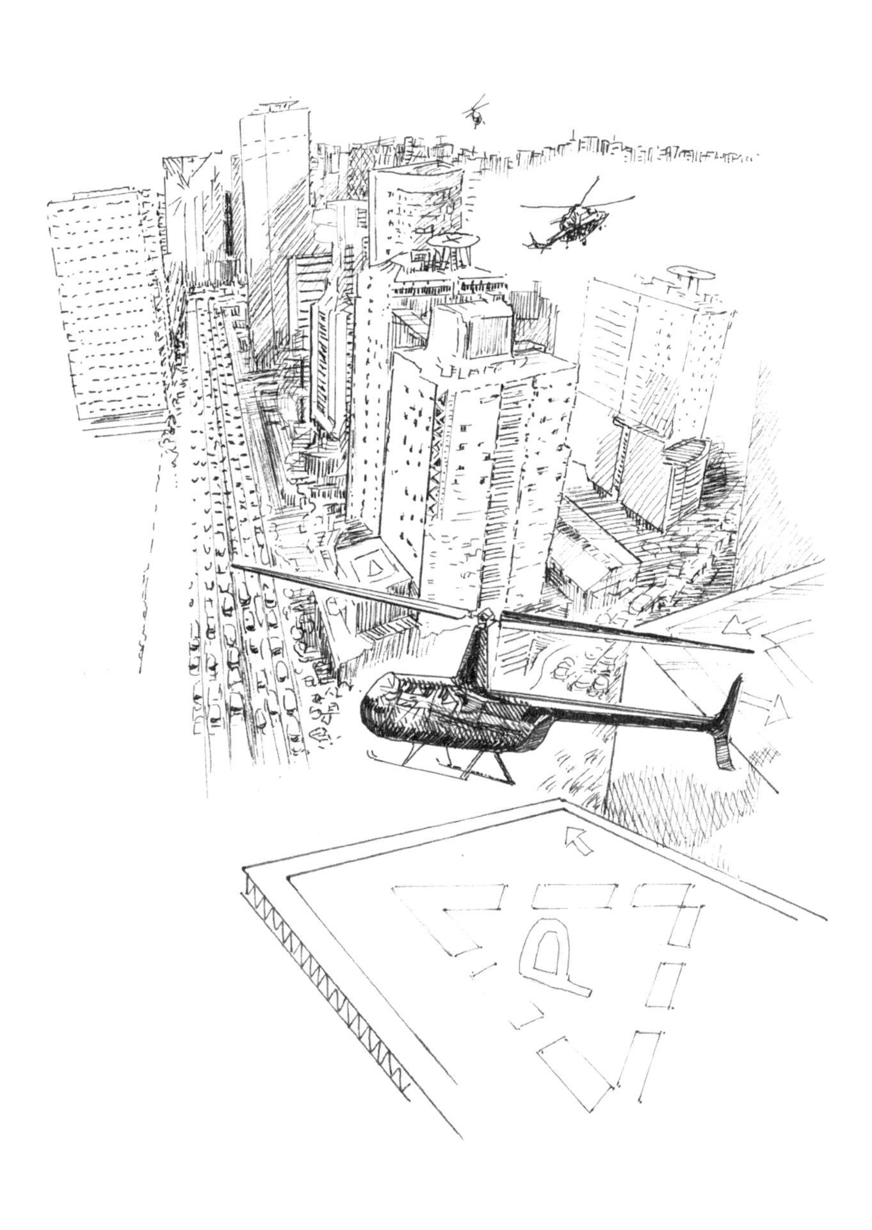

와 병원 근처에 헬리포트를 설치하는 것과 주거 지역 상공을 통과하는 것을 제한하고 있다. 상파울루는 전 세계에서 유일하게 전적으로 헬리콥터 통제만을 담당하는 시설을 운영한다. 이곳에서는 헬리콥터가 정해진 경로로만 이동하도록 지시한다. 헬리콥터 경로 지도에는 강, 대로, 고속도로, 철로 위로 지나가는 폭 200미터의 좁은 길이 표시되어 있다. 그러나 헬리콥터 조종사가 언제나 정해진 경로로 다니는 것은 아니어서 거주지의 주택 지붕 위를 통과하는 딴 길로 새는 일이 워낙 잦다 보니, 그 지역 거주민이 분통을 터뜨리곤 한다.

이렇게 되리라고는 예상하지 못했다. 한동안 헬리콥터는 모두의 미래였다. 1945년 미국의 한 소책자는 "차고마다 비행기가 주차되어 있지 않을까?"라는 질문을 던졌다. 당시에는 답이 명확했다. "만약 도시 근교나 시골에서 산다면 헬리콥터로 편안하고 빠르게 출퇴근할 수 있을 것이다. 교통 체증에 시달릴 일도, 신호에 걸릴 일도 없다." 1960년대의 애니메이션 시리즈 〈젯슨 가족*The Jetsons*〉도 이런 분위기를 반영하고 있다. 스카이패드아파트에 거주하는 젯슨 가족은 높이 솟은 기둥 위에서 균형을 잡고 있는 특이한 투명 반구들 사이를 자가용 우주선을 타고 씽씽 오간다. 그 무엇도 땅에 닿는 일은 없는 것처럼 보인다.

그러나 헬리콥터 이동이 일반 가정, 아니면 적어도 중상류층에 보급되리라는 기대는 결코 실현되지 않았다. 가장 명백한 이유는 헬리콥터의 가격일 것이다. 하지만 달리 생각해 보면 자동차도 한때 그랬다. 자동차처럼 헬리콥터도 대량생산된다면 일반인도 구매할 수 있을 정도로 가격이 저렴해질 수 있다. 기타 이유로는 훈련을 받은 조종사만이 헬리콥터를 운전할 수 있고, 헬리콥터 이착륙을 위한 공간이 확보되어야 하며, 헬리콥터 운행 소리가 엄청나게 시끄럽다는 것을 들 수 있겠다. 그러나 가격 문제처럼 이런 것들도 해결할 수 있는 문제들이다. 헬리콥터 시대가 오지 않은 것이 그것이 불가능해서라고 생각한다면 한참 잘못 짚었다. 문제들이 예상했던 것보다 해결하기가 만만치 않다고 주장해도 진실에서 크게 벗어난 것은 아니겠지만, 그게 전부는 아니다. 전 세계적으로 교통 체증 문제가 심각해지면 헬리콥터가 점점 더 매력적인 해결책으로 부상할 수밖에 없을 것이라고 생각한다. 여전히 헬리콥터 시대는 도래할 가능성이 있다.

그래서 상파울루가 대단히 중요한 장소라는 것이다. 시대를 앞서 나가고 있는 도시다. 상파울루가, 헬리콥터 도시가 최상위층의 전유물이라는 사실만 보여 준 것은 아니다. 브라질 전체와 마찬가지로 상파울루도 경제 위기를 겪었다. 헬리콥터에 대한 수요가 20퍼센트가량 감소하면서 헬리콥터 수송 서비스업자들은 새로운 시장 개척에 나섰다. 2016년 우버Uber가 상파울루에서 헬리콥터 탑승 공유 서비스업을 시작했다. 우버는 공항 네 곳과 도심의 헬리포트 다섯 군데를 오가는 헬리콥터 서비스를 단돈 20달러에 제공한다고 발표했다. 이것은 홍보를 위한 특가였다. 정가는 63달러라고 광고했다. 싼 가격은 아니지만 엄청난 수의 새로운 고객을 끌어들일 수 있을 만한 수준의 가격이다. 블레이크 슈미트는《블룸버그뉴스》에 우버콥터Ubercopter 체험 기사를 기고했다. 그는 "검은 선글라스를 낀 우버엑스UberX 운전사가 나를 기다리고 있었다"고 전했다. 헬리포트에 도착한 뒤에는 "이륙 허가가 나기까지 15분이 걸렸는데, 시간이 없는 사람이라면 신경이 쓰였겠지만 상파울루의 끔찍한 교통 체증을 생각하면 견딜 만했다." 비행 자체는 10분밖에 걸리지 않았고, 비용은 "택시만 탔다면 들었을 비용의 두 배를 썼다. 그러나 택시를 탔다면 출퇴근 시간대에는 한두 시간은 족히 걸릴 거리였다."

다른 이동 수단의 문제점들이 제대로 해결되지 않는다면 21세기에는 헬리콥터 도시라는 꿈이 다시 고개를 들 것이다. 인도와 중국에서는 헬리콥터 공급이 확대되고 있다. 이차원에서 벗어나 삼차원을 누릴 수 있다는 유혹, 도로 위 교통 체증을 아예 건너뛸 수 있다는 유혹은 땅 위 이동 수단의 역기능에 비례해 점점 더 강해질 것이다.

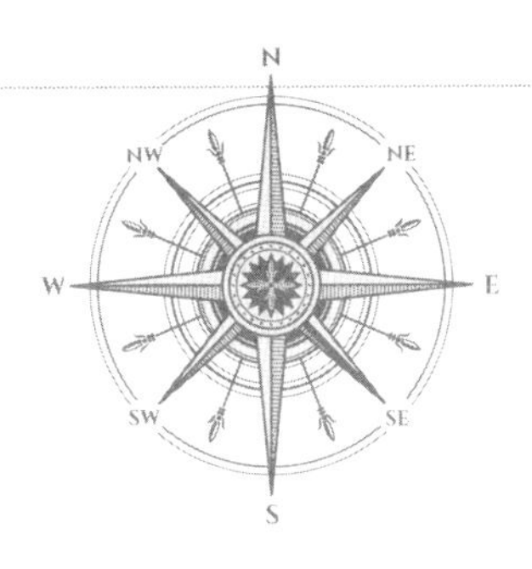

수직 도시는 무엇을 놓치고 있는가

지면이 없는 도시

지도는 평평하다. 공간을 이차원의 평면으로 나타낸다. 하지만 현실의 도시에서는 도로가 서로 겹쳐져 있고 사람들이 층층이 쌓여 있으며, 보도, 에스컬레이터, 엘리베이터가 입체적으로 설치되어 있다. 일부 도시에서는 좌표의 가장 오래된 기준인 지면이 시야에서 아예 사라지고 있다.

『지면 없는 도시: 홍콩 가이드북*Cities Without Ground: A Hong Kong Guidebook*』은 세계 최초의 삼차원 입체 지도책이다. 각 페이지에는 '무빙워크', 테라스, 인도가 투명한 고층 빌딩의 윤곽선 사이로 이리저리 연결된 형형색색의 기하학적인 다면체 지도가 펼쳐진다. 이 책의 공동 저자인 애덤 프램프턴, 조너선 솔로몬, 클래라 웡은 홍콩이야말로 "인구가 밀집될 미래 도시의 공공 공간 활용법을 보여 주는 모범 사례"라고 주장한다.

이 책은 매력적이기는 하지만 홍콩을 정기적으로 찾는 사람들에게 보여 준 결과 그다지 실용적이지는 않은 것 같다. 매년 지리학과 학생들을 데리고 홍콩을 순회하는 동료 교수 마이클 리처드슨은 들뜬 표정으로 이 책을 받아들였지만, 곧 당혹스러운 표정을 지었다. 그는 "이 책에 의지하다가는 오히려 길을 잃기 십상이겠어요."라고 딱 잘라 말했다. 홍콩이 "공공장소에는 단단한 지면이 필요하지 않다"는 것을 보여 주기 때문에 다른 도시의 등대 역할을 한다는 이 책의 낙관적인 메시지에 대해서는 어떻게 생각하느냐고 묻자, 그는 더 현실적인 근거를 들면서 이의를 제기한다. "홍콩에서는 도로를 건너는 것 자체가 불가능하잖아요! 왔던 길로 되돌아가 계속 쇼핑몰 안으로 들어가지 않는 한 아무 데도 갈 수가 없어요." 마이클은 홍콩이 내세우는 '지면이 없는 도시'는 "사람들을 그런 상업 지구로 몰아넣으려는 의도가 전부"라고 말한다.

실은 지면에서 자유로워지려고 애쓸 게 아니라, 오히려 지면과 끈끈한 연결 고리를 유지하려고 애써야 하지 않을까? 아무리 인구밀도가 높은 도시라 해도 말이다. 좌표의 기준을 잃는 것이, 지구와의 연결 고리를 놓치는 것이 과연 바람직한 일일까? 나는 그렇지 않다고 생각한다. 하지만 이런 내 입장은 대세에 역행하는 것처럼 보인다. 지금은 훌쩍 떠나기와 다 내려놓기가 주는 즐거움에 열광하는 시대다. 인류학자 팀 초이는 "홍콩섬의 행정 및 밤문화의 중심지인 완차이에서 단 한 번도 지면에 발이 닿는 일 없이 능숙하게 유유히 통과하는" 홍콩의 CEO를 묘사하는데, 그 모습이 그저 재미있게 느껴질 뿐 아니라 심지어 우리가 추구해야 할 삶처럼 느껴지기도 한다. 홍콩에는 약 6만 356개의 엘리베이터가 있는 것으로 추정된다. 그러나 홍콩의 지면 없는 기반시설의 대표격은 에스컬레이터다. 홍콩의 센트럴-미드레벨 에스컬레이터Central-Mid-Levels escalators는 세계에서 가장 긴 옥외 에스컬레이터 시스템의 일부다(이곳은 1993년 홍콩 구시가인 센트럴과 고지대인 미드레벨의 이동 편의성을 위해 개통되었다-옮긴이). 이 에스컬레이터의 진행 방향은 페리를 이용한 출퇴근 시간대에 맞춰져 있다. 오전 6시부터 오전 10시까지는 아래로 내려가고, 오전 10시 15분부터 자정까지는 위로 올라간다. 쇼핑몰과 항구를 연결하도록 확장된 이 에스컬레이터 덕분에 사람들은 단단한 지면에 발을 디디거나 천장이 없는 곳으로 나가지 않고도 쇼핑이나 외식을 즐길 수 있을 뿐 아니라 출퇴근을 한다.

홍콩의 수직 증축은 종합적인 계획 없이 단편적으로 진행되었다. 어떤 장기적인 안목으로 건설한 연결망이 아니라, 연결선들이 밀집되면서 우연히 형성된 연결망에 가깝다. 그런데 이제 이 체계가 다른 도시가 모방해야 하는 모범 사례라고 내세운다. 초밀집 도시라는 환상, 요컨대 주변을 잠식하는 일 없이 한 곳에 집중된 상태로 혁신과 활동의 중심지라는 기능을 제대로 해내는 밝게 빛나는 도시라는 환상은 21세기의 도시 설계자에게는 뿌리칠 수 없는 유혹이다. 애덤 프램프턴은 "사람들은 홍콩에서 실현된 패턴 중 일부를 재현할 방법을 고민한다. 시민들이 모두 차를 소유하고 차로 출퇴근하는 미국의 방식이 어디서나 가능한 것은 아니기 때문이다."라고 설명한다. 『지면 없는 도시』의 출간 이후 프램프턴은 중국 선전시의 신新개발구역 건설 프로젝트를 맡았다. 이 중국 도시의 관료들도 지면 없는 도시를 추구하고 있다. 프램프턴은 시 당국의 개발계획 지침서에서 "공공장소의 위치를 0미터, 12미터, 24미터, 50미터로 설정"하고 있으며, 따라서 이들이 "홍콩을 모델로 삼아 층층이 쌓은 공공 공간"을 만들고 싶어 한다고 강조했다.

삼차원 도면은 과거에도 있었다. 레오나르도 다빈치의 노트에는 지하 수로와 분수의 동력원인 물레를 표시한 도면이 나온다. 삼차원 도면이다. 그 뒤로도 건축가들은 그와 유사한 '투시 가능한' 도면을 그렸다. 그러나 그런 도면은 기술적인 부분을 표시하는 용도로만 사용되며 특정 건물에만 적용된다. 도시를 나타내거나 동네 전체에 적용되는 일은 없다. 도면과 지도 간에는 또 다른, 그리고 더 명백한 차이점이 있다. 아니, 있었다고 하는 게 더 정확하겠다. 즉 도면은 설계 도구였고, 지도는 위치를 알려 주는 길잡이였다. 갈수록 종잡을 수 없게 된 지구 표면에서 점점 더 멀어지는 '지면 없는 도시'의 출현으로 그런 차이점이 무너지고 있는지도 모르겠다. 지도가 도면으로 탈바꿈하면서, 우리가 하나의 거대한 건축 현장에서 살고 있다는 느낌, 다시 말해 영원한 것은 아무것도 없다는 느낌은 앞으로 더 강해지기만 할 것이다. 그런 삼차원의 자화상은 새로운 유형의 지도 제작술 도입으로 이어진다. 급격한 변화와 지속적인 건축 현실에 적합한 그런 지도 제작술 말이다.

그러나 프램프턴의 동료 건축가 제임스 슈레이더는 다음과 같은 비교를 통해 중요한 사실을 지적한다. "1960년대와 1970년대 서구의 여러 도시에서는 고가 보도 체계가 도입되었지만, 그로부터 수십 년 뒤 거리에서 활기가 사라지게 된 원흉이자 실패작으로 비난받았다. 반면에 아시아의 도시에서는 인구가 워낙 밀집되어 있다 보니 이런 층 쌓기가 효과가 있었다." ('성급한 개발 계획의 잔재, 흉물로 남다' 참고) 서구에서의 실패 사례가 동아시아에서는 대단한 성공 사례로 재탄생한 것처럼 보인다. 건축가들 사이에서는 분명 그렇다고 믿고 싶어 하는 이들이 있다. 철저하게 자연적인 것에 등을 돌린, 지면이 불필요한 것이 된 새로운 유형의 도시에 흥분하며 찬미하는 분위기가 존재한다. 프램프턴, 솔로몬, 웡은 간척지 개발이 활발한 홍콩에서는 "물리적인 땅이 찰나의 것이면서도 덧없는 것이다. 단단한 땅처럼 보이는 것이 바로 얼마 전까지만 해도 물이었으니까."라고 말한다.

세 저자는 가이드북의 말미에 기후변화가 지면 없는 도시에 미치는 영향을 암시하는, 짧지만 전하고자 하는 메시지가 명확한 장을 덧붙였다. '대기'라는 제목의 이 장에서는 홍콩 전역에서 층마다 다른 에어컨 시스템을 살펴본다. 후텁지근한 식당은 22.9도, 열차 탑승칸은 20.5도로 아주 서늘하게 온도가 설정되어 있다. 에어컨이 끊임없이 돌아가는 지면 없는 도시는 또한 자연적인 실내 온도가 없는 도시이기도 하다. 환경주의자들은 오래전부터 홍콩이라는 도시가 "콘크리트와 무선 인터넷만 있으면 사람들이 필요한 것은 모두 충족되는, 흙이 필요 없는 사회로 들어섰다"는 주장에 현혹되지 않도록 애썼다. 이 주장은 '녹색 도시 홍콩'(gogreenhongkong.com)의 선전 문구이기도 하다. 지면과 결별한 홍콩에 매료된 수많은 건축가의 평가만 보면 그럴듯하게 느껴지는 주장이지만, 실제로는 홍콩은 환경과의 단절을 뼈저리게 느끼고 있다. 비록 그 감정은 좌절감에 가깝지만 말이다. 대중을 상대로 설문조사를 실시한 한 학술 논문은 "홍콩 시민 대다수가 조사원에게 환경문제가 매우 심각하다고 믿는다고 답"했지만, "그들의 이웃, 친구, 친척은 그 심각성을 제대로 인식하지 못하는 것 같다"고 보고했다.

지면과의 단절은 축하할 일이 아니라 오히려 슬퍼해야 하는 일이다. 『지면 없는 도시』의 저자들과는 다른 사조를 따르는 건축가 얀 겔은 사람은 5층 이상 높이에서 살아서는 안 된다고까지 주장한다. "고층에서 사는 사람은 지구의 구성원이 아니다. 고층에서는 지면에서 어떤 일이 벌어지는지 볼 수 없고 지면에 있는 사람에게는 고층에 사는 사람이 보이지 않기 때문이다."라고 그는 설명한다. 단순히 도시를 인체에 맞춰 인간적인 공간으로 만들 필요가 있다고 역설하는 게 아니다. 근본적으로 그는 인간과 모든 인공물이 자연의 일부이며, 그 사실을 결코 잊어서는 안 된다는 점을 이해하는 도시를 추구한다. 2017년 홍콩에서 에스컬레이터가 갑자기 반대 방향으로 작동하는 바람에 열여덟 명이 부상당한 소식을 접했다면, 겔은 이 사건이 상당히 암울한 상징성을 지닌다고 해석했으리라. "자연 결핍 장애"라는 표현을 처음 사용한 리처드 루브는 "미래는 자연 지능이 뛰어난" 사람들과 "가상현실과 진짜 현실 사이에서 균형을 잘 유지하는" 공동체들의 것이라고 주장한다. "고도 기술사회가 될수록 자연이 더 중요"해지기 때문이다.

홍콩의 많은 보통 사람들, 그리고 홍콩 정부조차도 이에 동의하는 듯하다. 홍콩 정부는 2006년 이후 8,700만 그루의 나무를 심었고, 종합적인 녹색 정책을 추진 중이다. 사소하지만 이 정책의 지향점을 아주 잘 보여 주는 예가 바로 매년 개최되는 '사람, 나무, 조화People, Trees, Harmony' 사진 대회다. 나는 거의 대부분 위풍당당한, 짙푸른 나무를 찍은 이 대회의 수상작들을 보면서 뜻밖에도 감동을 받았다. 나중에야 왜 그렇게 마음이 움직였는지 깨달았다. 그 사진들이 우리 모두에게 소중하고 우리 모두가 숭배하는 것, 즉 지면에 향수 어린 경의를 표하고 있기 때문이다.

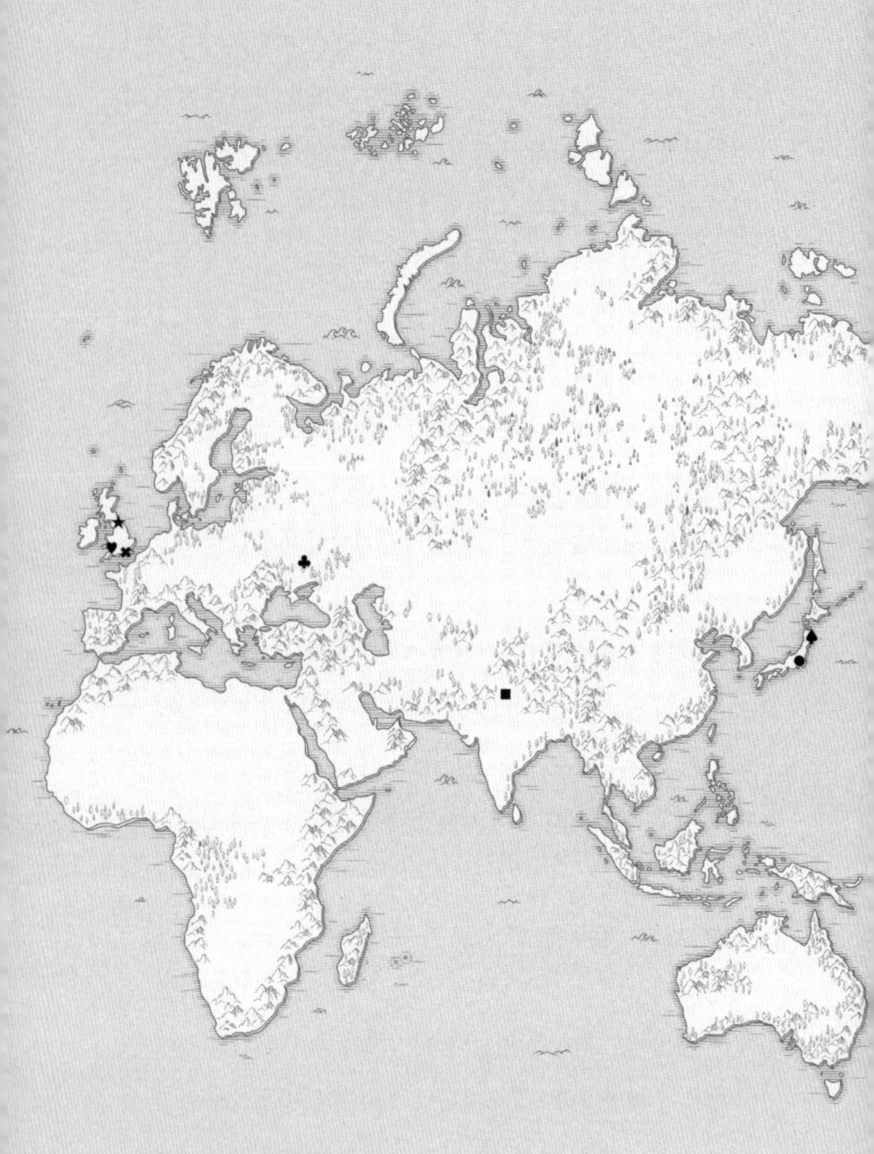

● 신주쿠역의 유령 터널

★ 고가 보도

♥ 보이즈빌리지

■ 심라의 영국인 묘지

♣ 〈다우〉 영화 세트장

✖ 주술의 도시 런던

♠ 쓰나미 비석

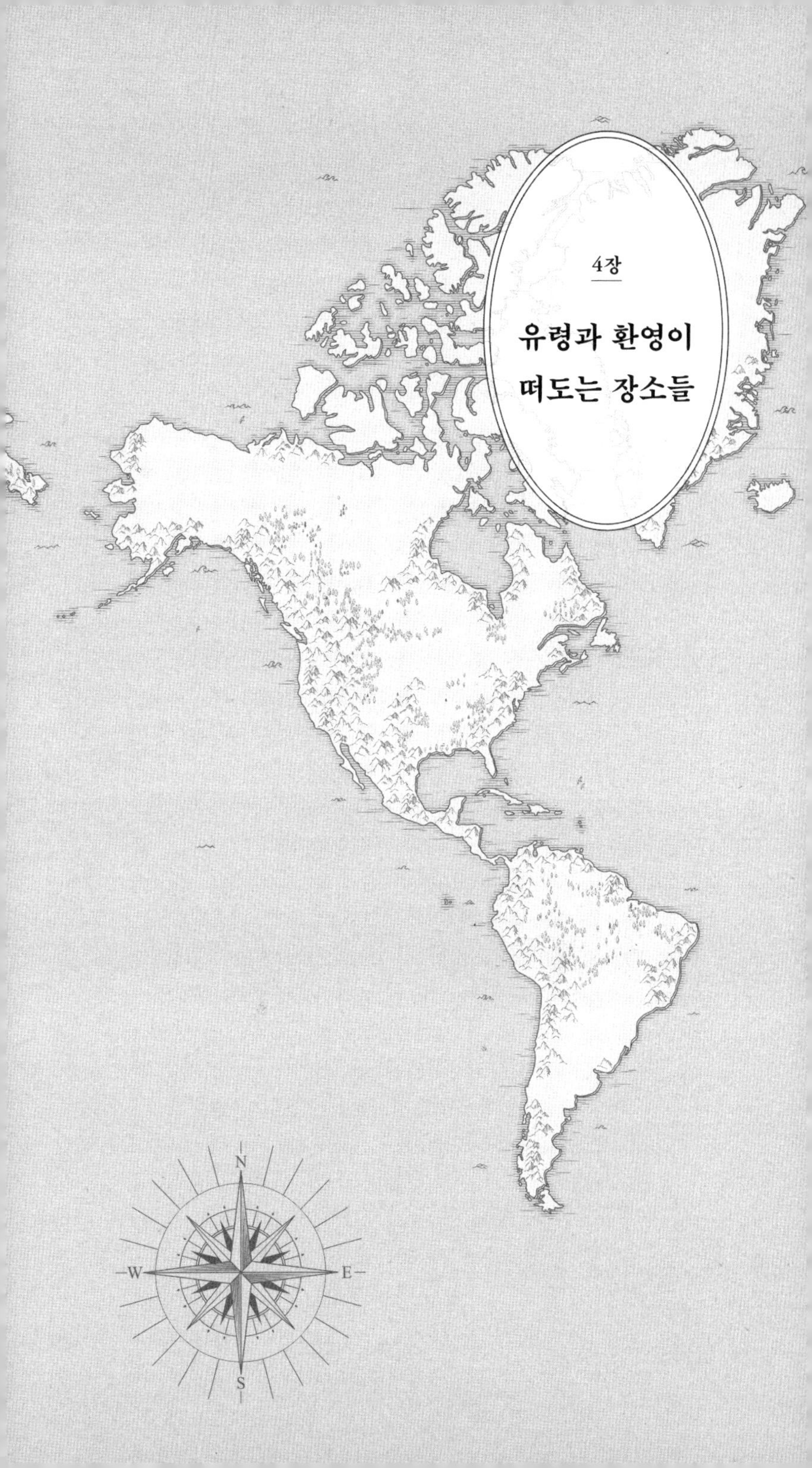

4장

유령과 환영이 떠도는 장소들

◐

모든 장소에는 유령이 있다. 흔히 떠올리기 쉬운 유령의 집이나 언덕 위의 삐걱대는 낡은 저택을 말하는 게 아니다. 쇼핑몰, 주차장, 지하철역 같은 일상적인 장소에도 유령이 존재한다. 과거를 지워도, 풍경을 완전히 바꾸어도, 늘 무언가는 남는다. 썩 개운하지 않은 느낌, 이를테면 일종의 현대적 공포라고 부를 만한 것이. 그런 것들이 도쿄 신주쿠역의 터널 속을, 그리고 측은하고 더 황폐한 방식으로 한때는 최신 건축 양식이었던 뉴캐슬 고가 보도의 가느다란 뼈대 사이를 흐르고 있다. 폐허가 된 웨일스의 보이즈빌리지를 돌아다니다 보면, 또는 히말라야의 심라 시내에 있는 영국인 묘지의 구불구불한 산책로를 걷다 보면 또 다른 부류의 환영을 만날 수 있다. 한때 인도를 지배했던 이들의 영혼이 안식을 취하는 심라의 묘지는 더는 사람의 손길이 닿지 않는 야생의 땅으로 돌아가 표범이 어슬렁거리는 곳이 되었다. 환영이 사람을 부르기도 하지만, 사람이 환영을 불러내기도 한다. 소비에트연방 시대의 도시를 완벽하게 재현한 영화 〈다우*Dau*〉의 세트장이 그런 예다. 〈다우〉는 영화사를 통틀어 가장 기묘한 일화를 낳았다. 영화 촬영이 시작된 지 몇 년이 지났는데도 영화가 완성되지 않았다는 사실 때문에 더 기묘하게 느껴진다. '주술의 도시' 런던에는 사람들이 주술을 걸어 불러낸 신비로운 장소들이 곳곳에 있다. 런던의 주술사들은 〈다우〉의 감독에 비하면 훨씬 더 현명하기는 하다. 이들은 도시에 감도는 주술성을 포착하기 위해 귀를 쫑긋 세우고 신중히 돌아다니니 말이다. 우리야말로 귀를 쫑긋 세우고 쓰나미 비석의 경고를 들어야 한다. 일본의 북쪽 해안에 점점이 흩어져 있는 이 비석들은 해안가 근처에 건물을 세우는 것이 얼마나 위험한지를 경고한다. 수 세기 전 세워진 이들 비석의 메시지는 그동안 무시되었다. 우리는 핵폐기물 표식처럼 미래 세대에게 방사능 폐기물의 위험성을 경고할 수 있는 장소를 만들어 낼 수 있을까? 어떤 환영이 되어 출몰해야 수만 년 뒤의 사람들에게 그 위험성을 제대로 전달할 수 있을까? 우리의 언어와 문화는 이미 잊힌 지 오래일 텐데 말이다.

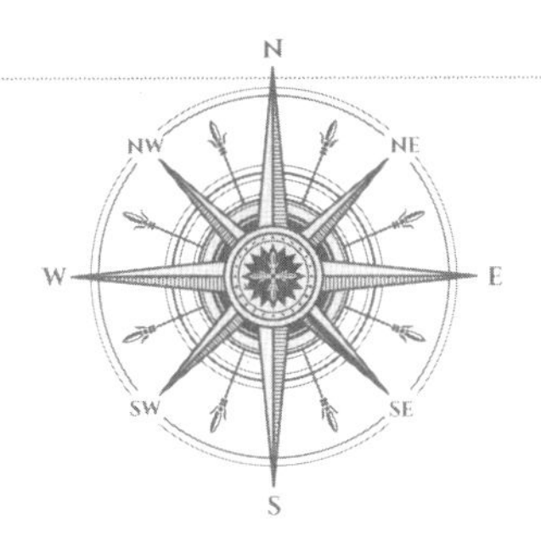

도시는 사람을 집어삼킨다

신주쿠역의 유령 터널

내 목표는 세계에서 가장 분주한 역에서 길을 잃는 것이다. 매일 400만 명가량의 사람들이 도쿄 심장부에 있는 신주쿠역에서 셀 수 없이 많은 층과 200개의 출구와 36개의 승강장을 통과한다. 효율성과 표지판의 성전이라 할 수 있는 이곳에도 떠도는 전설이 하나 있다. 아주 오래전부터 내려온 과거의 전설이 아니다. 거대한 메트로폴리스에서 생명력을 얻는 공포와 환상이 투영된 현대의 전설이다.

때로는 도쿄의 버뮤다 삼각지대라는 제목이 붙기도 하는 이 전설에 따르면, 집으로 돌아가지 못하는 통근자들이 가끔 생긴다고 한다. 이곳에서 엉뚱한 길로 들어섰다가 또 엉뚱한 길로 들어서고, 당황한 나머지 엉뚱한 계단을 달려 내려갔다가 엉뚱한 엘리베이터를 타고, 결국 저 멀리 머리 위 어디선가 지하철 소리가 아주 희미하게 들리는 조용한 통로에 혼자 남게 된다는 것이다. 그렇게 그들은 영영 사라져 버린다.

확인된 사례도 없고, 실종자 목록도 없다. 그러나 반복해서 도는 풍문이며, 이는 우리가 도시와의 관계에서 느끼는 뿌리 깊은 불안감 같은 것에 닿아 있다. 도쿄는 너무나 크고, 너무나 비인간적이고, 너무나 기계적이어서 우리가 그 안에서 사라지는 일, 도쿄가 우리를 집어삼키는 모습을 쉽게 떠올릴 수 있다. 이 도시에 유령 통로, 이를테면 이름 없는 비밀 터널과 복도가 있고, 순진한 이들이 그런 통로에 홀려서 빨려 들어가 버린다는 게 마냥 터무니없는 이야기 같지는 않다.

8월 말의 어느 후텁지근한 날, 나는 신주쿠에 난 구멍 속으로 들어간다. 출퇴근 시간대가 아닌데도 표지판이 잘 설치된, 티끌 하나 없이 깨끗한 널찍한 복도로 사람들이 쏟아져 들어온다. 이곳의 배 속 깊숙이 들어가려면 개찰구를 통과해 들어가야 할 거라고 생각했지만, 황당해하는 직원들의 도움을 받아 여러 개찰구와 실랑이를 벌여 가며(이곳의 개찰구로 들어오기는 쉬운데 다른 역으로 가지 않는 한 나올 방법이 없다) 한참을 들락날락거린 나는 이곳에서 가장 외로운 지점은 역과 역 주위를 에워싼 커다란 쇼핑몰을 연결하는 공간이라는 것을 알게 된다. 출구와 복도가 이렇게나 많은데도, 이 역은 훨씬 더 큰 미로를 구성하는 작디작은 한 요소일 뿐이다. 어느 정도 한산해지는 중간 지대로 들어선 뒤에야 나는 미로의 더 외지고 조용한 구석을 향해 더 깊숙이, 훨씬 더 깊숙이 밀고 내려갈 수 있다. 20분가량 에스컬레이터를 타고, 계단을 타고, 다시 에스컬레이터를 타고 내려가자 역의 주요 통행로가 아닌 어딘가에 도착한다. 표지판이 없는 계단이다. 나는 다시 그 계단을 타고 더 깊이 내려간다. 이곳에서는 군중의 소리가 거의 안 들린다 해도 좋을 정도로 아주 희미해진다. 예상치 못한 대비다. 문득 언젠가는 저곳으로 다시 돌아가야 한다는 게 썩 내키지 않는다는 사실을 깨닫는다. 내 발자국 소리가 들리는 게 정말 좋다. 이곳은 조명이 그다지 밝지 않다. 그래서 얼마나 깨끗한지 잘 보이지 않는다. 심지어 위에서 흘러내려온 휴지 두세 조각이 나뒹구는 게 눈에 들어온다. 아래층에는 한 남자가 커다란 쇼핑백에 등을 기대고 앉아 있다. 꼼짝도 하지 않는 그 남자의 멍한 눈은 어디에도 초점을 맞추지 않고 있다.

남자가 이곳에 있는 게 당연하다는 생각이 든다. 일본인들은 화가 나도 사람들 앞에서 분노를 표출하지 않는다. 심지어 작은 불만조차도 표현하지 않는다. 마치 그것이 자신의 의무라도 되는 듯이 늘 미소를 띠고 있다. 이 땅속처럼 주변부의 끄트머리에서만 절망을 겉으로 드러낼 수 있다. 신주쿠역은 소규모 유령 집단들이 머무는 집이다. 유령이라고 다 무서운 것은 아니다. 한 무리는 자살하는 사람들을 구하는 역할을 맡았는데, 자살하려는 사람들을 선로에서 멀찍이 떨어뜨려 보호한다. 소문에 따르면 이 고마운 유령들은 비밀 집단 자살 사건의 희생자들로, 현재는 여기저기 떠돌면서 다른 이들이 자신들과 같은 운명을 맞이하지 않도록 막고 있다는 것이다.

도시의 포효에서 벗어난 땅속 깊은 곳에서는 추락한 자들 간에 일종의 동료애가 싹튼다. 조심하지 않으면, 가는 길을 잘 살피지 않으면 그 무리에 붙들릴 수도 있겠다는 생각이 든다. 다소 등골이 서늘해지기도 하지만 위로를 느끼기도 한다. 내 기억 속에서 무언가가 재생된다. 무언가 무서운 것이. 아마도 40년 전의 일이다. 밤 늦은 시각 나는 TV에서 방영한 스페인 단편영화에 금세 빠져들었다. 〈공중전화 부스*The Telephone Box*〉라는 영화였는데, 마드리드의 어느 분주한 교차로에 인부들이 빨간 공중전화 부스를 설치하는 장면으로 시작한다. 대개 공포 영화로 분류되는 이 영화는 실은 그렇게 쉽게 장르를 확정할 수 있는 영화가 아니다. 뭔가 이질적인 분위기의 영화다. 대사가 전혀 없고, 웅얼거리는 듯한 소리와 기계음 같은 것만 들린다. 신주쿠에서는 어디서나 들을 수 있는 소리다. 정장을 입은 한 중년 남자가 부스에 들어가 전화를 건다. 그리고 부스에서 나오는데 문이 열리지 않는다. 지나가던 사람, 경찰관, 소방관이 부스 문을 밀고 당기는 코믹한 장면이 계속된다. 아주 재미있다. 다소 신이 난 듯한 지나가던 사람, 구경꾼, 무뚝뚝한 표정이지만 창피해하는 갇힌 남자. 전화국 기술자가 도착하고 그들이 타고 온 밴의 화물칸에서 이 기묘한 여정이 계속된다. 남자는 여전히 부스 안에 갇혀 있고, 여전히 밖에서 아주 잘 보이는 채로 어딘가로 실려 간다. 그리고 코미디 영화가 갑자기 공포 영화로 탈바꿈한다. 부스는 거대한 동굴로 운반되는데, 그 동굴은 무수히 많은 부스들이 들어찬 묘지다. 각 부스에는 부패해서 해골만 남은 시신이 들어 있다. 물론 이런 결말은 예상했을 것이다. 진작에 알아챘을 것이다. 이 영화의 공포는 지극히 평범한, 현대성의 공포이며 더 나아가 우리 모두가 느끼는, 도시가 인간의 이해를 초월한 이해 불가능한 장소라는 자각이다. 우리는 마치 유령처럼 도시의 공간들을 드나들고 있을 뿐이다.

우리는 길을 잃을 때 자신의 실체 없음과 직면하게 되지만, 의도적으로 그런 상황에 빠지기는 쉽지 않다. 내가 어디에 있는지, 내가 얼마나 깊은 지층 속으로 들어왔는지 알 수 없기는 해도, 정말로 길을 잃었을 때 느끼는 공포와 망상에 빠지는 대신 나는 잠이 밀려온다. 여기 아래쪽은 너무도 따뜻하다. 조용하기까지 하다. 나와 쇼핑백에 기대앉은 남자 둘뿐이고, 그 남자 밑으로는 층이 바뀔 때마다 철문을 통과해야 하는 계단이 줄줄이 나온다. 철문은 전부 굳게 닫혀 있다. 아주 가끔 사악한 기운을 내뿜으며 쉭쉭거리기도 하지만.

도쿄 지하에 비밀 도시가 있다고 믿는 이들도 있다. 일본의 저널리스트 슌 아키바는 헌책방에서 비밀 선로와 수많은 비밀 터널이 표시된 지도를 손에 넣었다고 주장한다. 여러 번 개정판을 낸 『제국의 도시, 도쿄: 비밀 지하 조직의 음모*Imperial City Tokyo: Secret of a Hidden Underground Network*』라는 책에서 그는 이런 정보가 통제되고 있다고 말한다. 그가 지도를 발견한 사실을 처음 알리려고 했을 때는 모두에게 외면당했다. 다들 "입을 굳게 다물었다"고 한다. 그러던 어느 날 그가 잠에서 깨어 보니, 허벅지가 접착제로 딱 붙어 버려서 젤리 덩어리처럼 되었다고 한다. 그는 "지하철 관계자들은 나를 술주정뱅이나 미치광이 취급했다"고 불만을 터뜨린다. 아키바는 제2차 세계대전 전에 비밀 조직이 창설되었으며, 현재 이 조직이 일본 정부의 핵공격 대비 전략에 참여하고 있다고 믿는다. 현재 '도쿄 지하 비밀 통로 이론'이라고 명명된 이런 가설은 전 세계의 거의 모든 대도시에서 생산되는 비슷한 부류의 가설 목록에 등재되었다. 이들 이론의 내용보다는 이런 이론들이 끊임없이 생산된다는 사실이 훨씬 더 흥미롭다. 그림자 도시가 있다는, 즉 도시 지하에 또 다른 도시가 존재한다는 상상은 꽤 매력적이어서 떨치기가 쉽지 않다. 그러니 그런 도시를 실제로 찾아 나선다면 핵심을 놓친 것인지도 모른다. 왜냐하면 그런 도시의 풍경은 어떤 식으로든 언제나 우리 손길이 닿지 않는 곳에 있는 것으로 상정되기 때문이다. 늘 우리에게서 멀찍이 떨어져 존재한다는 것이 지하 도시의 본질이다.

그리고 유령은 바로 우리 자신이다. 신주쿠역처럼 사람들이 끊임없이 움직이는 장소에서는 이런 사실이 특히 더 잘 드러난다. 나는 스스로 일종의 최면 상태에 들어섰는데, 그 어떤 흔적도 남기지 않고 그 누구의 얼굴도 기억하지 못하는 상태가 아주 익숙하게, 어찌 보면 평온하게 느껴진다. 외국인인 나는 눈에 띄는 존재여야 하지만, 이런 바쁜 장소에서 한 사람의 공적인 존재감은 사실 일종의 투명성을 띤다. 모두가 당신을 보지만, 당신은 없는 것이나 마찬가지다. 다른 사람과 전혀 구별되지 않으니 말이다. 나는 유령 터널에 대한 기대 심리는 우리의 상태를 반영하는 풍경 속으로 들어가고 싶다는 열망에서 비롯된 것이 아닐까 한다. 아주 이상한 유혹이다. 어쨌거나 나는 도시에 집어삼켜진다는 상징, 도시의 입안으로 떨어진다는 상징 속으로 들어가는 모험을 시작했다. 나는 이 땅속 세상에서 여러 방면으로 길을 잃는다. 게다가 길을 잃은 건 나뿐만이 아니다. 색으로 구분되는 지하철 객차와 매끈한 신칸센을 실어 나르는 수많은 선로가 아주 잘 보이는 유리 테라스로 나온 나는, 방금 내가 어떤 일을 겪었는지 파악하고자 애쓴다. 거대한 펭귄 캐릭터를 가지고 노는 가족, 독일 맥주를 파는 가판대가 눈에 들어오는데, 모두가 행복해 보인다. 견딜 수가 없다. 다행히도 커다란 식물 뒤에 숨은 구석 자리의 벤치가 눈에 들어온다. 그리고 여기 한 남자가 있다. 옷을 잘 차려 입은 사십대 초반의 남자가. 그는 두 손으로 머리를 감싸고 있다. 소리는 들리지 않지만 아마도 울고 있는 것 같다. 내가 우연히 이 남자를 발견한 게 아니라 이 남자를 일부러 발견해 냈다는 생각이 불쑥 든다. 이날의 여정은 다소 허세에 찬 탐험으로 출발했다. 나는 사람들이 사라지고 도시에 집어삼켜지는 장소를 찾아 모험을 떠났다. 그 사람들을 정말 찾고 싶었는지는 모르겠으나 실제로 찾고 말았다.

성급한 개발 계획의 잔재, 흉물로 남다

고가 보도

현대의 도시는 더는 새것이 아니다. 낡은 것이 되었으며, 미래를 위해 추진한 어제의 기발한 계획들이 켜켜이 쌓여 있다. 과거의 미래상과 유토피아 실현을 위한 거창한 계획들과 오래전의 성급한 전략들이 차곡차곡 축적되어 있어서, 우리는 그 조각들 사이를 헤치며 길을 찾아야 한다.

고가 보도는 그런 좌절된 희망의 잔재다. 영국 북동부에 있는 내 고향 뉴캐슬어폰타인에도 고가 보도가 어지럽게 뒤엉켜 있다. 거의 반세기 전에 만들어진 고가 보도는 고대 도시 뉴캐슬을 '북반구의 브라질리아(브라질의 수도로 계획 도시다-옮긴이)'로 완벽하게 리모델링하는 계획의 한 구성 요소에 불과했다. 그 계획은 자동차가 사람들 발밑으로 거침없이 달리고, 사람들이 높다란 고가 보도와 전망대를 자유롭게 돌아다니는 미래를 약속했다.

고가 보도 체계가 처음 계획대로 완공되지는 못했지만 일부는 콘크리트 덩어리가 되는 데 성공했다. 도시를 가로지르다가 갑자기 툭 끊겨 평범한 도로로 변신하는 자동차 도로, 그리고 길게 뻗어 있는 여러 갈래의 단절된 고가 보도가 이 콘크리트 덩어리를 이루고 있다. 현대 도시에 적용된 유토피아적 요소는 대개 이런 식으로 산발적이며, 버림받은 상태다. 고가 보도는 물론 현대적인 우아함을 지녔지만, 아무 데도 아닌 곳에서 아무 데도 아닌 곳으로 이어진다. 어쨌거나 내 관심을 사로잡은 것은 고가 보도의 디자인이나 설계가 아니라 오늘날 우리가 고가 보도와 공존하는 방식이다. 우리는 잊힌 미래상의 잔해를 어떻게 헤쳐 나가고 있는가?

가장 잘 알려진 유토피아 잔재의 예는 훨씬 더 어두운 과거를 환기한다. 높이가 20미터에 달하는 콘크리트 원기둥은 베를린을 게르만 제국의 수도가 될 '게르마니아'로 재단장하려는 히틀러의 계획이 남긴 몇 안 되는 잔재 중 하나다. 이 기둥은 새로 태어난 도시를 내려다볼 높이 118미터의 개선문을 떠받치는 네 기둥 중 하나의 무게를 가늠하려고 지은, 중重부하 실험용 건축물이었다. 베를린은 이들 잔재가 상당히 신경이 쓰이는 눈치다. 로마 등 대부분의 도시와는 사뭇 다른 분위기다. 로마에는 무솔리니의 오만한 계획의 흔적이 대로라는 형태로 자리를 차지하고 있다. 베네치아광장과 콜로세움을 잇는 포리임페리알리거리Via dei Fori Imperiali는 어색할 정도로 널찍한 도로다. 파시스트 정권의 행진을 위해 건설되었으며, 이 대로 건설로 띠 모양으로 펼쳐져 있던 고대 도시의 유적이 파괴되었다. 무솔리니는 또한 로마의 포로 이탈리코Foro Italico(한때는 포로 무솔리니라고 불렸다) 경기장에서도 존재감을 드러낸다. 이곳에는 'DUX'(총통Duce, 즉 지도자를 뜻하는 라틴어)라는 글자가 선명하게 보이는 뾰족한 기둥이 여전히 당당하게 서 있고, 'IL DUCE'가 248번 새겨진, 로마 몰락 이후 세워진 가장 큰 모자이크 장식의 광장이 보란 듯이 펼쳐져 있다.

우파 정권만큼이나 좌파 정권도 도시를 180도 바꾸는 계획을 선호했고, 전후 유럽의 복지국가들도 똑같은 기본 관념을 받아들였다. 미래는 과거의 완벽한 청산을 요구한다는 것이다. 어떻게 보면 이런 계획은 이전의 계획보다 훨씬 더 대담했다. 전통 양식은 버리고, 대신에 철저한 무자비함을 택했으니까. 전후의 비전은 열정적이고 감동적인 연설이 아닌, 쇼핑 및 출퇴근의 편의성 등 효율성의 제고라는 지루한 언어로 전달되었다. 고가 보도 프로젝트를 이끈 건축가는 윌프레드 번즈였다. 전후 코번트리Coventry(잉글랜드 중부 공업지대-옮긴이)를 완전히 탈바꿈시킨 재개발 프로젝트를 지휘한 후 뉴캐슬에 온 인정많고 진솔한 선구자였다. 1967년에 발표한 「뉴캐슬어폰타인의 재개발 계획 연구」에서, 그는 "자동차가 사람들 머리 위로 다녀도 되는지"를 논하다가 그 반대 방식을 해결책으로 제시한다(자동차 위로 사람이 다니도록 했다-옮긴이). 그 덕에 번즈가 "사람과 자동차를 수직면으로 분리하기"라고 부르는 것이 가능했다. 재개발 프로젝트의 규모를 생각하면 번즈의 최종 목표는 놀라울 정도로 평범했다. "모든 상점에의 접근성을 높이는 데 더해, 자동차의 도로 접근성 및 자동차에서 내린 사람의 상점가 접근성 모두를 보장하는 주차장을 마련하는 것"이었다.

윌프레드 번즈의 언어는 진부했지만, 만약 그의 계획대로 재개발 프로젝트가 완성되었다면 사람들이 차도를 건너는 일 없이 도시 중심부 전체를 걸어서 돌아다닐 수 있었을 것이다. 그러나 진정한 승자는 자동차 운전자였을 것이다. 브레이크 한 번 밟지 않고 도시 전체를 내달릴 수 있었을 테니까. 번즈는 짧은 기간 안에 업계의 인정을 받았고, 1980년에는 기사 작위를 수여받는다. 반면에 번즈의 재개발 프로젝트를 총괄했던 호전적인 뉴캐슬 시의회 의원 T. 댄 스미스는 1974년 횡령죄로 재판을 받고 감옥에서 3년을 보냈다.

고가 보도를 걷다 보면 이상하게도 서글픈 감정이 든다. 완성된 모습이 어땠을지 짐작할 수 있게 해 주는 쓸모없는 단서 두세 개가 지금도 존재한다. 이를테면 도시 중심가의 일부 건물에는 뜬금없이 툭 튀어나온 블록들이 있는데, 완성되지 않은 고가 보도를 지지할 건축용 가로대다. 그나마 세워진 고가

P

보도도 거의 이용되지 않을 뿐 아니라, 말 그대로 지도에 나오지도 않는다. 고가 보도는 접근성이 좋은 길이라고 홍보되었지만 뉴캐슬의 대표적인 안내 책자에는 언급조차 되지 않는다. 이 도시에서 얼마간 거주해야만 고가 보도가 쓸 만하다는 걸 알게 된다. 그리고 그로부터 몇 년은 더 지나야 실제로 고가 보도를 이용할 용기가 생긴다. 종종 엉뚱한 곳으로 빠지기도 하고, 특히나 초보자는 언제든 당황할 일이 생길 수 있기 때문이다. 내가 고가 보도를 제대로 파악하고 이용하기까지는 무려 20년이나 걸렸다.

그것도 순전히 운이 좋았기 때문에 가능한 일이었다. 어느 날 우연히 인터넷에서 지도 하나를 발견했다. 고맙게도 항공사진에 고가 보도를 손으로 직접 그려서 표시해 둔 지도였다. 이 지도는 1960년대 번즈의 전체 도면 이미지 여러 장과 함께 올라와 있었는데, 타인데크Tyne Deck까지 이어지는 고가 보도의 전체 구조도를 완벽하게 재현하고 있었다. 타인데크는 타인강을 내려다보는 지점에 세워져, '재생의 상징'으로서 위대한 '공공 건축물'의 발판 역할을 하는 것처럼 보였다. 재개발 프로젝트에 참여한 건축가들은 타인데크가 '편협한 지역주의적 반발'을 무마할 것이라고 자신했다. 또한 타인데크를 건설하면서 타인강은 '직선 강'으로 바뀔 예정이었다. 그랬다면 뉴캐슬어폰타인이라는 명칭의 유래가 완전히 사라지고 얕은 물웅덩이만 남았을 것이다(뉴캐슬어폰타인은 타인강이 휘어진 바깥쪽 강둑 위에 세워진 도시로, 그 명칭은 타인강 위에 세워진 새 성곽이라는 의미다-옮긴이).

고가 보도의 지도를 발견하는 순간 감춰져 있던 길이 눈앞에 펼쳐졌다. 보이지 않는 도시로 통하는 통로다. 나는 고가 보도 이곳저곳을 돌아다니면서 사진을 찍기 시작했다. 학생들을 데리고 다닐 탐험로 준비를 위해서였다. 이제 여러분을 그 탐험로로 안내할 것이다. 이곳은 내가 소중하게 여기는 경로이기도 하다. 매주 고가 보도를 이용하는데, 점점 달라지고 있기 때문이다. 시의회가 주요 구간을 차단하고 고가 보도를 조금씩 철거하기 시작했다. 어떤 뚜렷한 목적을 가지고 진행하는 것 같지는 않지만, 고가 보도가 언젠가는 영영 사라질 것이라는 사실은 확정되었다.

나는 널찍한 고가 보도 진입로에서 출발했다. 길이 점점 좁아지면서 높이 솟은 아치형의 비좁은 통로가 된다. 주위에 임의의 지점 사이에 던져진 것처럼 다른 고가 보도들이 몇 개 더 흩어져 있다. 경사가 워낙 심해서 이곳에 들어선 사람은 누구라도 그냥 도로변으로 다니는 게 더 빠르겠다는 생각을 할 수밖에 없다. 여느 때와 마찬가지로 고가 보도는 텅 비어 있었다. 거센 바람에 요란하게 굴러다니는 깨진 유리 조각과 맥주캔은 앞으로도 몇 달은 더 이렇게 굴러다니고 있을 것이다.

이 높다란 길은 바람이 잘 통하지만, 곧 시시할 정도로 현대적인 벽돌 건물들을 연결하는 냄새나는 고가 골목길로 연결된다. 계획의 비현실성을 보여 주는 또 다른 증거다. 1980년대만 해도 일종의 유토피아 공간으로 여겨졌을 고급 숙박 및 여가 시설이 지금은 더럽고 위험한 곳이 된 지 오래다. 높다란 층계로 빠져나오자 한편에 한때는 거대한 영화관이 있던 자리가 보였다. 영화관은 철거되었고, 현재는 유리창 수천 개가 번쩍거리는 대학 캠퍼스가 들어섰다. 그러나 이 고가에서는 모든 것이 덧없이 느껴진다. 이 고가 보도가, 저 캠퍼스가, 그리고 이 모든 것이 과연 앞으로 얼마나 오래 살아남을까? 이런 장소들을 기억에 저장하는 것이 아무 가치가 없다는 생각이 든다. 그 어느 곳도 지구에 어떤 권리를 주장하거나 진짜로 존재하는 것처럼 느껴지지 않으니 말이다. 나처럼 이들도 그냥 스쳐 지나가는 존재다. 같은 자리에서 덧없는 장소의 또 다른 예인 블루스퀘어Blue Square도 보인다. 예술가의 작품인 블루스퀘어는 네온등을 부착한 유리덮개로 마감한 파란 타일을 깔아 반짝반짝하도록 설계된 보도다. 파란 타일은 설치 직후 고장이 났고, 이런 상실을 애도하는 듯 잿빛으로 변했다.

고가 보도는 이런 다양한 층들 주변과 사이를 마치 해충처럼 이리저리 휘감는다. 아주 혼란스러운 여정이다. 나는 고가 보도를 훤히 꿰고 있다고 생각했지만 이미 길을 잃었다. 작은 모퉁이와 층이 너무 많아서 대도시 한복판인데도 이 위에는 아무도 없었다. 길을 물을 사람이 곁에 없었다.

나는 미로의 은밀한 심장부를 향해 나아갔다. 부둣가 근처의 고가 보도는 여러 개의 층계로 이루어진 신전으로 변신했다가 사뭇 엉뚱한 방향으로 나아간다. 왼쪽에는 작은 깃발들이 휘날리는 광장으로 내려가는 길이 나 있다. 그 광장은 악몽과도 같은 모습을 하고 있다. 텅 비어 있을 뿐 아니라 벽으로 둘러싸여 있다. 삼면이 사무실 건물로 막혀 있고, 남은 한 면에는 나지막한 벽돌담이 세워져 있다. 바쁜 상점가와 몇 미터밖에 안 떨어졌는데도 철저히 감춰진, 아주 기괴한 반反공간이다. 낮은 벽돌담을 뛰어넘어야만 들어갈 수 있는데, 이유를 설명할 수는 없지만 왠지 지구상에서 최고로 슬픈 장소처럼 느껴진다. 이 절망스러운 광장으로 빠지는 대신 계속 앞으로 나아가는 길도 있다. 그 길을 따라가면 머리 위로 지나가는 높다랗고 거대한 타인브리지Tyne Bridge 기둥 사이를 따라 걷게 된다. 그러다 갑자기 뚝 끊겨, 다리 밑에 붕 뜬 채 아무도 찾지 않고 쓸 수도 없는 길이 되어 버린다.

여느 사람들처럼 나는 다른 이들의 원대한 계획의 파편들을 헤쳐 나가면서 일생을 보냈다. 그들이 제안했던 계획안의 이미지 속 고가 보도는 멋지게 차려 입은 무명의 일반인들로 가득하다. 무표정한, 아무도 아닌 사람들로 말이다. 그것은 누구의 유토피아였을까? 나는 궁금하다. 내 유토피아는 아니다. 아무도 아닌 사람들 가운데 나도 보인다. 우리 모두가 보인다. 알려지지 않은 무명의 사람들은 여전히 걷고, 차도를 건너고, 앞으로 나아가며, 다른 누군가의 미래상 속에서 길을 찾아 헤매고 있다.

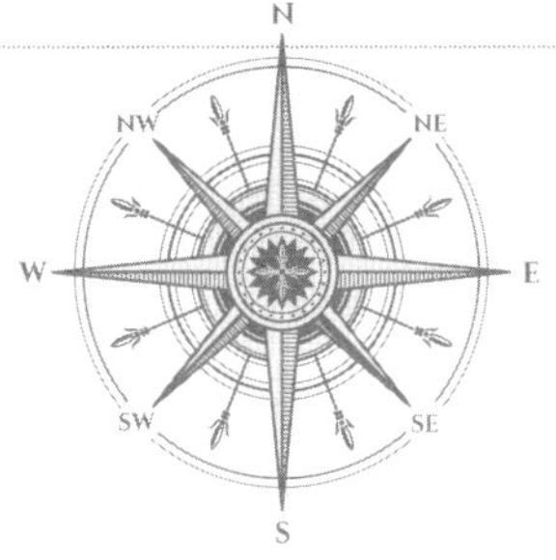

폐허가 매력적인 이유

보이즈빌리지

나는 형 폴을 자주 보지는 못한다. 많아야 1년에 세 번 정도나 만나려나. 형은 글린코루그에 산다. 그곳은 웨일스 남부의 계곡들 중 하나로 이어지는 기나긴 이차선 도로 끝에 위치한 쇠락한 옛 광산 마을이다. 마지막으로 그곳을 찾은 것은 2016년 봄인데, 며칠 머무는 동안 특별한 종류의 향수에 젖었나 보다. 지도를 펼쳐 놓고 주변에 차로 운전해서 갈 만한 거리에 재미있어 보이는 곳이 없나 살펴보다가 해안 구석에 박혀 있는 아주 흥미로운 이름이 붙은 장소를 발견했다. '보이즈빌리지Boys Village'였다.

보이즈빌리지는 1925년 웨일스의 광산 지역 소년들을 위해 세워진 휴양 캠프장으로 현재는 운영되지 않는다. 세월이 흘러도 끄떡없도록 튼튼하게 지어져서, 버려지고 훼손되기는 했지만 여전히 훌륭한 건물들이 넓은 대지를 차지하고 있다. 탑과 넓은 홀이 있는 견고한 교회 건물을 식당 건물, 농구 및 테니스 경기장, 잡초가 무성한 텅 빈 수영장, 유리가 사라진 창으로 가만히 들판을 내려다볼 수 있는 숙소 건물 여러 채가 빙 둘러싸고 있다. 휴가지보다는 스포츠를 사랑하는 종족이 세운 성채에 가까웠다. 아니면 갑자기 재앙이 들이닥치는 바람에 사람들이 밤새 맨몸으로 서둘러 피난을 가 버린 마을 같기도 했다.

보이즈빌리지에는 강렬한 기운이 감돈다. 내가 우연히 들른 다른 버림받은 건축물들보다 훨씬 강한 기운을 내뿜고 있었다. 파괴된 병원, 발전소, 터널도 꽤 흥미로웠지만 그곳들은 일을 하는 장소였다. 사람들이 재미를 좇아 찾는 곳은 아니었다. 그래서인지 여전히 기계적이고 위압적인 분위기를 풍겼다. 하지만 이 잃어버린 마을은 달랐다. 내 희망사항에 불과한지도 모르지만, 이곳이 한때는 행복한 장소였을 것이라는 느낌이 든다. 활짝 열린 웃음의 공간이었을 것이라는. 나는 벽지가 보존된 방에 들어섰다. 어질러진 방에서 선명한 주황색 줄무늬 벽지가 찢어진 채 바람에 나부끼고 있었다. 천장이 무너져 폐허나 다름없었지만, 흥분을 주체하지 못하고 내지른 고함 소리, 소년들이 방문을 열고 수영장이나 바닷가로 달려 나가는 소리가 들리는 듯했다. 그 문은 지금 방 한구석에 무겁게 누워 있다.

이 마을에서 가장 넓은 공터인 교회 앞은 연병장이었다. 지금은 곳곳이 패이고 쓰레기로 뒤덮여 있지만, 한복판에는 전쟁 기념비가 굳건한 의지를 보이며 꼿꼿하게 서 있다. 희미하게나마 비석 주위를 맴도는 경외심이 파괴의 손길을 막아 냈는지, 기념비는 그라피티의 희생양이 되지 않았다. 나는 기념비의 문구를 받아 적었다.

전장의 이슬로 사라진
전 세계의 모든 젊은이에게
바칩니다
웨일스 남부 광산 지역의 소년들이
전쟁을 종식시키기를
기원합니다
소년들은 이 제단에서
그 고귀한 과제를 완수하는 데
일생을 바치겠다고
맹세합니다

매년 나이 지긋한 광부와 그의 아내가 캠프장의 '시장'과 '시장 부인'으로 선정되어 특별한 오두막에서 무료로 머물렀

다. 이 마을에서 발행한 잡지 《더세인트에이선스캠퍼*The St Athan's Camper*》에 그런 부부들의 사진이 실려 있다. 전부 노부부다. 남자는 검은 정장을, 여자는 멋진 드레스를 입고서 잃어버린 세계에서 이곳을 지긋이 바라보고 있다. 여러 세대에 걸쳐 아이들이 이곳을 찾았다. 아버지, 아들, 손자까지. 해안을 따라 1.5킬로미터 정도 올라가면 보버튼걸즈캠프Boverton Girls Camp가 나온다. 이곳과 비슷한 구조이며, 마찬가지로 매년 여름 광산 지역 아이들의 휴양지 역할을 했다. 1962년 영국 여왕의 지시에 따라 보이즈빌리지가 리모델링을 거쳐 재개장되었고, 그 뒤에는 연회장 건물이 더해졌다.

1980년대에 웨일스의 광산들이 폐쇄되었고, 1990년 웨일스보이즈클럽Boys Club of Wales은 65년간 활약한 보이즈빌리지의 문을 닫기로 결정한다. 1960년대부터 운영 위원을 지낸 모스틴 데이비스는 당시의 추억을 기록해 두었다. 이곳이 좋은 장소였기를 바라는 내 기대는 아마도 이 마을이 휴가를 보내는 사람들을 위해, 그리고 휴가를 보내는 사람들에 의해 운영되었다는 데이비스의 주장에서 비롯되었는지도 모른다. "그들은 자신들만의 규칙을 따랐어요. 어떻게 보면 자신들만의 정부를 구성했다고 볼 수 있죠." 그는 보이즈빌리지의 쇠락을 이렇게 설명했다. "이곳이 지어질 때만 해도 스스로 알아서들 오락거리를 찾아냈어요." 그러나 "1970년대와 1980년대에 오락거리를 제공하는 산업의 시대가 왔고, 사람들은 더는 스스로 오락거리를 찾아내지 않게 되었죠." 그래서 "다들 부모와 함께 스페인에 가고 싶어 했어요." 더는 촌스럽고 유행에 뒤떨어진 '소년들'을 위한 캠핑장에 오고 싶어 하지 않았던 것이다.

아마 나라도 이 캠핑장보다는 스페인에 가고 싶어 했을 것 같다. 그러나 보이즈빌리지의 쇠락 과정은 단순히 합리적 선택과 현명한 결정에 관한 이야기가 아니다. 더 보편적인 상실의 분위기가 감돈다. 소규모 휴양 캠핑장이 아닌 삶의 방식 전체가 깨지고 버려졌다는 상실감 말이다. 철거 결정문이 붙어 있는 이 마을은 애버서 화력발전소의 독성 그림자 아래에서 지냈다. 애버서 화력발전소는 길게 뻗은, 한때는 멋진 해변이었던 곳에 1971년부터 폭군처럼 떡 버티고 있었다. 이 지역의 역사가 테리 베버튼은 이곳이 "모래언덕이 있고, 썰물 때면 작은 샘이 생겨나는 목가적인 장소"였다고 회상한다. 그러나 그런 과거를 "기억하는 사람이 점점 사라지고 있다"고 말한다. 베버튼은 무심함의 물결이 점점 높아지는 것에 쓴소리를 내뱉는다. 그는 대개 그런 무심함은 웨일스 남부로 새로 유입되는 사람들이 흘려 내보내는 것이라고 말한다. 그 사람들은 "웨일스가 살기에 얼마나 끔찍한 곳인지"를 큰소리로 떠들어 댄다.

보이즈빌리지는 폐쇄된 후 매우 체계적으로 약탈당했다. 거의 모든 벽에 경쟁하듯 그라피티가 겹겹이 쌓였다. 부질없는 최고의 자리를 차지하려고 시합을 벌였다. 그 현장에는 자기혐오도 작동하고 있다. 멀끔한 벽돌담에 검은색 대문자로 커다랗게 "아무짝에도 쓸모없어"라고 휘갈겨져 있다. 또 다른 담벼락에는 "아무것도 느껴지지 않아"라고 적혀 있다. 약에 취한 애들이 쏟아낸 의미 없는 문구들일 거라고 생각하면서도 나는 불안해진다. 불온한 유령들이 깨어난 것일 수도 있지 않은가. 어쨌거나 무언가가 각성해 들썩이고 있다. "어두운 과거에 관한 소문이 피어오르고 있다." 여러 버전으로 재가공되는 이 마을에 관한 인터넷상의 이야기는 대개 이런 식으로 시작한다. 그 뒤로 "교회에서의 학대 및 살인 또는 이 마을에서 머물던 소년들의 목숨을 앗아 간 화재" 같은 내용이 뒤따른다.

이런 소문을 뒷받침하는 근거는 전혀 찾지 못했다. 그러나 요즘은 최악이 진실이라고 믿는 것이 자동 선택지, 더 안전한 선택지가 되고 있다. 그런 분위기가 보이즈빌리지를 달갑지 않은 기억으로 몰아가는 데 한몫하고 있다. 이웃 마을의 의원은 "시대가 변했어요. 더는 그런 종류의 시설이 필요가 없죠."라고 설명하면서 이렇게 덧붙였다. "이미 수년간 방치되었고, 반사회적인 행위의 온상이 되었어요. 온갖 불량한 무리들을 끌어들이고 있지요."

형과 나는 각각 다른 방향으로 발길을 돌렸다. 우리는 서로가 어디 있는지 알 수 없게 되었다. 발걸음을 옮길 때마다 떨어진 유리나 돌조각이 바스락거리는 소리가 났다. 그러나 텅 빈 또 다른 방에 서서 가만히 있자니 내 숨소리밖에 들리지 않았다. 그러다가 나는 형이 가까이에 있는지 궁금해하며, 형의 소리를 더듬어 귀를 기울였다. 모든 버려진 장소가 우리의 과거를 환기하지는 않지만, 이곳에서는 내 자신의 과거가 떠오른다. 스테이시네 골목을 따라 꾸몄던 아지트, 로 할머니나 보네트 할머니네 집으로 가는 그 긴 자동차 여행 등 형과 내가 종종 함께 추억하며 이야기하는 그 어린 시절 말이다. 그러나 우리는 어느새인가 그 모든 이야기들에 관해 전부 이야기해 버렸고, 향수는 편안한 침묵 속으로 서서히 사라졌다. 형과 나는 이제 오십 대에 들어섰고 과거는 이미 다 채굴되고 소진된 것처럼 느껴진다. 나는 중년이 외로울 거라고는 예상하지 못했다. 마음이 이토록 무거울 줄은 몰랐다. 나는 형이 눈에 띄길 바라며 연병장으로 발걸음을 돌렸다.

2층짜리 숙소 건물에서 형과 마주쳤다. 그리고 바로 그 순간 검은 속을 휘감고 카메라와 삼각대를 휘두르는 키 큰 젊은이와 우연히 마주쳤다. 우리는 곧장 대화를 나누기 시작했다. 새로 등장한 젊은이가 우리보다 할 말이 훨씬 더 많은 듯했다. "멋진 곳이에요.", "제 홈페이지에 올려요.", "자꾸 돌아오게 돼요.", "제가 정말 좋아하는 폐건물이에요." 등등. 우리는 왜 그가 버림받은 건물에 그토록 매력을 느끼는지 묻지 않았다. 우리도 알기 때문이다. 설명하기는 어렵지만, 당연한 일이다. 나머지 세계가 흥미롭지 않은 바로 그런 이유로 이곳은 흥미로운 장소다.

젊은이는 바삐 장비를 설치하기 시작했고, 형과 나는 다시 열린 공간으로 나갔다. 오늘은 이만하면 충분하다는 무언의 합의가 오갔다. 우리는 친근한 침묵으로 다시 빠져들었다(중년의 형제는 서로에 대한 애정을 말로 표현하지 않는다). 그리고 한동안 구불구불한 도로를 달려 계곡으로 들어갈 채비를 했다.

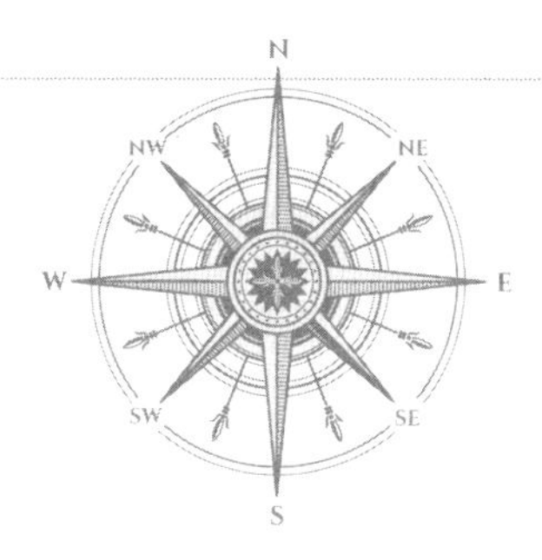

망각과 기억 사이에서 방치된 식민지의 흔적

심라의 영국인 묘지

남아시아 전역에는 잡풀이 무성한 채 빠른 속도로 사라지고 있는 수천 개의 영국인 묘지가 있다. 모든 버림받은 묘지가 서글픈 장소지만, 이들 묘지가 불러일으키는 정서는 유독 복잡하다. 한때는 그 지역에서 무소불위의 권력을 휘두르던 지배계층의 영혼의 안식처가 나무뿌리로 뒤덮이고 무너져 버렸지만, 이제는 영국인도, 인도인도 관심을 주지 않는다. 두 나라 모두에, 그 길고 길었던 식민 시대는 가까운 과거임에도, 불편하고 왠지 모르게 수치심을 느끼게 하는 대상이다. 게다가 그 시대는 정서적으로는 감쪽같이 사라진 시간이다.

묘지에 표범이 어슬렁거린다면 그곳에 가지 말아야 할 또 다른 이유가 된다. 그런데 내가 곧 찾아갈 묘지가 바로 그런 곳이라는 아주 확신에 찬 경고의 말을 들었다. 내가 향한 곳은 심라에 있는 영국인 묘지다. 심라는 인도 쪽 히말라야 산맥에 있는 히마찰프라데시주Himachal Pradesh의 주도다. 인도제국 시절에는 지금보다 훨씬 더 잘나갔던 지방 도시다. 영국인들은 여름이면 시원한 소나무 숲에 둘러싸인 이 높은 도시로 휴양을 왔다. 그리고 이곳에서 총독과 그의 무수히 많은 관료 및 수행원이 인도아대륙(대륙에 버금간다고 하여 이르는 '인도반도'의 다른 이름-옮긴이)을 지배했다.

묘지로 가려면 사람들로 북적이는 리지로드Ridge Road를 따라 내려와야 한다. 저 멀리 산이 아름답게 펼쳐져 있고 아이들을 태운 망아지들이 보였다. 나는 산등성이를 따라 삐뚤빼뚤 이어진 가파른 계단을 타고 내려가 장터를 통과했다. 뒤이어 코끼리 신을 섬기는 성소와 지나가는 사람들에게 놋쇠 그릇을 내밀며 구걸하는 성자들을 지나, 대부분 이 지역 특산물인 먹음직스러운 빨간 사과를 하늘 높이 쌓아 둔 수없이 많은 가판대를 지나, 햇살처럼 반짝이는 꿀이 담긴 커다란 통을 입구 앞에 내놓은 가게를 지났다. 그리고 심라를 크게 빙 둘러서 나 있는, 자동차들이 빵빵거리는 살인적인 도로를 건넜다. 도로는 늘 그렇듯이 화려한 색으로 칠한 버스와 트럭으로 꽉 막혀 있다. 묘지가 감자연구소Potato Research Intstitute 맞은편에 있다고 들었지만 감자연구소는 도통 눈에 띄질 않았고 나는 소나무 숲을 향해 계속 걸었다.

여기가 틀림없다. 나는 입구로 보이는 부서진 두 기둥 사이로 걸어 들어간다. 오래된 널찍한 산책로가 펼쳐진다. 이 묘지는 1852년 캘커타 교구의 주교들이 만든 것으로, 한때는 조용한 곳이었겠지만 현재는 아파트 단지와 자동차 도로에 에워싸여 있다. 햇빛이 쓰레기 더미를 비춘다. 눈을 동그랗게 뜬 작은 새끼를 꼭 안은 붉은털원숭이가 내 옆을 휙 지나가더니, 안전거리를 확보하고는 산책로 저 아래쪽에 앉는다. 녀석은 매서운 눈길로 나를 노려보며 경계하고 있다. 이 도시에서 머문 지 좀 된 나는 얼른 막대기를 집어 들고 안경을 벗어야 한다는 걸 안다. 이 지역에서는 원숭이를 신성시한다. 심라를 내려다보는 언덕에는 높이가 33미터에 이르는 원숭이 신 하누만의 주황색 동상이 세워져 있다. 그러나 원숭이는 다른 한편으로 성가신 동물로 여겨지기도 한다. 요전 날에도 한 마리가 내 머리 위에 내려앉더니 안경을 빼앗아 나무 위로 달아났다. 마침 지나가던 사람이 길에 옥수수를 뿌려 준 덕분에 살았다. 원숭이가 나무 위에서 뛰어내렸고 우리는 아주 진지하게 눈빛을 교환했다. 까만 손바닥으로 음식을 한주먹 쥔 그 원숭이는 다른 한 손에 쥐고 있던 안경을 내게 되돌려줬다.

안경을 벗으니 묘지에 훨씬 더 신비로운 분위기가 감돈다. 쓰레기 더미가 흐릿해지고 걷는 속도가 느려진다. 어쨌든 시간은 많다. 곧 묘비들이 희미하게 모습을 드러낸다. "에드먼드

리처드 퍼셀 중위. 제3대대 제12연대 소속. 1871년 5월 27일 향년 20세 7개월로 사망. 사망 원인은 승마 중 낙상 사고." "찰스 화이트먼 토머스 대위를 기리며. 제12기병사단 소속. 호노라투스 리 토머스와 소피아 보이델의 외동아들. 브린 엘루이 플린트셔 출생. 1867년 6월 28일, 27세가 되던 해에 사망." 묘비의 사망 일자는 1920년대까지 이어진다. 이 사람들은 고향에서 멀리 떨어진 이곳에서 뭘 하고 있었던 걸까? 이곳이 언제까지나 영국의 일부일 거라고 생각했던 걸까? 이제 조금 더 안쪽으로 들어왔고, 이 안쪽은 조금 더 평화롭다. 약한 바람에 소나무 향이 실려 오고 도로의 소음은 잦아들며, 원숭이들의 수다도 들리지 않는다. 나는 이곳을 지킨다는 표범이 떠올랐다. 갑자기 불안감에 휩싸인다. 죽은 이가 뭐 그리 중요하다고. 나는 여기서 뭘 하는 걸까?

2015년 나는 인도 정부가 자금을 지원하는 인문학 연구소인 고등인도학연구소의 방문 교수 자리에 지원을 했고, 합격했다. 심라에 있는 중세 궁전 양식의 연구소에서 머물게 된다고 들었다. 한때 총독 별장Viceregal Lodge이라는 명칭으로 불린 곳으로, 1886년부터 1946년까지 영국은 이곳에서 인도를 통치했다. 나는 따뜻한 차, 햇빛이 쏟아지는 베란다, 재치 만점의 친근한 탈식민주의적 농담을 기대하며 지도상으로는 매우 가까워 보이는 공항으로 날아갔다. 몇 시간 후 칠흑같이 새까만 어둠이 내려앉았고, 나는 여전히 택시를 타고 있었다. 택시는 점점 더 좁아지는 도로 위를 덜컹거리며 빙빙 돌고 있었다. 마침내 택시가 멈췄다. 엄청난 열쇠 꾸러미를 든 노인이 창가에 나타나 문을 열고 내 옆에 탔다. 우리는 다시 어둠 속을 달려 숲 한가운데에 우두커니 서 있는, 아무리 봐도 오두막 같은 건물 앞에 섰다. 택시 운전사와 노인은 내게 작별을 고했다. 나는 싸 들고 온 치즈 과자를 조금 먹은 뒤 마침내 도착했다는 사실에 안도하며 잠이 들었다.

아침 해가 들자 모든 것이 더 또렷해졌다. 나는 숲 한가운데에 우두커니 서 있는 오두막에 있었다. 세 칸으로 나뉜 길쭉한 오두막이었는데, 내가 있는 곳은 가운데 오두막이었고 양쪽 칸은 비어 있었다. 나는 철저히 혼자였다. 작은 부엌에는 한 구짜리 가스렌지가 있었다. 분위기를 눈치채고서 나무 사이를 헤치고 나가 요리할 거리를 찾았다. 좁은 길은 곧 좁은 도로로 연결되었고, 도로 양옆으로는 냄비, 세면도구, 과자, 여러 종류의 신선한 과일 및 채소 등을 파는 자그마한 가판대들로 가득했다. 내가 생각한 것만큼 고립된 처지가 아니라는 사실에 기뻐하며, 나는 곧 전리품들을 잔뜩 챙겨서 돌아왔다. 달걀 한 꾸러미, 사과와 쌀, 채소 절임 한 병, 과자는 한가득. 그러나 나는 당황했다. 앞으로 한 달 내내 이렇게 살아야 하는 걸까? 지금은 그 오두막이 다소 관리가 안 된, 20세기 초 영국총독부의 시종들이 거주하던 곳이라는 것을 안다. 산 전체에 비슷한 오두막이 군데군데 자리 잡고 있었다.

새 보금자리 뒤로 올라가니 장미 정원과 널찍한 총독 별장(새로 주어진 공식 명칭은 라시트라파티 니와스Rashtrapati Niwas, 즉 대통령 가옥이지만 여전히 총독 별장으로 불린다)의 잘 손질된 잔디밭이 나왔다. 나는 총독 별장과 아주 친해졌다. 나무 판으로 벽을 덧댄 방들, 천장이 아주 높고 비가 새는 도서관, 끝없이 이어진 텅 빈 복도를 자주 드나들었다. 가끔은 다양한 색상의 서류를 채우는 남자가 앉아 있는 널찍한 사무실에도 들렀다. 벽에는 유독 눈에 잘 띄는 빈 공간들이 있었는데, 가장 흉한 대영제국의 상징과 휘장이 있었을 자리다. 그런데 굳이 다른 것으로 대체하지 않았고, 건물 내부의 분위기는 이상하고 무거웠다.

현재의 총독 별장은 마음을 불편하게 만드는 건물이다. 이곳을 맴도는 환영이 너무 많다. 나 자신도 그런 환영 중 하나처럼 느껴졌다. 적어도 여전히 떨쳐 버리지 못한 과거를 환기하는 달갑지 않은 존재였으리라. 연구소의 구성원은 대개 젊은 박사후과정생들로, 장미와 차와 베란다가 어우러져 있는, 사방으로 아름답게 뻗은 집에서 함께 사는 상냥하고 진지한 성향의 사람들이었다. 내가 부지런히 참석한 세미나는 인도의 역사, 인종, 정치에 관한 것이었고 커다란 타원형 탁자에서 진행되었다. 모두들 대단했다. 발의자는 열정적이었고, 자기비판적이었으며, 독창적이었다. 그러나 세미나가 끝날 때마다 한 명도 남김없이 어디론가 사라져 버렸고 나는 무덤으로 돌아가는, 친구 하나 없는 외로운 유령처럼 내 어두운 숙소로 돌아가는 수박에 없었다.

어느 날 아침 옷을 갈아입으려고 옷장을 열었는데, 얌전한 검은 벌레가 그곳에서 보금자리를 마련했다는 사실을 알게 된 나는 마침내 폭발하고 말았다. 나는 짐 가방을 들고 리지로드를 따라 걸었다. 그러다 어느새 나이가 엄청 많아 보이는 작은 짐꾼이 내 짐 가방을 빼앗아 낡고 작은 손수레에 실었다. 온몸에서 땀이 쏟아져 나오는 그 남자는 내 짐 가방을 시내 반대쪽에 있는 가파른 언덕 위의 호텔까지 실어 날랐다. 나는 엄습하는 죄책감을 아주 넉넉한 팁으로 막아 냈고 멋진 침대에 푹 파묻혔다. 이제 모든 것이 좋았다. 나는 연구소에 대한 내 의무를 다했다고 느꼈다. 나는 매일 밤 외식을 하고 나머지 기간은 심라를 돌아다니며 즐겁게 지내겠노라고 다짐했다.

그리고 그렇게 했다. 심라에서는 모퉁이를 돌 때마다 절반 정도는 통나무로 지었거나 전부 돌로 쌓아 만든 중세풍의 빅토리아 양식 건물들이 눈앞에 새로운 풍경을 펼쳐 보인다. 건물 대다수는 정부 소유였고 잘 관리되고 있다. 그러나 십여 채 정도는 무너져 내려, 창문과 철문이 떨어지고 열린 틈마다 잔디와 나무가 자라고 있다. 그러나 심라가 건축적 '오지만디아스Ozymandias'(영국 시인 퍼시 비시 셸리의 시로, 제목은 고대 이집트 제19왕조 제3대 파라오 람세스 2세의 그리스어 명칭이다-옮긴이), 그러니까 이미 오래전 사라진 정복자의 차가운 냉소를 품은 깨진 두상이 건축적으로 표출된 장소라고 생각하면 오산이다. 왜냐하면 이곳에는 영국의 잔재가 살아 있기 때문이다. 그 잔재는 도시 문화에 흡수되었고 지역 주민에게 수용되었다. 교복을 멋지게 차려입은 학생들이 영어로 수다를 떨면서 하루에도 몇 번씩 거리로 쏟아져 나오는 시끌벅적한 광경을 접할 때면 알 수 있다. 또는 그 아이들의 부모가 예의를 차리면서 악수를 나누고 크리켓 클럽에서 볼 법한 사교성을 발휘하는 광경을 접할 때도 느낄 수 있다. 도시는 유니폼을 입은 온갖 부류의 공무원으로 북적인다. 호루라기를 부는 경찰과 초소 부근을 정찰하는 군인을 비롯해 남쪽의 열대 고원에서 심라로 올라오는, 연기를 내뿜는 유명한 증기기관차를 맞이하는 철도 공무원도 있다. 이곳은 안전하고 다채로운 매력을 내뿜는 도시다. 그리고 나는 어디를 가도 소외감을 느끼지 않았다. 심라를 고향으로 여긴 일부 영국인의 마지막 안식처를 찾아 번화가에서 멀리 떨어진 거리를 헤맬 때조차도.

영국남아시아묘지협회는 인도아대륙에서 사라지는 묘지를 대부분 기록으로 남기려고 노력 중이지만, 이는 어마어마한 과제다. 표범이 어슬렁거린다는 묘지의 이름은 칸로그묘지다. 그러나 이 지역 곳곳에 훨씬 더 많은 묘지가 흩어져 있다. 심라만 해도 영국인 묘지가 다섯 군데나 있는데, 각각 다른 운명을 맞이했다. 벵골군 파커 대령에게 바치는 커다란 전쟁 기념비가 세워진 수녀회묘지Nun's Graveyard는 수녀회에서 운영하는 학교 뒤 삼나무 숲 속에 있으며 꽤 잘 관리되고 있다. 나머지 묘지는 폐허가 되었고 거의 모든 무덤이 파괴되었다. (그런 무덤은 그나마 무사한 축에 속한다.) 흔적만 남거나, 그조차도 없이 아예 감쪽같이 사라진 묘지도 있다. 그런 묘지 위에는 다른 건물이 들어서서 이미 잊힌 지 오래다. 시끌벅적한 중앙 버스 터미널 뒤에는 한때 영국인 묘지가 있었는데, 지금은 호텔이 들어섰다. 심라 도심 관광 안내 책자에 따르면 "그 묘지는 1960년대 초까지 관리인이 매우 깔끔하게 잘 관리했습니다. 봄에는 보라색 꽃이 흐드러지게 피었지요."라고 전한다. 그런데 "불량한 무리와 노숙자들이 그 땅을 침범해 단철 장식과 대리석 묘비를 훔치는 등 약탈 행위를 벌였"다. 결국 묘지는 티베트 난민에게 점령당했고 "티베트인 판자촌이 되었는데, 오늘날 그곳이 묘지였다는 흔적은 전혀 남아 있지 않고 아무도 그 사실을 기억하지 못"한다.

심라에서의 경험으로 이들 영국인 묘지에 대한 내 입장은 다소 모호해졌다. 처음에는 그 묘지들이 버림받고 폐허가 되고 있다는 사실에 다소 충격을 받았다. 그래도 묘지인데, 그토록 철저히 무시당하고 있다니. 그런데 인도에는 묘지 보존보다 더 급박한 문제들이 많다. 과거로부터 물려받은 다양한 것들이 겹겹이 쌓여 있다. 전부 다 보존할 수는 없다. 나도 냉정을 되찾았다. 생각이 조금 바뀌었다. 아마도 쇠락하는 이런 왕국들은 유령들과 표범에게 맡기는 게 최선일지도 모른다.

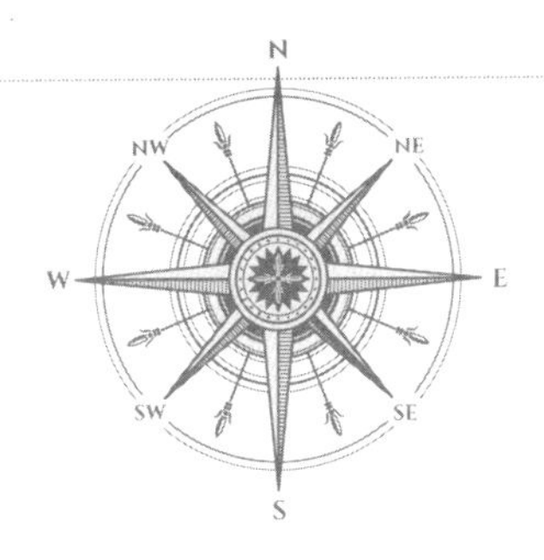

무대 위에 재현한 '멋진 신세계'

〈다우〉 영화 세트장

몇 년 전 세계에서 가장 기이한 영화 세트장에 관한 글을 쓰기 시작했지만 결국 포기했다. 다른 사람들처럼 나도 거의 십 년간 그 세트장의 소산인 〈다우*Dau*〉라는 영화가 완성되기를 기다렸는데, 그 기다림의 과정이 한없이 혼란스럽고 답답했기 때문이다. 게다가 이 영화는 다소 마음을 불편하게 하는 면이 있다. 흔히 영화 〈시네도키, 뉴욕*Synecdoche, New York*〉(2008)의 내용을 현실에서 구현한 것이 〈다우〉의 세트장이라고들 말한다. 찰리 코프먼이 감독한 〈시네도키, 뉴욕〉은 주인공인 연출가 케이든 코타드가 뉴욕을 축소한 연극 무대를 만들고, 연극배우들이 그 무대에서 실제로 거주하게 되면서 벌어지는 일을 담은 기괴하면서도 멋진 영화다. 코타드는 엄격하지만 영감을 주는 인물이기도 하다. "나는 무자비한 진실만을 담을 것이다. 타협은 결코 없다. 무자비한 진실, 무자비한 진실 말이야."라고 외치면서 배우들을 몰아붙인다.

코프먼의 다음과 같은 말에서 코타드가 어떤 인물인지에 관한 중요한 단서를 얻을 수 있다. "케이든에게는 진짜 현실을 있는 그대로 모방하는 것이 현실을 성찰할 수 있는 유일한 방법이었죠." 그리고 그것은 러시아의 젊은 영화감독 일리야 흐르자노프스키가 영화 〈다우〉를 찍으면서 의도한 바이기도 하다. 흐르자노프스키는 2006년부터 2011년까지 쏟아져 들어온 엄청난 재정 지원에 힘입어, 우크라이나 하르코프의 폐쇄된 경기장에 모스크바를 그대로 옮겨왔다. 영화는 소비에트연방의 물리학자 레프 란다우('다우'는 그의 애칭이다)의 독특한 인생을 다룬다. 흐르자노프스키는 모든 배우와 스태프가 1950년대 모스크바의 지루한 일상을 그대로 따라 해야 한다고 고집을 부렸다. 영화 제작에 참여한 모든 사람이 세트장에서 살아야 했고, 그 시대와 장소에 완벽하게 녹아들어야 했다. 세트장은 단순한 배경이 아닌 실제 거주지로서의 기능을 했다. 카메라가 돌아가지 않을 때도 모든 배우가 자신의 배역을 소화해야 했다. 그곳에서는 먹을 것도 부족하고 맞지 않는 옷을 입어야 했다. 여자들은 소비에트연방에서 생산된 생리대를 써야만 했다. 배역에 맞지 않게 행동하는 배우에게는 금전적인 불이익이 가해졌다. 최첨단 통신 기술인 인터넷이나 CGI(computer-generated imagery, 컴퓨터로 그린 화면-옮긴이) 같은 용어를 쓰면 엄청난 벌금을 내야 했다.

이 멋진 신세계에서는 스피커를 통해 소비에트연방의 선전 문구가 울려 퍼졌고, 소비에트연방 신문, 소비에트연방 미용실, 소비에트연방 구내식당, 그리고 진짜 과학자들이 진짜 동물을 대상으로 진짜 실험을 진행하는 연구소가 있었다. '세트장'에서 열네 명의 아이가 잉태되었다. 더는 세트장이라고 할 수 없는 곳이 되어 버렸다. 흐르자노프스키는 점점 사기가 떨어지고 지친 배우들을 자극하고 싶을 때마다 한 '배우'에게 다른 배우를 고발하게 시켰고, 그럴 때마다 소비에트연방의 비밀경찰인 'KGB'처럼 보이는 인물이 나타나 고발당한 배우를 체포했다. 물론 진짜 KGB가 아니었지만, 그렇다고 배우 중 한 명이 연기를 하는 것도 아니었다. 아마도 이웃에게 손가락질을 할 준비가 된, 자생적으로 생긴 비밀경찰 조직의 일원이었을 것으로 추정된다. 이 세트장에 초대를 받은 어느 '진짜' 과학자는 러시아 신문 《코메르산트*Kommersant*》와의 인터뷰에서 어느 날 밤늦게 누군가가 찾아온 일화를 들려주었다.

> 그들이 우리 집에 왔지만 나는 여전히 그들이 누구를 데리러 왔는지 알 수가 없었습니다. 담배에 불을 붙였어요. 사실 담배를 끊은 지 15년이나 되었는데 말입니다. 나는 옷을 반쯤

걸치고는 일어나서 나갈 준비를 했어요. 그들이 계단을 올라오는 동안 기다렸습니다. 그런데 문을 열고 나갔더니 내가 아닌 이웃 사람을 데리러 온 거였어요. 저는 가까운 사람의 사망 소식을 들은 사람 같았습니다. 얼굴이 창백했고 … 말 그대로 엉망진창이었습니다. 끔찍했어요. 진짜로 그렇게 느꼈어요.

'체포된 사람'은 감독이 지역 교도소에서 데리고 온 범죄자들과 함께 감옥에 갇혔다.

이전에도 대형 영화 세트장은 존재했다. 영화업계는 제작 과정에서 감독의 집착과 광기에 관한 일화를 오락거리로 삼는다. 그런 일화들은 대부분 부풀려진 것이지만 〈다우〉의 일화는 조금의 과장도 보태지 않았다. 흐르자노프스키는 연출과 현실 사이의 경계를 모호하게 만든 정도가 아니라 아예 산산조각 내 버렸다.

오늘날 〈다우〉의 일화는 전설이 되었다. 이 영화는 영영 개봉되지 않더라도 이미 영화사를 통틀어 최악의 '폭주' 영화라는 지위를 보장받았다고까지 할 수 있다. 그러나 그런 표현으로는 이 영화를 설명하기에 터무니없이 부족하다. 〈다우〉는 그저 예산을 펑펑 쓴 많은 영화 중 하나가 아니다. 세트장을 방문한 몇 안 되는 저널리스트의 글이 이 영화를 둘러싼 진실을 더 구체적으로 보여 준다. 2011년 흐르자노프스키 감독의 지시에 따라 세트장이 철거되기 전(흐르자노프스키는 러시아의 신나치 주의자들을 불러들여 세트장을 초토화시킨다), 저널리스트 마이클 이도프는 흐르자노프스키의 안내를 받아 세트장을 둘러보는 흔치 않은 기회를 얻었다. 그는 세트장에 들어서는 순간부터 그곳의 생활 방식을 경험하게 된다. "입을 굳게 다문 경비병이 소비에트연방의 망치와 낫 상징이 그려져 있고 1952년 4월 28일자 소인이 찍힌 내 통행증을 확인했다. 다른 경비병이 흐르자노프스키의 몸을 수색했다. 흐르자노프스키에게 경의를 표하기는 커녕 아는 척도 하지 않았다." 마침내 이도프는 세트장에 무사히 입성했다. "자연에 노출된, 경기장 크기에 맞춰 세워진 도시 하나가 눈앞에 펼쳐졌다. 새벽 한 시, 카메라가 한 대도 없는데도 세트장은 사람들로 북적였다." 이도프는 "경비병 두 명이 경기장 주위를 빙 돌면서 정찰 중이다. 경비병들의 군화 밑에서 자갈이 드르륵 소리를 냈다. 가짜 거리 안쪽으로 소비에트연방 시대 머릿수건을 둘러쓰고서 포치에서 비질을 하는 여자 청소부가 보였다."라고 썼다.

세트장은 "축구 경기장 두 개 정도"를 합친 넓이였고, 여러 층으로 되어 있어서 완벽한 하나의 도시처럼 느껴졌다. "경기장의 돌출된 지붕 아래 칙칙한 아파트 건물 두 채가 서 있었다. 기둥 위에 달린 스피커에서 밋밋한 첼로 음악이 흘러나와 도시 전체를 휩쓸고 있었다." 일반적인 영화 세트장에서는 현관문이 전부 가짜다. 문을 열면 나무판자로 막혀 있다. 하지만 이곳은 달랐다. 현관문을 열면 복도가 나오고, 복도는 방으로 연결되고, 방에 들어가면 침대, 탁자, 장롱이 있다. 그리고 장롱을 열면 서랍이 달려 있다. 서랍에는 물건이 들어 있다. 겉만 그럴듯한 게 아니다. 이곳을 세트장이라고 부를 수는 있는 걸까? 세트장을 둘러보는데 흐르자노프스키가 아파트 건물 하나의 출입문을 열고 들어갔다. "무대장치의 안쪽도 무대 자체만큼이나 정교하게 지었다는 것을 확실히 알 수 있었다. 복도에 들어서자 현관문들이 늘어서 있었고, 현관문을 열고 들어가니 가정집의 부엌이 나왔다. 부엌의 냉장고는 1952년도로 시작하는 유통기한이 찍힌, 신선한, 진짜 음식으로 채워져 있었다." 이는 단순히 세심한 모방을 넘어서 완벽하게 재현된 현실 세계였다. 흐르자노프스키는 자신이 만든 세계를 자랑하고 싶어 했다. 그는 "찬장, 서랍장, 옷장을 열어 그 안에 든 성냥갑, 초, 수세미, 책, 햄, 손수건, 비누, 솜, 연유, 파이 등을 보여 줬다." 가장 큰 자랑거리는 화장실 변기였다. 그는 변기의 물을 내리면서 "하수관은 맞춤 제작했다"고 말했다. "물 내려가는 소리의 크기와 높이가 달라지기 때문"이라고 덧붙였다.

도대체 왜 그렇게까지 해야 했던 걸까? 흐르자노프스키는 이런 인위적인 조치들을 취한 덕분에 "배우들이 하루 24시간 내내 감정을 유지하는 데 필요한 조건을 유지할 수 있었다"고 설명한다. 그러나 그것은 말도 안 되는 이유다. 배우들이 하루 24시간 내내 감정을 유지해야 하는 영화는 없다. 〈다우〉 세트장에서 벌어진 일은 영화를 찍는 데 '필요한' 조건과는 무관하다. 영화를 찍는 것과 관련이 있다고 할 수 있는지조차 의심스럽다. 촬영에 들어간 직후부터 세트장이 아주 별나다는 소문이 (진짜) 도시와 영화계에 돌기 시작했다. 배우와 스태프의 수가 21만 명에 달한다는 소문도 돌았다. 비록 이것은 후보군의 수까지 더했을 때의 이야기라는 것이 밝혀졌지만. 더 나아가 세트장에서는 합리적이거나 이해할 만한 수준을 훨씬 넘어서는 아주 엄격한 규칙이 적용된다는 소문도 돌았다. 러시아의 한 영화 블로그는 흐르자노프스키가 "지칠 줄 모르는 바람둥이"라고 전했다. "배역 후보인 여배우들을 인터뷰하는 자리에서 '술집에서 만난 이름도 모르는 남자와 잠자리를 할 수 있는지', '친구 중에 매춘부가 있는지'를 묻는다"는 것이다. 한 촬영 스태프는 이렇게 말한다. "이곳에서 일하는 것은 누군가 자신을 죽여서 잡아 먹어 주기를 바라고 있는데, 실제로 그렇게 하는 데 안달이 난 미친놈을 찾은 거랑 같아요. 서로의 필요를 완벽하게 충족하는 거죠."

〈다우〉 세트장은 연기인 것과 연기가 아닌 것, 그리고 무대라는 장소와 현실이라는 장소의 경계를 완전히 없애 버리도록 설계되었다. 그런 식으로 경계를 무시했기 때문에 이 일화가 그토록 끔찍하면서도 대단한 이야기로 받아들여졌다고 생각한다. 또한 그렇기 때문에 이 일화는 사람들이 영화에 관해 이야기하는 한 계속 입에 오르내릴 것이다. 〈다우〉의 투자자 중 하나인 러시아 문화부는 2015년에 더는 영화가 완성되기를 기다릴 수 없다고 판단하고서 투자금 34만 달러(우리 돈으로 약 3억 8,000만 원-옮긴이)와 그에 대한 이자 12만 달러(우리 돈으로 약 1억 3,500만 달러-옮긴이)를 회수하기로 결정했다. 그러나 유럽의 투자자들은 여전히 기대를 버리지 않고 있다. 〈시네도키, 뉴욕〉의 주인공에게도 마르지 않는 자금줄이 있다. 영화 초반에 코타드는 자선단체로부터 예술적인 목적을 위해서라면 마음대로 사용할 수 있는 어마어마한 자금을 지원받는다. 그래서 코타드도 도시 안에 도시를 짓는다. 돈이 너무 많으면 가능한 것이 그만큼 많아지다 보니, 연출과 현실의 경계가 무너져 버리게 되는 것 같다.

〈다우〉 제작에 참여했던 런던 소재 후반 작업 편집자는 아주 혹독한 평을 내놓는다. "이 영화는 미쳤다고 단언할 수 있어요. 그것도 나쁜 의미로요." 그러나 그는 또한 "이 영화에 매료"되었다고 인정한다. 흡인력 있는, 경외심을 불러일으키는 영화인 동시에 마음을 아주 불편하게 만드는 영화다. 내가 본 것은 예고편이 전부지만, 그것만으로도 철저히 진정성을 추구했다고 주장하는 작업 결과물이 심지어 사실주의와도 거리가 멀다는 엄청난 역설을 접하게 된다. 〈다우〉의 예고편에는 근접 거리에서 찍은 엄숙하고 슬픈 표정을 한 얼굴이 아주 많이 나온다. 흐르자노프스키 감독은 기자회견에서 "이 이야기는 현재, 바로 이곳의 이야기, 21세기 초를 살아가는 우리들의 이야기라고도 할 수 있다"고 말했다. 그는 이 말을 다시 풀어서 이렇게 설명했다. 〈다우〉는 "자유, 그것도 내면의 자유, 개인의 자유에 관한 이야기다. 한 남자가 스스로 인정하거나 인정하지 않는 은밀한 욕망에 관한 이야기이자, 한 남자가 스스로에게 어디까지 허용할 수 있는지, 그리고 그 과정에서 얼마나 많은 대가를 치를 각오가 되어 있는지에 관한 이야기다."라고 말이다. 물론 이런 설명은 레프 란다우가 어떤 인물인지보다는 흐르자노프스키가 어떤 인물인지를 더 잘 보여 준다. 흐르자노프스키의 "은밀한 욕망"과 그가 "스스로에게 어디까지 허용"하는지는 이제 아주 널리 알려져 있고, 또 비난받고 있다. 그는 이 영화가 "천재와 어떻게 공존할 것인지, 천재를 어떻게 사랑할 것인지, 천재를 어떻게 포용할 것인지에 관한" 영화라고 말했다.

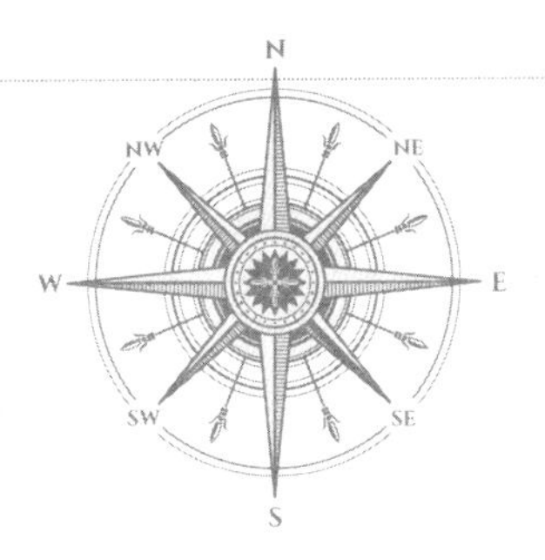

땅의 신성한 기운을 읽기 위한 지리학

주술의 도시 런던

주술 지리학magical geography은 가장 오래되고 가장 끈질기게 살아남은 영성spirituality 분야다. 수천 년간 사람들은 주위를 둘러보며 언덕, 강, 숲을 의지가 없는 존재가 아닌 약동하는 영혼과 대단한 힘을 지닌 존재로 여겼다. 우리가 살아 움직이는, 신비한 풍경에서 산다는 확신은 그 뿌리가 상당히 깊다. 이는 오늘날 우리에게 익숙한 종교가 발달한 뒤로 거의 맥이 끊기다시피 한 지극히 토착적인, 끈끈한 유대감이다. 전통적인 종교는 지구를 바라보던 우리에게 고개를 들어 우주의 진실과 다른 영역에서의 구원을 바라보라고 말한다. 주술 지리학은 천국과 지옥 같은 대안 왕국에 초점을 맞추는 식의 구원에 대해서는 별로 관심이 없다. 주술 지리학은 장소에 묶인, 장소를 사랑하는 방식의 영성을 추구한다. 그리고 수백만 년간 장소에 묶여 지냈고, 장소를 사랑한 종種의 필요에 부응했다.

이 흥미로운 21세기는 새로운 지리낭만주의자, 심리지리학자, 자연신비주의자 세대를 낳고 있다. 이들은 안개가 자욱한 평원의 돌무덤처럼, 폐허가 된 유적지라는 안전한 활동 영역에 머무는 데 갈수록 만족하지 않는다. 그리고 건물들과 재건축 건물들 한복판에서 주술성을 찾는 데 열심이다. 솔직히 말해 나는 이들에게 애정을 느낀다. 도시의 레이선ley line(선사시대나 고대의 길을 따라 나 있으며 초자연적인 힘이 있다고 전해지는 가상의 선-옮긴이)을 찾는 사냥꾼을 비롯해, 도로변의 주술사, 점쟁이, 마법사 들의 이 별난 공동체는 이리저리 튀는 용수철 같다. 이들이 내세우는 신비한 기운과 현상을 곧이곧대로 믿을 생각은 없지만, 교리에 얽매이지 않는, 자연을 중시하는 그 종잡을 수 없는 직관은 어쩐지 매혹적이다.

런던은 이 새로운 도시 주술 세계의 배꼽—신新신비주의자들이 선호하는 표현에 따르면 옴파로스omphalos—으로 부상하고 있다. 이런 흐름을 보여 주는 가장 강력한 증거는 런던 전역을 가로지르는 신성한 선인 레이선을 기록한 다양한 지도다. 각 지도는 자연 및 영혼의 기氣를 현실 세계의 권력과 연결하는 장소들을 포착한 나름의 대항 지도 제작술counter-cartography을 적용하고 있다. '대안 역사' 학자인 프레디 실바는 "끊임없이 확장하는 현대 메트로폴리스의 건물 및 도로 주변과 아래에는 고대 성전과 성지의 흔적이 여전히 남아 있다. 이들 성전과 성지는 미묘한 기의 작용과 관련이 있는 보편 법칙을 활용해 의도적으로 배치되고 정렬되었다"고 주장한다.

1968년부터 '비밀 교리'를 독학으로 익히고 지구의 신비를 연구하는 데이비드 펄롱이 작성한 레이선 지도는 런던 전역에 '1차' 및 '2차' 삼각지대들을 표시했다. 펄롱의 지도를 더 잘 이해하기 위해 그가 표시한 '2차 삼각지대' 중 하나를 살펴보자. 이 삼각지대는 이등변삼각형 형태로, 꼭지점은 "햄스테드 히스에 있는 '부디카 여왕의 묘'이고, 밑변은 '런던탑, 서더크대성당, 웨스트민스터궁전, 웨스트민스터사원, 웨스트브롬튼묘지'를 연결한다"고 한다. 이런 주장도 덧붙였다. 그는 이 삼각지대가 "적어도 18세기까지는 알려져 있었고, 인정받았다"고 말한다. "리젠트공원의 존내시로^路가 부디카 여왕의 묘와 정확하게 평행을 이루며, 또한 이 삼각지대 밑변의 정중앙에 위치하고 있다"는 사실이 그 증거라고 제시한다. 근대의 건축가와 도시 설계자들이 이 도시를 설계하면서 주술의 힘을 빌렸다는 주장에는 프레디 실바도 동의한다. 실바는 17세기 런던의 위대한 설계자이자 건축가인 크리스토퍼 렌 경이 "성스러운 기하학과 카발라Kaballah(유대교의 신비주의-옮긴이)의 고대 원리를 적용한 청사진에 따라 런던을 재건했다"고 전한다.

현대 주술 지리학의 의식과 '전통'은 최근에 만들어졌다.

'레이선'은 아마추어 고고학자 알프레드 왓킨스가 발명한 개념으로, 1925년에 펴낸 『오래된 직선 선로*The Old Straight Track*』라는 책에서 처음 제시했다. 현대성이 낳은 결과들 가운데 흥미로워 보이는 것은 더 원시적이고 진실된 과거(허구로 치부하는 이들도 있지만)의 창조다. 그러나 이런 현대적 통찰이 새로운 유형의 '지구 미스터리'의 중요성이나 필요성을 폄하하지는 않는다. 이 같은 미스터리가 우리에게 제시하는 것은 교리가 아니니까. 그것들이 제시하는 것은 상상력을 통해 평범한 풍경을 뒤집고 탈환하는, 그래서 그 풍경에 흥미와 새로운 차원들을 더하는 그런 관념이다.

지난 몇 년간 나는 이런 사이비 지리학의 부상에 집착한 나머지 이런 현상을 주제로 논문을 발표했다. 놀랍게도 이 논문은《영국 지리학자 연구소 회보*Transactions of Institute of British Geographers*》에 실렸다. 학술지 심사 위원단은 이 주제를 터무니없다고 여긴다기보다는 이 주제에 다소 지친 듯했다. 한 심사 위원은 "다른 많은 학자처럼 나도 심리지리학이라는 용어가 썩 내키지는 않는다."라는 문장으로 심사평을 시작했다. 그러나 그들은 내가 중요한 현상을 포착했다고 인정했다. 무엇보다 지난 10년간 런던의 재주술화(근대 이후 배제되고 억눌려 왔던 인간과 자연 사이에 존재하는 주술적 요소, 즉 신화·정서·유대 등의 회복-옮긴이)를 꿈꾸는 책, 웹사이트, 활동이 쏟아져 나온 것은 사실이니 말이다. 이 분야의 원로는 이언 싱클레어다. 그는 수십 년간 런던 거리의 옛 골목과 구전설화를 발굴했다. 요즘에는 자신만의 지리연금술을 숙성시키는 신세대 작가들도 등장하고 있다. 내가 가장 아끼는 작가는 닉 파파디미트리우다. 그는 런던의 포스트-포스트모더니즘 주술사로 불리는데, 2012년 발표한 『스카프*Scarp*』는 한 치의 망설임 없이 주문呪文을 뱉어 낸다.

> 자동차 도로여, 꼭 지나가야겠다면 내 발목 주위를 슬그머니 돌아서 가길. 나를 석유로 가득한 그대의 미래로 끌고 들어가시게나. 엉겅퀴의 꽃과 제라늄의 빨간 잎이 수놓은 그때, 그대의 시대도 끝이 나리니. 그대의 차가 충돌하는 게 보인다네. 경제 붕괴가 보인다네. 입 밖으로 내지 못한 가족의 비밀이 느껴지네. 햇빛에 반짝이는 하얀 우사牛舍의 문이 보인다네. 내가 바로 중심이니.

파파디미트리우에게 그런 주술의 순간은 겉보기에 자신에게 우호적이지 않은 풍경을 상상력으로 정복하기 위해 꼭 필요한 행위다. "우리는 어쩌다 걸어서 다니기 힘든 도시, 지면이 이토록 험악한 도시에 살게 되었을까?" 그는 자신이 겪어야 했던 무수히 많은 수치스러운 순간들 중 하나를 회상하기 전에 이렇게 묻는다. 파파디미트리우는 체포되어 유치장과 법정에서 괴롭힘을 당하기도 했다. 싱클레어의 화기애애한 산책과는 달리, 파파디미트리우에게는 친구조차 없는 듯하다. 파파디미트리우의 산책은 수포로 돌아간 시도들로 가득하고, 그는 "이 종잇장 같은 메마른 땅 때문에 느끼는 두려움"과 "혼란에 빠진" 감정에 대해 이야기한다. 이런 맥락에서 그는 힘의 핵심 원천인 주술을 끌어들인다. 자신만을 위해서가 아니라 자신이 아끼는 땅을 위해서.

『스카프』의 출간 직후 런던을 주술로 탈환하려는 다른 시도들도 나왔다. 존 로저스의 『또 하나의 런던*This Other London*』도 그중 하나다. 얼핏 보면 파파디미트리우의 절박한 주문에 비해 글이 다소 가벼워 보인다. 그러나 런던의 새로운 주술 지리학자들의 사랑스러운 특징 중 하나가 바로 코미디에 유독 약하다는 점이다. 로저스는 "지도에 나오는 **미지의 땅**을 최대한 다 돌아볼 수 있도록" 16킬로미터씩 열 번으로 나눠 런던을 걷는다. 로저스는 특히 고대와 현대가 단절되고 주술과 세속이 단절되는 곳, 그리고 점강법(큰 데서 작은 데로 조금씩 좁혀 가는 표현 방법-옮긴이)에 빠져 있다. "나는 숲의 영혼과 교감하면서 내 이교도적 본능을 일깨우려고 애쓰고 있었다."라며 그는 이렇게 전한다. "어느새 오후에 차가 몰려들면서 꽉 막힌 A206 도로의 울위치-에리스로드Woolwich-Erith Road 구간으로 돌아와 있었다."

개러스 리스의 『습지대: 런던 변두리의 꿈과 악몽*Marshland: Dreams and Nightmares on the Edge of London*』도 런던을 소재로 삼은 또 하나의 훌륭한 신新신비주의 작품이다. "런던은 다시 꿈꾸고 있다"고 리스는 말한다. 그는 특별한 힘이 풀려났다고 주장한다. 런던

이 영적으로 붕괴되고 있기 때문이다. 리스는 런던이란 도시가 '기이함'이 정상적인 삶의 표면을 뚫고 나오는 '엔트로피'의 장소라는 사실을 알리고 싶어 한다. 리스도 산책을 즐기는 작가다. 그는 발에 물집이 잡히는 순례 의식과 환각을 불러일으키는 의식을 만들어 내고 기록한다. 그가 영혼과 만나는 장소는 런던 이스트엔드에 있다. 리 계곡의 습지가 있고, 급속한 산업 쇠퇴의 흔적인 남은 곳이다. 리스에게 런던은 우리를 악몽으로 괴롭히는 복수심에 가득찬 유령들의 도시다. 그 악몽에서는 오래전 죽은 피난민과 공장 노동자들이 진탕에서 떠오르고 있으며, 좀비 시위대가 자연 파괴와 젠트리피케이션에 항의한다. 리스의 '습지대'는 "폐허와 잔해와 야생화로 가득 찬 … 런던의 구멍"이다. 이 구멍은 도시의 시간을 집어삼킨다.

철거 지역으로 결정된 미들섹스주의 폐쇄된 여과 시설이 특히 리스의 마음을 사로잡았다. "문 안쪽에는 갈라지고 무너지고 있는 돌 성벽들이 연결되어 있었다"고 적은 그는 이렇게 덧붙인다. "중심에는 거대한 원형의 돌이 있었다. 마치 제물을 바치는 제단 같았다." 그런 버림받은 장소에는 영적인 잔해와 물리적인 잔해가 모두 들러붙는다. 리스는 이것이 들썩이는 기氣의 일종이라고 해석한다. 은은한 빛을 받은 희미한 그라피티—"경고 표시일까? 아니면 사이비 종교의 상징일까?"—에 둘러싸인 그는 자신이 "혼자가 아니"라는 걸 안다. 이 풍경을 담기 위해 리스는 풍수지리 의식儀式을 모방한 시적 구조를 활용한다. 그는 땅에 흩어진 물건들의 위치를 그대로 반영해 각각의 이름을 종이 위에 흩어 놓는다. 물건들의 이름은 마치 분필로 휘갈긴 주문이나 던져진 룬 문자를 새긴 돌들처럼 보이기도 한다. "철탑 아래 안전하게 숨은" 그는 이렇게 기록한다.

콜라병들　　플라스틱 접시들

비닐 봉투들

《미러 *The Mirror*》지

양말 한 짝, 더럽다　　종이 상자 조각들

칼로 깎은 막대

이렇듯 런던의 재주술화 시도들을 어떻게 해석해야 할까? 어떤 이들은 이것을 종교와 멀어진 세속적인 도시에서 혼란에 빠진 영적 욕구의 발현이라고 해석할 것이다. 다시 말해, '조직화된 종교'가 없을 때 생겨나는 믿음의 어지러운 삼각주를 나타낸다는 것이다. 그러나 그런 해석은 새로운 주술 지리학자들의 다양성과 빛나는 개성, 순수한 기벽을 놓치고 있다. 내가 보기에 이들은 혼란에 빠져 있기는커녕 사려 깊고, 개방적이고, 유쾌하고, 세상에 대한 호기심이 넘치는 무리다. 모두 '조직화된 종교'에서는 부끄러울 정도로 보기 드문 특성들이다.

풍경을 살아 있는, 신비로운 존재로 인식하고자 하는 열망은 인류사만큼이나 오래되었다. 이는 아직도 많은 문화의 핵심 동력원이기도 하다. 동아시아에서는 고대의 풍수지리 전통이 끊어지지 않고 이어져 오고 있으며, 여러 토착 민족에게 땅과의 유대는 가장 소중한 자산이다. 서구 세계에서는, 런던에서는, 이 유대를 다시 만들어 내려 하고 있다. 그런 노력의 결과물은 당연히 뒤죽박죽일 수밖에 없다. 그러나 이런 산책자들과 연구자들은 뭔가 중요한 것을 포착했다. 그들은 이미 열린 문을 밀고 나갔을 뿐이다. 그 문밖에 어떤 기운이 감돌고 있다. 그것은 바로 인간과 도시가 더 자비롭고, 더 신성하고, 더 신비로운 관계를 맺어야 한다는 절박한 필요다.

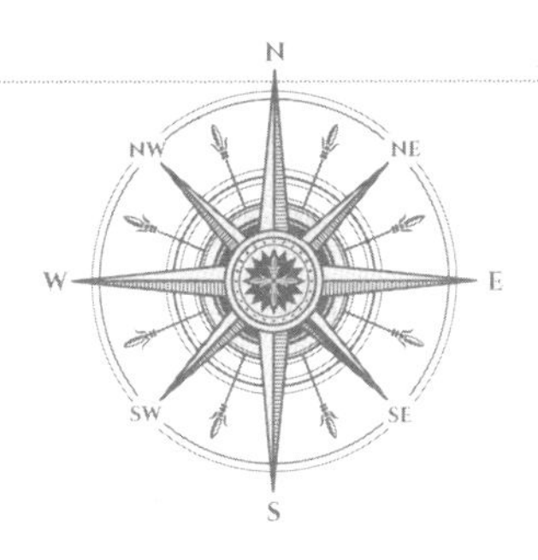

머나먼 미래 세대에게 어떻게 경고할 것인가

쓰나미 비석과 핵폐기물 표식

일본어가 깊게 새겨진 엄숙한 돌들이 바다를 보고 서 있다. 600년 동안 아주 절박한 메시지를 반복해서 단호하게 전하고 있다. 대부분은 아주 단순한 경고의 메시지다. "거대한 쓰나미가 몰고 온 재앙을 기억하라. 이 지점 아래로는 절대로 집을 지어서는 안 된다." 일본 전역에 이런 길쭉한 비석 수백 개가 세워져 있다. 그리고 그 아래로는 거의 언제나 거리, 도로, 집들이 저 멀리까지 뻗어 있다. 다음 파도가 들이닥쳐 돌이 전하는 교훈을 다시 한 번 환기하기를 기다리며.

일본에서 가장 큰 섬인 혼슈섬 북동부에도 이런 돌들이 있다. 2011년 3월 11일 1만 5,894명의 목숨을 앗아 가고 2,562명의 실종자를 낳은 최악의 지진과 쓰나미가 강타한 바로 그해 안에 말이다. 일본인은 자연의 무자비함에 익숙하지만 이 재앙은 특히 그 충격의 여파가 컸으며, 흔히 3/11로 지칭되는 이날 일본은 뿌리부터 흔들렸다. 그런 변화의 징후 중 하나로 쓰나미 비석에 다시금 관심이 쏠리고 있으며, 분노에 휩싸인 일본인들은 후손에게 경고의 메시지를 남길 새로운 방법을 모색하고 있다.

어떻게 해야 미래 세대에게 경고할 수 있을까? 자연에 어떤 표식을 남겨야, 어떤 영구적인 흔적을 남겨야 그들이 관심을 보이고 귀를 기울일까? 이것은 쓰나미로 고통받은 국가만이 직면한 딜레마가 아니다. 핵폐기물을 처리할 곳을 찾아 헤매는 여러 국가가 비슷한 문제로 골머리를 앓고 있다. 핵폐기물은 수만 년이 흐른 뒤에도 여전히 아주 위험한 물질이기 때문이다. 어떻게 하면 저 머나먼 미래의 사람들에게 방사능에 오염된 폐기물 처리장에서 멀찍이 떨어져 있으라고 알릴 수 있을까? 최근 원자력산업계는 이 질문에 대한 답을 내놓고 있다. 일부는 쓰나미 비석에서 아이디어를 얻었다.

쓰나미 비석의 높이는 1미터부터 3미터까지 다양하며, 그간 철저하게 무시당하지만은 않았다. 아네요시라는 작은 마을의 사람들은 쓰나미 비석 덕분에 무사했다고 한다. 이 마을의 쓰나미 비석은 1896년 쓰나미가 밀어닥친 뒤에 세워졌는데, 마을 사람들은 비석의 경고에 따라 그 아래로는 건물을 짓지 않았다. 이 비석은 단순히 정보 전달만 한 것이 아니라 추모비 또는 종교 탑의 역할도 함께했기 때문에 귀를 기울이지 않을 수 없었다. 가장 오래된 비석에는 자연재해를 업보와 연결하는 불교의 가르침이 새겨져 있다. 나중에 세워진 비석에서는 자연과 조상을 섬기는 일본 토속신앙인 신토神道의 영향을 확인할 수 있다. 약 120년 전부터는 비석의 메시지가 매우 실용적인 색채를 띠기 시작했다. 이를테면 "지진이 일어나면 일단 자신의 생존에 집중하고 온 힘을 다해 무조건 고지대로 올라가라"는 식이다. 3/11 이후 일본의 전국비석상인협회는 해안을 따라 추모비 500개를 새로 세웠다. 기존의 쓰나미 비석과 같은 모습이지만 영문 해설과 2011년의 재해에 관한 정보가 나오는 QR코드가 더해졌다.

이 새 비석들은 기존 비석들처럼 복잡한 물체다. 경고, 추모, 기원 모두의 매개물로 기능한다. 과거 경험 때문에 많은 이가 이 비석들도 결국 무용지물이 되지는 않을까 걱정한다. 3/11 이후, 그날 무너지거나 파괴된 110만 채의 건물 중 일부를 보존해 눈에 보이는 충격적인 증거로 남기자는 시민운동도 진행 중이다. 이런 '경고성 잔해' 보존을 지지하는 이들은 가장 유명한 유사 참고 사례로 히로시마 원폭 돔Hiroshima's Atomic Bomb Dome을 지지 근거로 내세운다. 원래는 전시관이었던 원폭 돔은 히로시마를 파괴한 원폭 투하 지점 근처에서 골조가 살아남은 유일한 구조물이었다. 남은 골조는 평화를 기원하고 희생자를 추모하는 장소가 되었다.

그런 잔해가 주는 인상이 아무리 강렬하다 해도 영구적이지는 않다. 적어도 앞으로 얼마나 먼 세대에까지 경고를 전달해야 하는지를 생각하면 그렇다. 원자력산업의 달갑지 않은 부산물의 위험성을 미래 사람들에게 경고하는 방법을 고민할 때 이 점을 특히 유념해야 한다. 후쿠시마 원전 사태로 일본에서는 1만 6,700톤에 달하는 방사능 폐기물의 '임시 저장소'가 되겠다고 나서는 마을이 싹 사라졌다. 언젠가는 묻어야 하는 폐기물인데, 그 폐기물이 묻히는 장소는 인간 수명에 비하면 영원이라는 시간 동안 위험 지대로 남는다. 일본의 원자력 당국은 지역 공동체를 향해 애국심을 발휘해 적합한 장소를 제공해 줄 것을 호소한다. "일본 전체에 도움이 되는 선택을 한 지역에 우리는 두고두고 고마워할 것입니다." 원자력규제위원회의 타카오 키노시타는 침통하게 말한다. "그리고 그들의 용기에 경의를 표할 것입니다."

국제적으로 과학계의 중론은 핵폐기물을 지하 깊숙한 곳에 보관해야 한다는 것이다. 폐기물이 새어 나가는 일이 없도록 안정적이고 폐쇄된 지층 속에 안전하게 봉인해야만 한다. 전 세계적으로 현재 가동 중인 원자로는 437개에 이르지만, 폐기물 처리장에 관한 국민적 합의가 이루어진 국가는 핀란드와 스웨덴 두 국가뿐이다. 미래 세대는 "그래서 뭐?"라며 귓등으로도 듣지 않을지도 모른다. 어쨌거나 이 유산을 처리해야 하는 것은 우리가 아닌 미래 세대이니 말이다. 4,000세대가 지난 뒤에도 여전히 인류가 생존해 있다면, 그 사람들이 해결할 문제인 것이다. 그들과 우리는 우리와 초기 인류 사이만큼이나 까마득히 먼 관계다.

방사능 물질 경고 표지석의 예들이 존재하지만, 그 표지석이 떠맡아야 할 무거운 책임을 생각하면 존재감이 아주 미미하다. 미국 시카고 교외의 공원에는 다음과 같은 메시지가 새겨진 경고 표지석이 세워져 있다. "이곳에는 이 지역에서 실시된 원자력 연구 뒤 남은 방사능 물질이 묻혀 있습니다." 이 표지석의 주된 기능은 마지막 문장에 나온다. "이곳을 방문하는 사람에게 해가 되지 않습니다." 3,000년, 아니 2만 년 뒤에 이곳을 '방문'하는 사람들이 이 표지석을 보고 무슨 생각을 할지 궁금하다. 물론 아무 생각도 하지 않을 것이다. 왜냐하면 수백 년 뒤에는 표지석에 새겨진 글자가 희미해지거나 아예 사라져 읽을 수 없게 될 테니까. 《파이낸셜타임스》와의 인터뷰에서 프랑스 원자력 기구의 기록부 부장 파트릭 샤르통은 이렇게 묻는다. "수천 년 동안 보존되어야 하는 메시지는 어떻게 기록해야 할까요? 어떤 언어로 써야 할까요? 도대체 어떤 내용을 담아야 할까요?" 이 질문에 대한 답은 요란하고 기념비적인 방식에서부터 불안할 정도로 고요한 방식까지 다양한 형태로 제시되었다. 핀란드의 방안은 후자에 속한다. 핀란드는 보트니아만 최북단 땅속 깊숙한 곳에 처리장을 마련하기로 했다. 일단 처리장이 완성되어 폐기물을 가득 채우고 나면, 자연의 일부가 되어 눈앞에서 사라지게 되어 있다. 이곳은 사람이 사는 곳에서 멀리 떨어진 얼어붙은 땅이므로 아무도 건드릴 일이 없고, 오히려 어떤 표식을 남기는 순간 원치 않는 관심을 받게 될 것이라고 그들은 믿는다. 핀란드방사능및원자력안전국의 카이 헤멜레이넨은 이렇게 설명한다. "요지는 이 시설이 영원히 안전할 거라는 겁니다. 기억이 전부 사라지더라도요."

아무리 머리를 굴려도 이 주장의 논리를 이해할 수 없다. 제대로 된 해결 방안이라고 하기에는 너무 많은 전제에 의존한다. 더 설득력 있는 답은 미국의 에너지부에서 내놓은 방안이다. 이 부서는 1990년대에 여러 미래학자에게 뉴멕시코주의 폐기물 처리장에 세울 영구적인 표식을 제안해 달라고 부탁했다. 그 결과물은, 아직은 계획에 불과하긴 해도 침묵과는 거리가 멀다. 마치 미래를 향해 얼굴이 벌개지도록 고래고래 소리를 지르는 것 같은 표식이다. 중국어와 나바호족 언어를 비롯해 일곱 가지 언어로 무시무시한 메시지를 새긴 '메시지 벽'을 만들자는 안을 내놓았다. 영어로 메시지의 내용을 적어 보면 마치 주술 같기도 한 무시무시한 시가 된다.

> 이곳은 메시지의 장소, 이것은 메시지 집합의 일부, 주의를 기울이길!
> 이 메시지를 전하는 것이 우리에게는 중요합니다.

우리는 우리 문화가 우수하다고 자만했습니다.

이 장소는 명예의 전당이 아닙니다.

이곳이 기념하는 것은 칭송받을 행위가 아닙니다.

이곳에 소중한 것은 아무것도 없습니다.

이곳에 있는 것은 위험한 물질이며, 우리가 혐오하는 물질입니다.

이것은 위험을 경고하는 메시지입니다.

중심부에 가까이 갈수록 위험성이 더 커집니다.

일정 크기와 모양의 위험한 물질이 있는 중심부가 이곳에, 우리 발밑에 있습니다.

이 물질은 우리 시대뿐 아니라 당신의 시대에도 여전히 위험합니다.

위험의 형태는 에너지의 방출입니다.

신체에 위해를 가하며, 목숨을 잃을 수도 있습니다.

그런 위험은 이 장소를 물리적으로 아주 세게 건드릴 때에만 터질 것입니다.

이 장소에서 멀리 떨어져 지내고, 이곳에는 아무도 살지 않는 게 최선입니다.

수만 년이 지난 뒤 누군가가 이 글을 읽을지, 이 글을 이해할 수 있을지 알 방법이 없으므로 계획에 따르면 위험과 공포를 전달할 수 있도록 풍경을 상징적으로 나타낸 기호들을 여럿 만들어 함께 기록할 것이라고 한다. 기호의 형태는 기호의 이름에서 유추할 수 있다. '가시들의 풍경', '송곳 들판', '땅을 뚫고 나오는 송곳들', '기울어진 돌송곳들', '무시무시한 자연', '금지의 벽' 따위의 이름이다.

몇 년 전 파리의 원자력기구는 '세대를 거스르는 기록, 지식, 기억의 보존' 전문가 모임을 구성했다. 이 모임은 일본의 쓰나미 비석을 연구했고 비석이 별 소용이 없었다는 결론을 내렸다. 그보다 더 효과적인 표식이 어떤 것인지 합의하는 데는 실패했으므로 이 새 연구 단체는 더 추상적인 경고 전달 방식에 기대를 걸기로 했다. 예술가들을 대상으로 아이디어를 공모한 것이다. 현재까지 접수된 제안은 방사능 폐기물에 관한 동요를 창작해 대대손손 부르게 하는 것, 폐기물 처리장 위에 창작 '연구소'를 지어서 새로운 세대가 매번 핵폐기물 문제를 설명하는 새로운 방법을 고안하게 하는 것이다. 유전자 조작 기술로 '광선 고양이', 즉 방사능에 노출되면 빛을 내뿜는 고양이를 만들어 내자는 아이디어도 나왔다.

이들 '해결책'에는 조금은 당혹스러운 유쾌한 분위기가 감돈다. 워낙 벅찬 과제이다 보니, 전문가들이 해결을 포기하고 이제는 그저 즐기자는 태도로 임하고 있는 것 아닌가 하는 생각마저 든다. 이 '기억 작업자들'은 원자력 동요의 가사나 빛이 나는 고양이 같은 세부 사항을 발표하느니, 차라리 그냥 두 손 들고 간단한 선언문 하나를 발표하는 게 낫지 않을까? "불가능합니다."

쓰나미 비석은 옛것이건 새것이건 중요한 기능을 하지만, 우리가 먼 미래의 후손에게 제대로 경고할 방법이 없다는 사실을 인정할 때가 되었다. 비석, 송곳, 노래, 발광 고양이, 기타 그 무엇으로도 우리의 죄책감을 씻어 낼 수는 없다. 그리고 이 사실도 인정해야 한다. 우리에게 주어진 선택지는 두 가지뿐이라는 것. "우리는 해결할 방법이 없으니 미래 세대가 알아서 대처하게 두자"와 "아직 태어나지도 않은 세대에게 이런 치명적인 위험을 넘겨서는 안 된다"라는 두 가지 선택지 말이다. 전자는 누가 봐도 무책임한 선택이므로 사실상 우리에게 주어진 선택지는 하나, 즉 후자라고 나는 생각한다. 우리는 더 깨끗한 에너지원을 찾는 데 모든 노력을 쏟아야 한다. 쓰나미 비석은 우리에게 배우고 귀 기울이라고 촉구한다. 그리고 그 비석이 전하는 메시지 중 하나는 우리가 우리 자신의 행동에 책임을 져야 하며, 그 책임을 미래 세대에게 떠넘겨서는 안 된다는 것이다.

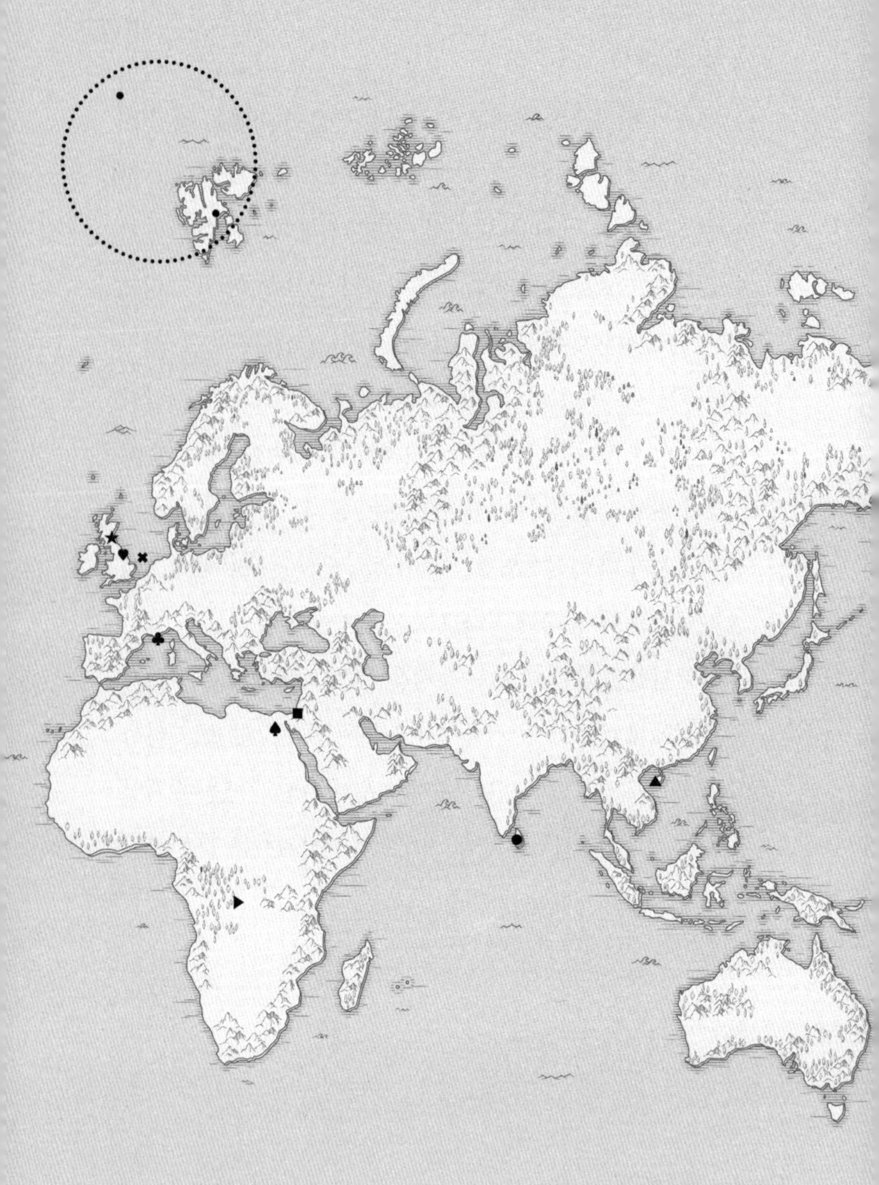

♠ 카이로의 쓰레기 도시
✚ 히든힐스
● 와나타물라 빈민가
▶ 미개척지 콩고
★ 에든버러 로이스턴 메인스가 18번지 2호
♥ 스파이크 지대
▲ 하이난섬의 유린 지하 해군기지
■ 예루살렘 땅 아래
✖ 도거랜드
·········· 북극의 신세계
♣ 콘셸프 해저 기지

5장

감춰진 장소들

◐

구글 어스의 시대에 사는 우리는 지구에 감춰진 장소가 더는 없을 거라고 믿는다. 이 세상에 우리 눈이 닿지 않는 어두운 구석은 없다고 착각하고 있는 것이다. 사실, 상공에서 구석구석 열심히 살필수록 오히려 그림자는 더욱더 진해진다. 카이로의 쓰레기 도시에는 확실히 어두운 그림자가 짙게 드리워져 있다. 이곳에서는 천대받는 공동체가 쓰레기를 분류하고 재활용하며, 하찮게 여겨지지만 아주 중요한 일을 수행 중이다. 스트리트뷰를 사용해 본 사람이라면 누구나 스트리트뷰가 접근하지 못하는 구역이 있다는 것을 안다. 아주 부유한 지역(히든 힐스)과 아주 빈곤한 지역(와나타물라의 빈민가)은 불가시성으로 묶인 장소다. 지도 제작자가 무단 도용 사례를 적발하기 위해 의도적으로 심어 둔 오기誤記인 트랩스트리트와 여전히 지도에 빈 공간으로 남아 있는 아프리카 심장부의 미개척지 콩고를 순례하면서 지도의 비밀을 파헤쳐 본다. 에든버러 로이스턴 메인스가 18번지 아파트 2호에서는 비밀의 장소들과 부의 밀접한 관련성이 명확하게 드러난다. 수백 개의 '페이퍼 컴퍼니'와 온갖 탈세범들이 이곳으로 자금을 빼돌린 뒤 조세 피난처인 영국령 제도를 종착지 삼아 내보낸다. 내용과 형태는 다를지라도 이에 못지않게 반사회적인 장소가 보행자를 몰아내는 자갈길, 뾰족뾰족한 도로 포장재 등으로 이루어진 스파이크 지대다. 스파이크 지대는 기록도 별로 없고 간과하기 쉬운 지대다. 이런 공격형 미지형微地形(지형도에 표현되지 않는 지표면의 미세한 요철 지형-옮긴이)은 도시에서 우리의 움직임을 통제하기 위해 설치한 장치다. 감춰진 장소들 가운데 가장 대표적이고 공격적인 유형인 비밀 군사기지를 다루기 전에는 감춰진 장소에 관한 논의를 제대로 했다고 할 수 없을 것이다. 여기서는 중국의 유린 지하 해군기지를 찾아간다. 땅을 파는 행위에 대해 이야기하다 보면, 예루살렘의 발굴 현장을 언급하지 않을 수 없다. 이 이야기는 예루살렘에서 내가 작성한 일기를 발굴하는 이야기이기도 하다. 무려 30년 전 나는 그 전설의 도시이자 분열된 도시에 있었다. 우리의 모험은 물과 관련된 감춰진 장소 세 군데를 도는 것으로 끝난다. 첫 번째 장소는 북해 밑에 자리한 도거랜드다. 그다음에는 새로운 강, 새로운 협곡, 새로운 항로가 열리고 있는 신新북극으로 이동한다. 마지막으로 훨씬 더 따뜻한 바다 속으로 뛰어들어 자크 쿠스토의 오래된 은신처인 콘셸프 해저 기지를 찾아간다.

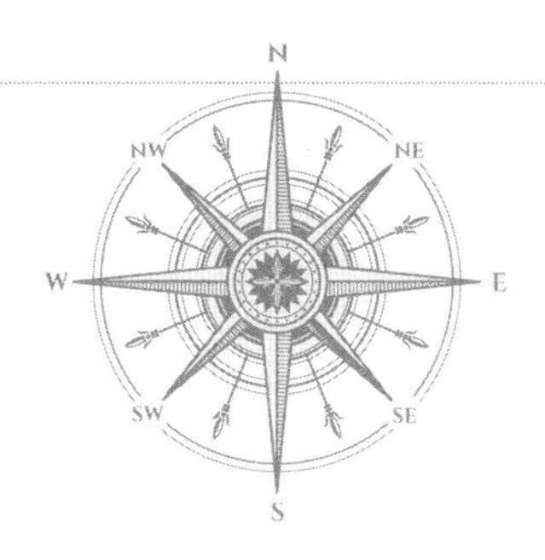

누가 이 도시를 더럽다 하는가

카이로의 쓰레기 도시

여덟 살쯤 되어 보이는 여자아이가 버석거리는 비닐 둥지 안에 앉아 깔깔거리면서 과자 봉지들을 골라내고 있다. 3월 말의 어느 서늘한 아침, 쓰레기 도시에 도착했다. 자동차는 바윗덩어리만 한 쓰레기 주머니와 하품하는 개들을 요리조리 피하면서 끊어진 도로를 덜컹덜컹 달렸다. 차 밖으로 나오자마자 나는 카이로의 쓰레기 도시, 무카탐Mokattam 마을 거리 곳곳에서 풍기는 역겨운 냄새가 내장 깊숙이 스며드는 것을 느꼈다. 남자, 여자, 아이 할 것 없이 모두 다양한 종류의 쓰레기를 뒤지면서 재활용할 만한 것을 찾고 분류하고 있었다.

건물 입구 뒤에서 누군가가 자동차 철판을 절단하자 황금빛 불꽃이 튀어나와 나는 황급히 피했다. 그 옆에서는 젊은 남자가 색색의 고무관이 잔뜩 들어 있는 주머니 위에 앉아서 쏟아져 나오는 창자 같은 관들을 다시 욱여넣고 있었다. 또 다른 한 층짜리 건물의 어두운 작업실에서는 컨베이어 벨트와 분쇄기가 요란한 소리를 내며 더러운 천과 플라스틱을 집어삼키고 있었다. 아직 그리 덥지도 않은데 파리가 우르르 몰려다니면서 검은 얼룩이 되어 쓰레기 더미를 덮어 버렸다. 잠시나마 쓰레기가 순간적으로 사람의 손을 거치지 않고 스스로 분류하고 이동하는 것 같은 착각에 빠졌다.

이곳에는 아랍어로 '쓰레기 수거인'을 뜻하는 자발린Zabaleen이 산다. 건물마다 벽 곳곳에 하얀 십자가가 그려져 있고, 쓰레기가 없는 모퉁이는 성모상과 예수상으로 채워져 있다. 무카탐 마을은 카이로 시내와 가깝지만 무카탐산의 그림자가 드리워진 험준한 산등성이에 자리한 콥트교 고립지다. 콥트교는 이집트 고유의 기독교 분파로 기독교만큼이나 오랜 역사를 자랑한다.

막 생겨난 쓰레기의 물줄기가 이 마을로 끊임없이 흘러들어온다. 산 아래 넓게 펼쳐진, 아프리카에서 가장 큰 도시 곳곳에서 새벽부터 수집된 쓰레기다. 낡은 소형 트럭뿐 아니라 당나귀가 끄는 나무 수레에도 실려서 온다. 개미가 집으로 질질 끌고 들어온 작은 빵 조각처럼, 쓰레기 주머니가 도착하면 곧바로 사람들이 우르르 몰려들어 해체한다. 일부는 사슬에 묶여 건물 위층으로 옮겨지고, 나머지는 땅 위에서 분류 작업이 진행된다.

나는 줄곧 큰길로만 다니고 있었는데, 가이드인 타렉은 자신이 "이집트의 감춰진 수많은 장소 중 하나"라고 소개한 이곳에 대한 내 호기심을 완벽하게 충족시켜 줘야겠다고 마음먹은 듯하다. 그는 서른두 살이지만 제 나이보다 어려 보이고 붙임성이 좋다. 우리는 머뭇거리면서도 옆 골목으로 들어갔다. 골목 안쪽으로 들어오니 사방에 쓰레기가 널려 있었다. 마치 쓰레기 동굴에 들어온 것 같았다. 주위가 한층 어두웠다. 외부인이 함부로 오지 않는 이곳에 우리는 무슨 자격으로 감히 발을 들인 걸까? 이곳에서는 카이로 시민도 외부인이다. 절대 찾아오는 법이 없다. 이곳의 존재는 공공연한 비밀이며, 일부 카이로 시민은 도심 한복판에 이런 장소가 있다는 사실에 수치심마저 느낀다. 이미 잔뜩 경계하고 있던 이곳 주민들은 우리가 골목 안까지 밀고 들어온 것을 보고는 방어적인 태도를 취했다. 상냥하게 인사를 건넸음에도 젊은이 두 명이 냉담한 반응을 보이자 타렉은 "다들 아주, 아주 예민해요."라고 말했다. 한 여성이 고함을 쳤다. "사진은 안 돼. 절대 사진 못 찍게 해." 그 소리가 거리 곳곳으로 쩌렁쩌렁 울려 퍼졌다.

우리는 이곳 지리를 잘 아는 척 태연하게 굴었지만 이곳은 미로다. 길 하나하나가 아찔하게 솟은 쓰레기 더미 속으로 사라진다. 몇 번이고 왔던 길을 되짚던 타렉은 운전사에게 전화

를 걸어 데리러 와 달라고 부탁했다. 그런데 차를 기다리는 동안, 내 눈과 귀가 이곳 환경에 익숙해지면서 다른 것들이 눈과 귀에 들어왔다. 교차로에 세워진 수레에는 쓰레기가 아닌 딸기로 만든 엄청난 피라미드가 놓여 있었다. 알이 꽉 찬 마늘 뿌리를 실은 수레들도 있었다. 작은 찻집과 상점도 많았다. 폭신폭신한 이집트식 플랫브레드(밀가루, 소금, 물을 이용해 만든 반죽을 굽거나 튀겨 납작한 모양으로 만든 빵-옮긴이)를 실은 쟁반이 바삐 오갔다. 그리고 주민들도 전혀 넝마주이처럼 보이지 않았다. 여느 카이로 시민처럼 좋은 옷을 입고 좋은 신발을 신었다. 머리에 히잡을 두르지 않은, 화려하고 깨끗한 숄을 걸친 젊은 여성과 어린 소녀들이 웃고 떠들면서 돌아다녔다. 나이 든 여자들은 수가 놓인 길고 검은 가운을 입었다. 이곳에는 절망과 박해뿐 아니라 그 외의 다른 것들도 아주 많았다.

나는 이미 이날 아침 일찍 자발린의 단단한 근성을 보고 느꼈다. 첫 방문지는 마을을 내려다보는 성시몬수도원Saint Samaan the Tanner Monastery의 동굴성당과 예배당이었다. 차 경적 소리가 요란한, 먼지에 휩싸인 도시를 내려다보는 이곳은 아랍 지역을 통틀어 가장 큰 교회라고 한다. 산등성이에 입구가 난 여러 개의 동굴 중 하나를 1974년부터 발굴했다. 이곳은 성자들의 유골을 유리관에 모셔 둔 성지이며, 천장에 새겨진 성마리아 조각은 이 동굴을 발굴할 당시에 원래의 위치에서 그대로 발견된 것이라는 기적 같은 일화도 전해진다. 절벽 표면은 성경 속 장면을 담은 돋을새김 조각이 빼곡히 채우고 있다. 이 공동체를 위해 오랫동안 힘써 온 폴란드인 마리오의 작품이다.

동굴 입구에 도착하니 기도문 외우는 소리가 들렸다. '40일' 장례식이다. 콥트교 전통에 따르면 누군가 죽으면 40일 동안 장례미사를 올려야 한다. 줄지어 선 200여 명의 남자들 옆을 지나 입구의 긴 경사로를 내려갔다. 신부가 선창하면 남자들이 그에 맞춰 콥트어로 기도문을 읊조렸다. 예배당 안쪽으로 간신히 비집고 들어가서 보니 이 줄은 망자의 남자 친척들이었다. 장례미사가 끝날 무렵, 미사에 참석한 이들이 흩어지기 전에 서로를 위로하고 악수하며 나갈 차례를 기다리고 있는 것이다. 남자들은 진한 색의 다양한 셔츠와 숄을 걸치고 있었다. 이 가족이 이집트 출신이라는 것을 알 수 있었다. 자발린은 이민자들이다. 20세기 중반 카이로에 도착한 뒤 1969년에 이 메마른 땅으로 밀려났다. 남자들 아래쪽으로는 여자들이 같은 방식으로 조용히 줄을 서고 있었다. 하나같이 검은색으로 전신을 휘감고 있었다. 그 너머로 넓은 무대 위 제단이 보였다. 제단 주위로 망자의 커다란 사진들이 놓여 있었다. 늙은 부부와 젊은 남자의 사진이었다. 이들의 사망 원인은 끝내 알 수 없었다.

문상객들이 전부 나간 뒤, 나는 예배당 앞쪽으로 내려가 내내 미소를 잃지 않은 교회 관리인 마지드와 이야기를 나누었다. 자발린인 마지드의 파란색 점퍼는 등 쪽에 '무엇이든 물어 보세요'라고 수가 놓아져 있다. 마지드는 하느님의 사랑의 메시지에 대해 끊임없이 말했다. 그는 움직이는 산부터 신의 예언까지 하느님이 보여 주신 기적들의 목록을 죽 나열했다. 그가 주위에서 늘 만나는 신의 권능의 증거와 구원의 약속에 한껏 들뜬, 환희에 찬 모습이다. 이 교회의 존재 자체가 일종의 기적이며 희망의 근거다. "여기는 자발린의 교회예요!" 마지드가 자랑스럽게 말했다. "이곳은 온전히 우리 것이죠." 물론 그는 도움을 준 외부인에게도 거듭해서 감사를 표했다. 그중에서도 마리오와 벨기에 출신 수녀 에마뉘엘에게 찬사를 보냈다. 에마뉘엘은 이곳에 병원과 학교, 수도 및 전기가 들어오도록 애썼다. 그녀를 회상하는 마지드의 눈에 눈물이 고였다. 에마뉘엘은 2008년 100세 생일을 맞이하기 며칠 전 세상을 떠났다. 마지드는 이런 "축복"이 임하기 전에는 "당나귀가 물을 날랐고, 거의 다섯 시간이 걸렸다"고 말했다. 그의 얼굴에 다시 미소가 떠올랐다. "우리는 아주 좋은 삶을 살고 있어요."

산등성이 아래에 있는 자발린 마을의 거리를 밟아 본 사람이라면 마지드의 평에 의문을 제기할 수도 있겠다. 하지만 지난 20년간 자발린의 삶은 확실히 달라졌고 이들이 하는 일도 어느 정도 인정받기 시작했다. 도시가 매일 배출하는 수천 톤의 쓰레기 중 3분의 1 내지는 절반을 이 공동체에서 처리하고 있는 것으로 추정된다. 또한 이들은 자신들이 처리하는 쓰레기의 85퍼센트를 재활용한다. 서구 거의 모든 도시의 재활용 비율보다 훨씬 더 높은 수치다. 카이로 헬완대학교의 도시 설계학과 교수 와엘 살라 파미는 자발린이 "세계에서 가장 효율적인 자원 회수 및 쓰레기 재활용 체계를 구축했다"고 주장한다. 국제 개발 공동체에서 자발린은 유명하다. 최근에 자발린의 십 대 소년 세 명을 촬영한 다큐멘터리 〈쓰레기 꿈*Garbage Dreams*〉의 표현대로 "어떤 현대적인 '녹색' 프로젝트보다도 훨씬 더 앞서 있다."

그러나 이런 칭송에도 불구하고 자발린에 대한 카이로 시민의 인식은 바뀌지 않았다. 쓰레기 도시를 경멸하는 분위기가 강하다. 냄새 때문만은 아니고, 음식물 쓰레기 처리를 위해 돼지를 키우는 자발린의 전통 때문이다. 이집트는 이웃 나라들에 비해 대체로 관용적인 국가지만, 국민의 90퍼센트가 이슬람교도다. 단순히 코를 찡그리며 조롱거리로 삼던 것이 노골적인 혐오로 변하는 것은 한순간이다. 2009년 이집트 정부는 일방적으로 이 공동체에서 사육하는 돼지를 대량 살상하기로 결정했다. 신종플루 핑계를 댔지만 당시 이집트에는 신종플루 발병 사례가 없었다는 점을 고려하면, 무카탐 마을을 비롯해 기독교도들 사이에서는 이슬람교의 종교적 반감이 크게 작용했다고 해석하는 게 당연하다.

그로부터 몇 년 뒤, 자발린에게 더 큰 압박이 가해졌다. 이집트 정부가 몇몇 해외 기업과 쓰레기 수거 용역 계약을 맺은 것이다. 그러나 해외 기업들은 쓰레기 수거가 얼마나 복잡하고 고된 작업인지 잘 모른 채 입찰에 달려들었던 것으로 밝혀졌고, 실상을 알게 된 후 계약을 철회했다. 카이로는 자신들이 배신한 공동체에 다시 손을 내밀어야만 했다. 이런 위기의 순간에 아주 훌륭해 보이는 아이디어가 나왔다. 자발린이 지역 당국과 용역 계약을 맺을 수 있는 작은 회사를 차리고 쓰레기 전문가로 재탄생하면 된다는 것이었다. 곧 이런 작은 회사들이 수백 개 생겨났다.

그런데 이곳을 방문한 날 이 계획이 어려움에 빠졌다는 이야기를 들었다. "자발린은 분노하고 있습니다." 마지드가 말했다. "현재 우리는 큰 문제에 직면했어요. 열흘 전 정부에서 누구나 우리의 플라스틱, 종이 상자, 금속을 가져갈 수 있게 하는 법안을 제정했어요. 재활용할 만한 것들이 싹 사라졌어요. 우리에게 남은 건 음식물 쓰레기가 전부예요." 곧 재활용품에 대한 새로운 지불 계획안이 시범 운영에 들어가게 된다는 것이다. 이 계획안에 따르면 누구나, 아무나 재활용품 수거에 참여할 수 있다. 자발린을 거치지 않고 직접 쓰레기를 사들이는 가게가 카이로 전역에 문을 열 것이다.

우리는 차를 타고 산을 내려와 자동차와 소음이 뒤엉킨 카이로 시내로 향했다. 거리는 쓰레기로 가득하다. 사람들이 차창 밖으로, 주머니 밖으로, 집 밖으로 쓰레기를 버리고 있다. 더러운 도시다. 나일강과 기자의 피라미드 주위의 모래 언덕에는 커다란 쓰레기가 뗏목처럼 떠다닌다. 다른 수천 개의 도시처럼 이 도시에서도 쓰레기는 그렇게 제자리에서 맴돈다. 영국의 집으로 돌아가도 내가 사는 거리, 내가 사는 동네에서 쓰레기가 굴러다니는 것을 보게 될 것이다. 늘 그렇듯이. 이것은 카이로만의 문제가 아니다. 다만 카이로에는 다른 사람의 쓰레기를 치우고 재활용하는 일에 전념하는 공동체가 있다. 이 공동체는 카이로의 가장 훌륭한 자산으로 인정받아야 한다고 생각한다. 찡그린 코나 수치심이 아니라, 이런 자부심 가득한 문구가 더 어울린다. "카이로, 자발린의 도시."

구글 어스 시대의 빈틈

스트리트뷰에 나오지 않은

히든힐스와 와나타물라 빈민가

최상위 부유층과 최하위 극빈층 간에도 한 가지 공통점이 있다. 두 계층이 사는 곳이 모두 구글 스트리트뷰Google Street View에 나오지 않는다. 나는 늘 구글 어스Google Earth에서 주황색의 작은 인간 형상을 들어다가 스트리트뷰로 끌어오는데, 스트리트뷰 왕국이 영토를 꾸준히 확장하고 있는데도 고집스럽게 그 영토에 들어오기를 거부하는 빈틈이 있다는 것을 느끼곤 한다.

미국 캘리포니아주의 히든힐스Hidden Hills가 그런 예다. 부동산 웹사이트에 들어가면 이 언덕 곳곳에 기둥이 박힌 테라스와 여러 개의 수영장이 서로 연결된 대저택이 자리잡고 있는 것을 볼 수 있다. 그러나 이 언덕에 주소를 둔 648채의 저택은 스트리트뷰에는 나오지 않는다. 이 지역 전체가 비어 있다.

파란 하늘과 바람에 흔들리는 야자수가 보이는 또 다른 외곽 지역도 마찬가지다. 다만 이 지역의 부동산 가격대는 히든힐스와는 다른 극단에 놓여 있다. 이 지역을 살펴보려면 파란 구슬 모양의 지구 위로 마우스를 옮겨 인도양으로 내려간 뒤, 눈물 모양의 스리랑카 본섬에 있는 스리랑카의 수도로 가야 한다. 수도 콜롬보 상공에 오랫동안 떠 있다 보면 귀여운 커서를 어디에든 내려놓을 수 있다고 생각해도 무리가 아니다. 도시 전체가 파란색으로 빛나는데, 스트리트뷰로 찾아갈 수 있는 곳이라는 뜻이기 때문이다. 그런데 가까이 다가가면 도시의 버림받은 공간이자 아무도 원하지 않는 공간에 욱여넣은, 아무렇게나 뻗은 길과 더러운 함석지붕으로 덮인 곳은 찾아갈 수 없다는 사실을 깨닫게 된다. 와나타물라Wanathamulla의 중심 지구에는 벨루와나플레이스라는 길이 있는데, 나무가 무성하고 사람과 자전거와 택시가 오가는 이 길을 따라 가다 보면 절반 정도 되는 지점에서 스트리트뷰가 갑자기 멈춘다. 스트리트뷰에서 지도로 다시 빠져나오면 왜 그런지 알 수 있다. 전 세계의 모든 도시의 모든 빈민가처럼, 그 너머에 있는 빈민가는 구글의 이동 카메라 부대가 아직 들이닥치지 않은 영토다.

지구 전체로 보자면 아프리카에는 아직 스트리트뷰에 나오지 않는 지역이 많다. 남아프리카공화국과 보츠와나 정도가 예외에 해당한다. 아시아 대부분 지역에서도 스트리트뷰에는 관광 명소 등 일부 유명한 지역만 나온다. 그런데 이 모든 상황이 곧 바뀔 것이다. 최근 4만 8,000킬로미터에 이르는 도로를 포함해 스리랑카 곳곳이 스트리트뷰에 업로드된 속도만 봐도 현재 이 기술은 전 세계를 정복했다고 봐야 할 것이다. 스리랑카 국민은 스트리트뷰로 자국을 속속들이 찾아갈 수 있다는 사실에 기뻐하는 것 같다. 이 엄청난 과제가 완수되었다는 소식에 "정말 자랑스럽다" 같은 들뜬 메시지가 트위터와 채팅방에서 보였다. 스트리트뷰는 스리랑카의 현대성을 전시하는 수단이다. 즉 스리랑카는 자국에 대규모 기술 인력 공동체가 활발하게 활동하고 있으며, 인터넷으로 연결된 세상에 뒤처지지 않고 적극적으로 동참하겠다고 선언하고 있는 것이다.

그러나 현재로서는 스리랑카는 예외에 가깝다. 심지어 서구에도 스트리트뷰를 가로막는 장애물이 존재한다. 인터넷에서 개인 정보를 무단으로 수집한 사건처럼 특이한 스캔들을 제외하면, 영국과 미국은 스트리트뷰가 야기하는 사생활 보호 문제에 비교적 무심한 편이다. 독일은 이 쟁점을 훨씬 더 심각하게 취급한다. 독일에서는 스트리트뷰의 윤리성을 둘러싸고 활발한 논쟁이 벌어졌고, 오늘날까지도 스트리트뷰의 접근권은 매우 제한적이다. 독일의 전 외무부 장관 기도 베스터벨레는 "그것을 막기 위해 총력을 기울이겠다"고까지 말했을 정도다. 수만 명의 독일인이 자신의 집을 모자이크 처리해 달라고 요청했으며, 워낙 지역 주민들의 반발이 거세다 보니 구글은 이곳에서 계속 촬영하는 것은 무의미하다고 판단한 듯하다.

스트리트뷰에 나오지 않는 장소의 소득 수준이 언제나 양극단에 위치한 것은 아니지만, 소득 수준이 양극단에 해당하는 지역이 가장 끈질기게 비가시적인 상태를 유지하는 곳이다. 이 사실은 부와 가시성의 관계 변화에 대해 많은 것을 시사한다. 히든힐스의 주민으로는 저스틴 비버, 마일리 사이러스, 제니퍼 로페즈, 킴 카다시안 등 유명인이 많다고 알려져 있다. 오늘날 부유층은, 유명하건 유명하지 않건 남들 눈에 띄지 않고 싶어 한다. 부와 비밀 유지가 점점 한 쌍이 되어 가고 있다. 지금은 이 둘을 한 쌍으로 취급하는 것을 당연하게 여기기도 하지만, 사실 이것은 최근에 생긴 현상이다. "사람들이 진심으로 남들에게 자신의 부를 자랑하고 싶어 하던 시절도 있었지만 지금은 그렇지 않아요."라고 런던의 부동산업자 데이비드 포브스가 말한다. 그는 "고객에게 비밀이 보장되는 맞춤 서비스를" 제공한다. "지난 몇 년간 사람들의 우선순위가 바뀌었어요."라고 그는 덧붙인다. "현재는 안전이 우선순위 목록 상위에 놓여 있죠."

건축 비평가 제프 마노는 『도둑의 도시 가이드*A Burglar's Guide to the City*』에서 가시성을 둘러싼 이 새로운 문화를 구체적으로 포착하려고 노력한다. 그는 이 문화를 "도시를 단위로 한 비밀 유지 계약의 일종"이라고 표현한다. 특정 집단이 "도둑의 눈에 띄지 않고 손에 닿지 않도록" 돕는 것이다. 마노는 "이런 비밀

성 때문에 그들의 부동산 가치가 올라간다"고 주장하면서도 다른 한편으로는 이 때문에 오히려 "미래의 절도 조직으로부터 달갑지 않은 관심을 받게 된다"고 경고한다.

그렇다면 이것이 우리 같은 나머지 사람들, 눈에 보이는 사람들에게는 어떤 의미가 있을까? 현재로서는 가시성이 중산층, 곧 아주 못살지도 않지만 부자도 아닌 집단과 동일시되고 있는 것 같다. 이 대단한 첨단 기술은 평범한 사람에게는 거울을 들이대고 있다. 그러나 모퉁이 너머와 담장 뒤에 비밀 왕국이 숨어 있다는 것을 우리는 안다. 케이트 앨런은《파이낸셜타임스》에 기고한 글에서 이렇게 주장한다. "사유화된 공공 공간의 확산으로 다층적인 지도가 그려지는 세계로 변하고 있다. 마치 컴퓨터 게임 속 세상처럼 무지한 대중에게는 보이지 않는 감춰진 공간, 아는 사람 눈에만 보인다는 은밀한 공간이 생겨나고 있다."

방어벽을 쌓고 스트리트뷰에 나오지 않아야만 투명 망토를 뒤집어쓸 수 있는 것은 아니다. 품은 많이 들지만 점점 더 인기를 얻고 있는 방법 중 하나는 땅을 팔고 내려가 지하 저택을 마련하는 것이다. 그 대신 지상 위의 집은 평범하게 꾸민다. 햄스테드 히스의 랭트리하우스Langtry House가 가장 최근에 지어진 지하 저택이다. 방 세 개, 화장실 세 개, 영화 감상실이 전부 지상이 아닌 지하층에 설치되어 있다. 직접 찾아가서 내 눈으로 보지는 못했지만, 이 지하층이 '본드 영화에 나오는 악당의 비밀 은신처' 같다는 들뜬 소문은 과장되었다고 생각한다. 화장실이 세 개 생겼다고 골드핑거Goldfinger(007 시리즈의 세 번째 영화인 〈007 골드핑거〉에서 악당으로 등장하는 백만장자-옮긴이)가 될 수 있는 건 아니다. 달리 생각하면 이런 소문은 대중이 새로운 유형의 도시 전설을 갈망하고 있다는 것을 시사하기도 한다. 겉모습 뒤에, 높다란 담장 뒤에 무엇이 있는지에 관한 소문은 눈에 보이는 세상의 시민이라는 우리의 천한 신분을 환기하는 동시에 우리의 기대 심리를 부추긴다.

물론 그렇게까지 천한 신분이라고 할 수도 없다. 최상위 부유층의 정반대편에는 최하위 극빈층이 있으며, 이 계층은 다른 이유로 눈에 보이지 않는다. 히든힐스는 자신들의 아름다운 물건에 들러붙는 질투 어린 시선을 피하고 싶어서 나머지 도시를 밀어낸다. 그리고 그 나머지 도시가 와나타물라의 빈민가를 밀어낸다. 아무도 보고 싶어 하지 않는 장소니까. 눈길을 주는 순간, 얼마나 많은 사람이 비좁은 판자촌에서 전기는 아주 가끔, 위생 시설은 아주 기본적인 것만 겨우 공급받으며 살고 있는지 봐야 하니까. 와나타물라의 강둑에 그런 정착촌 하나가 자리를 차지하고 있다. 스트리트뷰는 그 정착촌의 수많은 출입구 앞에서 끝난다. 보이는 것이라고는 모양이 제각각인 담벼락들 사이로 저 멀리 사라지는 흙길이 전부다. 자세히 보면 반바지를 입은 젊은 남자가 부서져 쓰러진 문 옆에 주저앉아 있고, 얼굴이 모자이크 처리되지 않은 노인이 윗옷을 입지 않은 채 망치로 무언가를 내려치고 있다(후텁지근한 콘크리트 집의 비어 있는 창문 사이로 보이는 광경이다). 이런 편린 같은 장면들이 보이지만, 스트리트뷰는 왔던 길로 되돌아간다고 알리는 노란 선을 따라 일방적으로 더 살기 좋은 곳으로 이동한다.

스트리트뷰가 토끼굴 같은 빈민가로 감히 들어가지 않는 것은 이곳의 길이 카메라를 단 차가 통과할 수 없을 정도로 폭이 좁기 때문이 아니다. 대부분은 자동차가 지나갈 수 있는 정도다. 지나갈 수 없을 정도로 좁은 길이라면 사람이 카메라를 등에 짊어지고 지나갈 수도 있다. 구글 사용자가 빈민가의 삶을 보고 싶어 하지 않을 것이고, 빈민가 거주민이 남에게 자신이 사는 모습을 보여 주고 싶어 하지 않을 것이라는 생각 때문이다. 보는 우리가 마음이 불편할 수도 있고, 보이는 거주민은 창피할 수도 있다.

그런데 장소를 사라지게 하는 구글의 마술을 더 깊이 논의하기 전에 이런 간단한 질문부터 해 보자. 우리는 와나타물라의 빈민가가 거기에 있다는 것을 어떻게 아는가? 구글 어스에 나오기 때문이다. 기존 지도에서는 그런 장소가 그냥 빈칸으로 표시된다. 구글 어스와 스트리트뷰는 가시성의 기술이다. 그리고 공식적으로는 인정받지 못하는 영역도 보여 준다. 빈민가에서 활동하는 전 세계의 시민운동가들은 구글 어스를 정부가 감춰진 공동체의 존재를 인정하고 그런 공동체를 지원하도록 어르고 달래는 도구로 삼고 있다. 빈민가 지도 제작 프로젝트는 스리랑카의 덩치 큰 이웃, 인도에서 시작됐다. 예를 들어 상글리Sangli라는 도시의 지도에는 빈민가가 그냥 비어 있다. 그런데 구글 어스의 등장으로 이런 상황이 바뀌었다. 더는 이런 빈민가의 존재를 부정하거나 무시할 수 없게 된 것이다. 지금은 빈민가의 구획선이 표시되고 자립을 돕는 지원 정책도 통과되었다.

아프리카에서도 같은 일이 벌어지고 있다. 나이로비에서 스스로를 공간 수집가라고 부르는 지도 제작 시민운동가들이 소형 GPS 장비로 빈민가를 도시 지도에 집어넣었다. 나이로비 공영방송과 함께 이들을 취재한 그레고리 워너는 구글 어스와 구글 어스가 만들어 낸 빈민가 지도가 경제개발의 핵심 도구라고 주장한다. “지도는 법원에 철거 중단 가처분 신청을 낼 때 증거로 제출할 수도 있다.” 그리고 “국제 지원 단체에서 이 지도를 보급해서 사람들의 관심을 유도할 수도 있다. 도시 설계자에게 해결 과제로 제시할 수도 있다.”

감춰진 장소가 점점 사라지는 세계에서, 히든힐스와 와나타물라의 빈민가의 불가시성은 그만큼 더 눈에 띈다. 너무나도 다른 두 장소가 이렇듯 불가시성으로 연결된다는 점이 참으로 신기하다. 이런 생각은 또 다른 생각으로 이어진다. 정말로 눈에 띄지 않는 장소들은 환한 곳에 숨어 있을지도 모른다는 생각. 내가 사는 곳, 그리고 당신이 사는 곳은 스트리트뷰에서 쉽게 찾을 수 있다. 그런데 과연 관심을 보이는 이가 있을까? 누가 이 장소들을 찾아보기는 할까? 우리는 스트리트뷰에 나오지만 아무도 봐 주지 않는다.

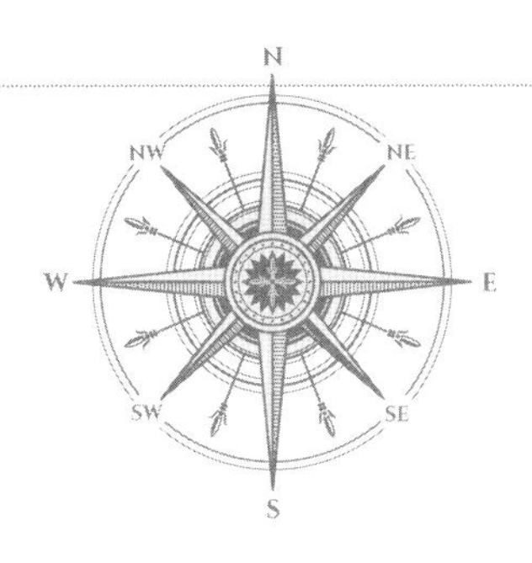

지도에 숨어 있는 덫

트랩스트리트

트랩스트리트는 지도의 저작권을 보호하려고 일부러 잘못 표시한 장소다. 그 지도를 복사해서 자신이 만든 지도인 척하는 사람은 그런 덫이 있다는 것을 알 도리가 없다. 적어도 자신을 저작권 침해로 고소하는 편지를 받기 전까지는 말이다. 그런데 이 낡은 법적 샛길은 다른 기능도 한다. 즉 이 샛길은 지도에 대한 우리의 환상을 건드리고 깨운다. 우리가 진짜라고 믿는 장소들, 예컨대 거리와 마을들이 실은 누군가가 만들어 낸 것이고 진짜 세계와 섞여 있다는 환상. 이런 환상은 두려우면서도 매혹적이다.

트랩스트리트라는 마법의 힘을 빌린 영화도 최근에 나왔

다. 하나는 실제로 지도에 등장하는 뉴욕주의 허구의 마을 아글로Agloe에서 실종된 한 젊은 여자의 이야기를 다룬 〈페이퍼타운*Paper Towns*〉이다. 중국 영화 〈트랩스트리트*Trap Street*〉는 이 소재를 더 본격적으로 다룬다. 트랩스트리트를 발견한 지도 제작자의 이야기인데, 이 영화도 로맨스가 중심인 미스터리 영화다. 트랩스트리트라는 지리학적 유령은 정체성, 장소, 사랑의 불확실성을 탐색하기에 아주 비옥한 땅인 듯하다.

트랩스트리트에 대한 반응으로 탄생한 다른 예술 작품들도 있다. 이는 트랩스트리트의 신비롭고도 기이한 특성을 더 조용하게, 더 잘 담아내고 있다. 일단 '더 스카이 온 트랩스트리트The Sky on Trap Street'라는 예술 사이트가 떠오른다. 이 사이트는 존재하지 않는 다양한 장소, 지명이 잘못 표시된 장소에서 찍은 하늘 사진을 전문적으로 올린다. 지금까지 영국 렉섬의 앨슬리가[街], 독일 본의 갈겐파트, 이탈리아 마차라델발로의 파비오필치거리, 영국 에든버러의 옥시전가[街]를 내려다보는 눈부신 하늘과 구름이 찍혔다.

하늘은 진짜지만 이 사진을 찍은 거리는 진짜가 아니다. 이렇듯 어디에도 존재하지 않는 비[非]장소는 모두 스트리트뷰 기술을 지도 제작에 도입하기 전에 제작된 구글 맵에서 찾은 장소들이다. 2012년 이전에 구글은 네덜란드의 텔레아틀라스Tele Atlas에 지도 제작 작업을 맡겼다. 바로 이 텔레아틀라스사가 구글 맵의 잘 보이지 않는 구석구석에 트랩스트리트들을 심었다.

트랩스트리트를 저작권 이스터에그(원래 부활절 달걀이라는 뜻인데, 최근 제품 곳곳에 사용자 몰래 숨겨 놓은 메시지나 정보라는 뜻으로 쓴다-옮긴이)라고 부르기도 한다. 그러나 미국에서는 이런 장치가 쓸모없어졌다. 1997년 미국 법원이 "도로의 존재 또는 부존재는 저작권으로 보호받을 수 없는 정보"라는 판결을 내렸기 때문이다. 그러나 여전히 다른 국가에서는 저작권 보호 목적으로 사용된다. 그런데 그 수가 얼마나 되는지는 확실히 알 수 없다. 『런던 A-Z』(영국의 지오그래퍼스 A-Z맵 컴퍼니Geographers' A-Z Map Company에서 발간한 영국 도시들의 지도책 시리즈-옮긴이)에 '100여 개'의 트랩스트리트가 심어져 있다는 주장은 2005년 BBC2에서 방영한 〈지도 인간*Map Man*〉이라는 프로그램이 인터뷰를 한 '지오그래퍼스 A-Z맵 컴퍼니' 대변인의 입에서 나왔다. 신뢰할 만한 소식통이기는 하지만, 나는 그 주장을 믿지 못하겠다. 만약 그게 사실이라면 런던의 트랩스트리트에 관한 이야기가 더 많이 들려왔을 것이다. 그런데 실제로는 암탉의 이빨만큼이나 드물다. 인터넷 채팅방에는 늘 같은 사례만이 떠돈다. 심지어 그런 사례들 대부분은 이미 케케묵은 것들이다. 런던에서 학교를 다니는 메이지 앤 보우스는 『런던 A-Z』에 트랩스트리트가 있는지 일일이 확인했다. "『런던 A-Z』의 페이지를 전부 복사한 다음 페이지에 나오는 모든 거리를 구글 맵에 나오는 거리와 대조했어요. 두 지도 모두에 나오는 거리에는 표시를 했어요."라고 설명했다. 보우스는 이 작업이 "아주 지루하고 오래 걸리는 작업"이었다고 말했지만, 운이 좋았는지 첫 페이지부터 트랩스트리트를 발견했다. 블랙히스의 위트필드로드였다. 이 허구의 거리는 공유지 블랙히스 코먼을 가로지르고 있었다. 아주 특이한 트랩스트리트다. 왜냐하면 대로 두 개를 연결하고 있기 때문이다. 있건 없건 눈치채는 사람이 거의 없을 뒷골목과는 거리가 멀다. 위트필드로드는 매일 수백 명 내지 수천 명이 참고할 수밖에 없는 거리다. 따라서 위트필드로드는 일부러 만든 트랩스트리트가 아닌 지도 제작상의 실수일 것이다.

내가 가지고 있는 『런던 A-Z』에는 위트필드로드가 나오지 않는다. 그런 사례가 발견되고 알려지면 지도 제작자들은 곧장 그 거리를 삭제한다. 어쨌거나 가짜 거리가 최후의 법적 일격이라 해도, 덜 눈에 띄고 덜 성가신 장치로 같은 목적을 달성할 수 있다. 2001년 영국 정부의 지도 제작 담당 기관인 영국지리원은 미국자동차협회Automobile Association와 분쟁 조정 절차를 거쳐 2,000만 파운드를 받아 냈다. 미국자동차협회가 저작권 보호 대상인 영국지리원의 지도를 멋대로 도용해서 만든 지도를 배포했기 때문이다. 영국지리원은 전문가를 고용해 경쟁 기관의 지도를 샅샅이 훑어 도용의 증거를 찾게 한다. 이 경우 미국자동차협회의 지도에서 찾은 증거는 트랩스트리트 같은 원시적인 장치가 아니라 설계 '지문'들이었다.

지도의 '지문'은 다양한 형태를 띤다. 가장 오래된 형태는 일종의 모스부호를 활용해, 윤곽선에 선과 점을 규칙적으로 집어넣는다. 송전탑이나 나무 같은 물체를 나타내는 기호들 사이의 간격을 가지고도 비슷한 부호를 만들어 낼 수 있다. 일반인의 눈으로 보기에는 기존에 쓰이던 기호가 그대로 쓰였기에, 자신이 지도를 완벽하게 읽었다고만 생각한다. 그러나 그들의 눈앞에 펼쳐진 것은 암호화된 문서나 마찬가지다. 지도의 좌표를 아주 살짝, 그러나 체계적으로 바꾸는 것(마지막 숫자에서 2를 빼는 등)도 하나의 방법인데, 이는 갈수록 더 많이 사용되고 있는 '지문'이다.

도로의 폭도 저작권 침해를 포착하는 데 이용된다. 도로의 폭은 거의 언제나 과도하게 부풀려지지만 (이것이 가능한 이유는 지도 이용자들이 대개 길 자체에만 관심이 있기 때문이다) 대로에 비례해서 설정되는 골목길의 폭 같은 것은 가늠하기 어렵다. 지도를 도용하는 사람들은 이런 구체적인 정보들을 아무 생각 없이 그대로 베끼면서 또 다른 덫에 순순히 걸려든다.

지도를 도용할 계획이 있다면 조심하자. 지도에 크게 당할 수 있으니까. 2008년 싱가포르 국토청이 버추얼맵컴퍼니Virtual Map Company를 저작권 침해로 고소하면서 지도의 지문이 다시 주목받았다. 싱가포르의 고소로, 당시 큰 인기를 누리던 버추얼맵컴퍼니의 온라인 싱가포르 지도 서비스가 중단되었다. 버추얼맵컴퍼니는 모든 지도를 직접 조사한 정보를 바탕으로 제작한다고 주장했지만, 판사는 속지 않았다. 싱가포르 국토청은 버추얼맵컴퍼니가 트랩스트리트가 아닌 트랩빌딩을 그대로 베꼈다는 사실을 입증해 승소했다. 실제로 존재하지 않은 건물이 지도에 표기되어 있었던 것이다. 그런데 또 다른 입증 사실에는 소송 관계자 모두가 얼굴을 붉힐 수밖에 없었다. 싱가포르 국토청이 지도 제작 과정에서 의도하지 않은 실수를 저질렀는데, 버추얼맵컴퍼니가 이 잘못된 부분도 그대로 베꼈다는 사실이 드러난 것이다.

지도에 허구의 장소 명칭을 집어넣은 가장 유명한 예는 영화 〈페이퍼 타운〉에도 등장하는 아글로다. 이 마을은 1930년대 제너럴드래프팅컴퍼니General Drafting Company가 자사의 지도에 넣은 허구의 장소다. 실제로 그곳에는 뉴욕주 로스코 북쪽에 놓인 텅 빈 도로밖에 없다. 이 마을의 명칭 Agloe는 회사 사장인 오토 G. 린드버그Otto G. Lindberg, OGL와 비서인 어니스트 앨퍼스Ernest Alpers, EA의 이름 첫 글자를 재조합해서 만든 것이다. 이 '트랩타운'은 한동안은 제 역할을 하는 듯했다. 랜드 맥널리가 뉴욕주 지도를 만들면서 이 쓸쓸한 도로에 아글로라는 장소를 표시했고, 제너럴드래프팅컴퍼니는 저작권 침해로 고소하겠다고 통보했다. 그런데 이때부터 사실과 허구가 뒤섞이기 시작한다. 랜드 맥널리는 저작권 침해를 부인했을 뿐 아니라, 실제로 그 위치에 아글로라는 이름의 상점이 있다고 지적한 것이다. 그래서 아글로라고 표시한 것이라고 말이다. 정말이지 수수께끼 같은 일이다. 어떻게 그곳에 아글로라는 상점이 있는 걸까? 알고 보니, 그즈음 그 도로에 상점을 새로 연 주인들이 상점 이름을 고민하다가, 제너럴드래프팅컴퍼니의 지도를 보고는 그 장소에 이미 이름이 있다고 생각해 아글로라는 이름을 쓴 것이다. 그렇게 아글로가 실재하게 되었다. 상점은 이미 오래전에 문을 닫았지만 구글 어스에 접속하면 그 지점은 여전히 '아글로'라고 표시되어 있다.

다양한 트랩스트리트와 허구의 장소들의 탄생 일화를 살펴보고 나니, 나는 이런 많은 허구의 거리와 마을이 생겨난 이유에는 저작권 보호만큼이나 지도 제작자의 즐거움도 한몫했을 것이라는 생각이 든다. 트랩스트리트에 대한 사람들의 관심은 지도에 나오지 않는 장소, 즉 지리학적 유령과 비밀에 대한 더 보편적인 갈망을 보여 준다. 우리 눈에 보이지 않는 장소는 마법을 떠올리게 한다. 실제로 나는 『신화지리학: 삐딱하게 산책하기 안내서*Mythogeography: A Guide to Walking Sideways*』라는 독특하고 매력적인 책을 통해 트랩스트리트를 처음 접했다. 도시 주술사이자 걷기 예술가인 이 책의 저자 필 스미스는 『브리스톨 A–Z』의 가짜 장소, 라이 골목길을 언급한다. 그는 이 골목길을 통해 우주의 신비로운, 아직 완성되지 않은 본질과 일상의 지리학이 겪는 동요 간의 연결 고리를 다소 혼란스럽게, 그러나 신선한 방식으로 짚어 낸다. 이런 유형의 자극을 받으면 우리는 트랩스트리트가 다른 영역으로 통하는 문이라고 상상하게 된다.

해리 포터 시리즈의 인기는, 어떤 면에서는 허구의 장소와 진짜 장소의 교차와 은폐로도 설명할 수 있다. 독자들은 킹스 크로스역의 9$\frac{3}{4}$번 승강장과 술집 뒤에 있는 다이애건 앨리를 통해 다른 영역에 들어간다. 오늘날 우리는 이렇게 마법을 가까운 곳에, 그러나 보이지 않는 곳에, 그것도 일상 세계의 한복판에 두고 싶어 한다('땅의 신성한 기운을 읽기 위한 지리학' 참고). 차이나 미에빌은 자신의 소설 『크레이큰*Kraken*』에서 트랩스트리트를 논하면서 이렇게 묻는다. "이런 사이비 거리들은 일단 만들어진 다음에 감춰진 것일까?" 미에빌은 아마도 "정교한 이중 사기 전략의 일종으로" 누군가가 이들 거리의 이름을 흘리면서 "그 거리가 함정이라는 소문을" 퍼뜨렸는지도 모른다고 덧붙인다. "그런 트랩스트리트가 실제로 존재하는 장소라는 사실을 아는 사람 외에는 아무도 찾아오지 않도록" 말이다.

미에빌은 트랩스트리트가 불러일으키는 기대감을 환기한 것이다. 나는 옥시전가와 라이 골목을 방문해 보고 싶다. 내가 언젠가는 마법 주문을 외우거나 염력으로 물체를 들어 올리고 싶은 것처럼 말이다. 지리학과 주술은 대지의 마법과 풍수지리학의 쌍둥이 자녀로 태어났다. 둘은 서로 다른 길을 걷고 있지만 여전히 서로의 존재를 인식하고 있다.

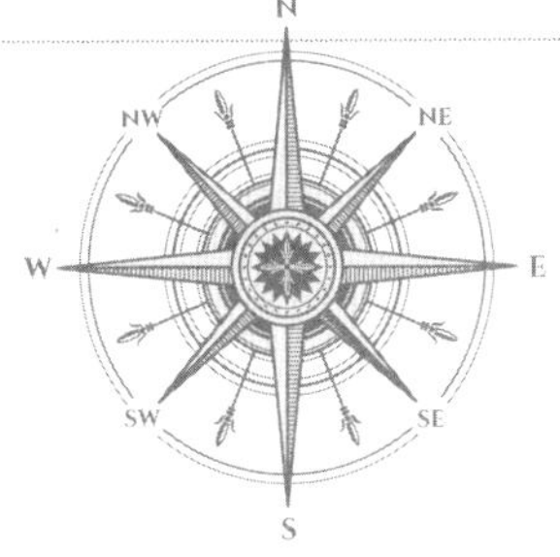

미지의 땅은 왜 사라지지 않는가

미개척지 콩고

"콩고 늪지에서 영국 본토만 한 넓이의 토탄 늪 발견: 과학자들은 악어, 고릴라, 코끼리를 물리치고 20만 제곱킬로미터에 달하는 미개척지를 발견했다." 2014년 5월 27일자 《데일리메일*Daily Mail*》의 헤드라인은 미개척지 개발에 열을 올리던 과거를 떠올리게 한다. 대다수의 사람들은 지구 표면의 3분의 1은 해수면 위에 드러나 있으며, 그 지면은 이미 완벽하게 지도에 표시되어 있고 전부 탐사가 끝났다고 알고 있을 것이다. 그런데 어떻게 '영국 본토만 한 면적'의 땅이 알려지지 않은 미개척지로 남아 있었던 걸까? 이 이야기를 더 자세히 살펴보면 콩고뿐 아니라 '암흑의 대륙 아프리카'라는 신화가 왜 사라지지 않는지를 알 수 있다. 구글 어스로 이곳을 보면 나무로 뒤덮인 땅뿐만 아니라 뚜렷한 선도 보인다. 오솔길, 벌목 도로, 작은 정착촌이 이어지며 그린 선이다. 심지어 이곳의 사진도 몇 장 올라와 있다. 그 정글 속에 무엇이 있는지는 여전히 수수께끼로 남아 있다. 이 탐사를 이끈 리즈대학교의 자연지리학자 스티브 루이스 박사는 "위성은 식물을 뚫고 사진을 찍을 수 없으며 이 광활한 늪지의 물속도 살펴볼 수 없다"고 설명한다.

루이스 박사는 이 지역이 "물론 세계에서 가장 넓은 열대 늪지라는 사실은 알고 있었다. 그러나 이 지역에 그렇게 풍부한 토탄이 묻혀 있다는 사실은 몰랐다"고 덧붙인다. 나는 이 부분을 읽으면서 다소 실망할 수밖에 없었다. 이 지역에서 뭔가 더 대단한 것이 발견되기를 바랐던 터다. 그러나 나는 이것이 이 이야기의 진짜 흥미로운 점이라고도 생각한다. 콩고는 지구상에서 이미 오래전에 사람들의 관심에서 멀어졌을 법한 부류의 발견 및 모험 이야기가 여전히 현재 진행형으로 펼쳐질 수 있는 몇 안 되는 장소다. 여러 면에서 '암흑의 핵심'인 것이다. 1899년 처음 연재된 『암흑의 핵심*The Heart of Darkness*』은 콩고강을 거슬러 올라간 선원들의 여정을 담고 있다. 조지프 콘래드가 한때는 "어린 소년이 환상적인 꿈을 꾸게 하는" 지도의 "하얀 조각"이었지만 "암흑의 땅"이 되었다고 표현한 곳으로 향하는 여정이었다. 사람들은 지도의 세계가 이미 이곳을 거쳐 갔을 것이라고 생각할 것이다. 그러나 이 지역이 영토에 포함되는 두 국가는 아직 지도 제작 기관이 정부에도, 민간에도 없다. 오래전부터 이 지역의 가장 뛰어난 지도는 CIA가 제작한 대축적 지도다. 최근에는 사람들이 GPS 및 기타 위성 자료에 의존한다. 이 지역만 놓고 보면, 대도시의 중심부를 제외하더라도 이 지역이 완벽하게 미지의 땅인 것은 아니다. 다만 구할 수 있는 종이 지도에는 아주 기초적인 정보만 나온다.

지도가 부실하다는 이유만으로 콩고가 여전히 접근이 금지되고 도달할 수 없는 목적지로 꼽히는 것은 아니다. 1960년대부터 소규모 반란이 간간이 일어났지만 1990년대 말, 당시에는 자이르Zaire, 1997년부터는 콩고민주공화국Democratic Republic of Congo이라고 불리는 국가에서 민족 갈등과 이권 다툼이 원인으로 작용한 전쟁이 터졌다. 제프리 게틀먼이 《뉴욕타임스》에 기고한 논평에 따르면, 콩고민주공화국은 "지구상에서 가장 가난하고 절망적인 국가"가 되었다. 1998년 이래 이런저런 분쟁에 휩싸이면서 콩고민주공화국에서는 약 350만 명이 목숨을 잃었다. 실제로는 콩고라는 이름이 붙은 국가는 둘이다. 콩고민주공화국의 이웃 나라가 콩고공화국Republic of the Congo, 즉 콩고-브라자빌Congo-Brazzaville이다. '콩고'라는 단어는 이 지역에 사는 반투족을 가리키는 '바콩고Bakongo'에서 유래했다. 이 지역의 서쪽은 벨기에의 식민지였고, 동쪽은 프랑스의 식민지였다. 두 콩고 모두 매우 가난하며 그것도 모자라 성폭력과 민족 분쟁이 끊이지 않는다.

콩고에 가지 않을 이유는 예나 지금이나 충분히 많다. 이런 끔찍한 이미지는, 어쩌면 지나치게 딱 떨어지도록 이 지역을 공포의 장소로 표현하는 기존의 진부한 표현이 만들어지는 데 기여한다. 또한 다소 시대에 뒤떨어진 이미지여서, 이 두 국가가 아주 빠른 속도로 발전하고 있으며 건설 호황을 누리고 있다는 사실을 가려 버린다. 아프리카의 다른 지역과 마찬가지로 콩고에는 현재 도로 및 철도 건설 붐이 일고 있다. 대부분 광산업체들이 자금을 댄 '개발 통로'가 한때는 접근 불가능했던 땅으로 밀고 들어가고 있다. 새로운 도로와 철도가 놓이는 곳에는 새로운 지도도 생긴다. 거대 광산 기업 코민코리소시스Cominco Resources는 현재 20억 달러를 투자해 세계에서 매장량으로는 최고일 것으로 추정되는 콩고공화국의 인산염 매장지 개발 프로젝트를 진행하고 있다. 코민코리소시스의 지리정보시스템GIS 전문가 헬레나 빌체스는 "이 지역은 지도나 3D 디지털 이미지가 없어요. 그래서 이 지역을 탐사하려는 회사는 자체적으로 지도와 지형도를 제작해야 해요."라고 설명한다. 코민코도 그렇게 하고 있다. 코민코뿐 아니라 여러 기업과 기관이 해상도가 뛰어난 상세 지도를 제작하고 있다. 이 새로운 지도들에 서로 다른 부분도 있으므로, 킨샤사(콩고민주공화국의 수도-옮긴이)에 본부가 있는 UN의 '공동지리정보기록보관소Common Geographic Repository'는 이 모든 지도를 통일하는 데 힘쓰고 있다. 콩고가 지도상의 빈칸이라는 관념은 빠른 속도로 현실이 아닌 환상이 되고 있다. 우리의 갈망과 신화만 남은 환상이.

이 지역을 여전히 지도에 표시되지 않은 미개척지로 대하고 싶어 하는 분위기는 역사가 길다. 전 세계의 부유한 국가에서 몇 세대에 걸쳐 사람들이 스스로를 시험하고 미지의 땅을 탐험하려고 아프리카의 콩고를 찾았다. 콘래드의 소설이 발표된 지 10년이 지난 뒤, 칼 하겐베크가 『야수와 인간*Beasts and Men*』이라는 책을 펴냈다. 하겐베크는 독일의 동물원에 야생동물을 공급하는 일을 했다. 하겐베크는 아프리카 내륙의 어둡고 깊은 곳에는 목이 긴 초식 공룡이 여전히 살아 있을지도 모른다고 말한다. 이런 주장은 서구인의 상상 속에 스며들었다. 이를테면 1910년《워싱턴포스트》에 실린 "브론토사우르스가 여전히 살아 있다"는 기사부터 미국 보이스카우트의 월간지《보이즈라이프*Boys' Life*》에까지 영향을 주었다. 1992년《보이즈라이프》에는 콩고분지를 "나무, 덤불, 진흙, 물이 뒤엉켜 있으며, 도로가 없고 보행길조차 드문 곳"으로 묘사하는 기획 기사가 실렸다. 이 기사에 따르면 세계에서 가장 접근하기 힘든 곳으로 꼽히는 콩고분지, 그중에서도 특히 리쿠알라 습지(루이스 박사가 발견한 미개척지의 대부분을 차지한다)가 "악어, 뱀, 코끼리, 고릴라, 원숭이, 도마뱀, 새, 엄청난 무리의 곤충"의 서식지라고 밝히면서 "아마 다른 무언가"도 사는 것 같다고 운을 띄웠다. 킹콩부터 크로커사우루스까지, 콩고를 배경으로 삼은 유명한 B급 영화에 나온 모든 괴물이 그 "다른 무언가"가 될 수 있겠지만, 이 기사에서는 하겐베크가 언급한 공룡을 내세운다. 다른 후보 괴물의 경우와는 달리, 이 지역의 많은 주민이 실제로 이곳에 공룡이 산다고 주장한다. 그들은 이 공룡을 **모켈레-음벰베**mokele-mbembe라고 부른다. '강의 흐름을 막는 자'라는 뜻으로, 길이가 10미터에 이르는 양서류다. 회갈색의 피부에 목이 길고 유연한 도마뱀처럼 생겼다. 사람들의 말에 따르면, 이 공룡은 강둑에 판 동굴에서 지내며 코끼리, 하마, 악어를 잡아먹는다고 한다. 실제로 이 정글에는 또 다른 공룡도 살고 있는 것으로 알려져 있다. '코끼리 사냥꾼'을 의미하는 **에멜라-은투카**emela-ntouka로, 모켈레-음벰베와 마찬가지로 정글과 늪에 서식하는 거대 도마뱀이라고 한다.

괴물이 있는 곳에는 괴물 사냥꾼이 있기 마련이다. 그동안 이 괴물을 찾기 위해 수십 개의 탐사대가 꾸려졌다. 특히 지난 20~30년간 많은 탐사대가 이곳을 찾았다. 금방 해체되긴 했지만 국제미확인생물협회를 설립한 시카고대학교의 생물학자 로이 맥캘은 1980년과 1981년에 탐사대를 꾸려 리쿠알라 습지와 텔레호湖 주변 지역을 돌았다. 맥캘은 지역 주민의 이야기 외에 다른 증거는 아무것도 찾지 못했다. 1992년 일본 영화 촬영팀도 이 지역을 돌았고, 미확인 생물의 존재를 굳게 믿는 이들이 물속에 웅크리고 있는 검은 생물체라고 주장하는 희미한 항공 촬영 이미지만을 간신히 얻었다. 발견되는 것이 없을수록 더 많은 탐사대가 찾아오는 것 같다. 2012년 미주리주 출신

청년 스티븐 맥컬라가 크라우드 펀딩 사이트 킥스타터Kickstarter에서 4인으로 구성된 팀의 3개월짜리 탐사 프로젝트에 필요한 자금 2만 7,000달러(우리 돈으로 약 3,000만 원-옮긴이)를 모았다. 맥컬라 팀은 도착 직후 와해되고 맥컬라도 곧 콩고를 떠났다. 이번에도 존재 자체가 의심되는 모켈레-음벰베가 현대 과학의 손아귀에서 빠져나갔다. 그러나 그게 이 괴물들의 역할이다. 우리가 세계의 '미개척지' 중 하나라고 흥분하며 상상하는 장소에 꽁꽁 숨은, '저기 어딘가'에 있는 신비로운 생물체라는 역할 말이다.

콩고가 실제로도 접근 불가능한 지역인 편이 더 나았을지도 모른다. 그렇다면 19세기의 벨기에와 프랑스부터 최근 이웃 나라에서 넘어온 무장 반란 세력까지 외부의 침략자 무리가 이곳을 가만히 내버려 두었을 테니까. 광산 기업도 멀찍이 물러나 있었을 것이다. 한때 콩고의 천연자원을 보호해 준 오지라는 특성이 빠른 속도로 사라지고 있다. 루이스 박사는 자신이 탐사한 지역에 그토록 많은 동물이 서식하고 있는 것(이곳은 고릴라와 코끼리 개체 밀집도가 매우 높다)은 자연적인 현상이 아니라, 그곳이 "다른 지역에서는 흔히 사냥당하는 동물"의 피난처이기 때문이라고 말한다. 그는 이제 이 정글이 야생동물보호협회가 관리하는 '공동체의 보호구역'으로 지정되기를 바라고 있다. 그래야만 앞으로도 이 지역의 동물들이 살아남을 수 있을 것이다. 모두 희망 사항일 뿐이다. 어쨌거나 '미개척지 콩고의 신화와 현실은 앞으로도 계속 살아남으리라 생각한다. '미개척지 콩고'는 실재하는 장소라기보다는, 지도의 빈칸이 약속하는 모험이라는 환상과 상상의 장소이니까.

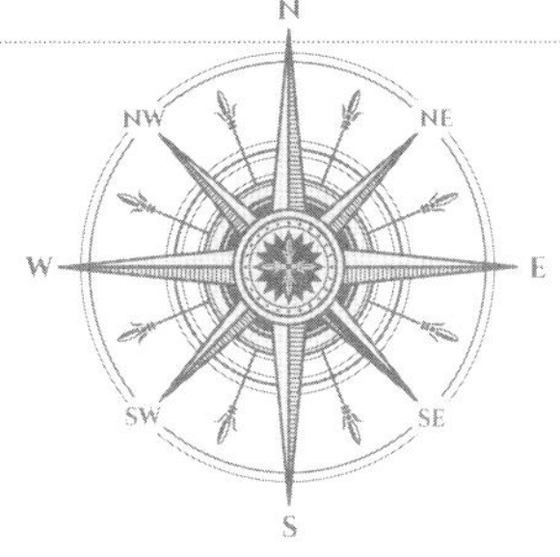

검은 돈이 머무는 곳

에든버러 로이스턴 메인스가 18번지 2호

이것은 비밀 자금이 숨어드는 수많은 섬에 관한 이야기다. 물리적인 실체 없이 서류상으로만 존재하는 회사인 페이퍼 컴퍼니paper company는 어디라도 주소지로 삼을 수 있다. 아주 초라한 장소여도 상관없다. 그래서 크기와 영향력의 간극이 엄청난 장소가 생겨난다. 에든버러 로이스턴 메인스가街 18번지 2호도 그런 장소다.

로이스턴 메인스가는 밋밋하고 빛바랜 낮은 건물로 채워진 평범한 에든버러 교외 거주 지역의 한 거리다. 마약에 절은 염세주의적인 청춘의 이야기를 담은 어빈 웰시의 소설 『트레인스포팅*Trainspotting*』의 무대이기도 하다. 부유한 관광객이 모여드는 관광 명소인 에든버러 시내와는 모든 면에서 정반대인 장소다. (이게 정말 적절한 표현인지는 모르겠으나) '현실 세계'에서는 로이스턴 메인스가 18번지에 있는 연립주택의 2호가 438개에 이르는 유령 회사, 이른바 '페이퍼 컴퍼니'의 주소지로 등록되어 있다. 유럽에서 가장 가난한 나라 몰도바의 국부 가운데 8분의 1이 바로 이곳에서 마법처럼 사라졌다. 2014년 말 어느 아침, 몰도바 국민들은 아침에 일어나자마자 자국 국고에서 7억 8,000만 달러(우리 돈으로 약 8,700억 원-옮긴이)가 사라졌다는 소식을 언론 보도를 통해 접해야만 했다. 이는 몰도바 국내총생산의 12퍼센트에 해당하는 금액이다. 시위대가 거리를 점령했고 나라는 혼란에 빠졌다. 심지어 루마니아와의 합병 이야기까지 나왔다. '존엄성과 자유'를 기치로 내건 시위대는 총리 관저 앞에 텐트를 치고 밤샘 농성을 펼쳤다. 곧 친유럽연합 성향의 정권이 무너졌고, 전 총리는 뇌물을 받고 부패를 눈감아 준 혐의로 체포되었다.

로이스턴 메인스가의 닫힌 문 너머에서는 아무 소리도 들리지 않는다. 자신을 로이스턴 경영 컨설팅사 대표라고 소개한 서른여섯 살의 리투아니아 출신 여성은 BBC 라디오 방송국 취재팀을 "아파트의 거실에 해당하는 작고 초라한 사무실"로 안내했다. 몰도바 사태에 대해 묻자 여성은 자신은 전혀 모르는 일이라고 딱 잘라 말했다. "우리는 아무것도 몰라요." 그러나 곧 그녀가 이 주소에 '사업장'을 차리고자 하는 사람들에게 아무것도 묻지도 따지지도 않는다는 사실을 확인할 수 있었다. '페이퍼 컴퍼니'는 서류상으로만 존재한다. 이런 회사는 국세청 등 외부인의 감시의 눈길을 피해 돈을 은밀하게 묻어 두고 옮기는 장소로 사용된다. 이들은 몰도바 사태로 드러난 정부 및 기업의 불법 자금 문제와 일반인의 세금 회피라는 일상을 하나의 선으로 연결짓는다. 후자에 해당하는 사람들은 자신이 전자와는 무관하다고 주장하지만 둘 다 페이퍼 컴퍼니, 비밀 자금 은닉처 발굴 등 기발한 회계 도구에 의존한다.

몰도바 사태의 주범으로 지목된 인물은 일란 쇼어로, 부에 일가견이 있는 사람이다. 일란 쇼어는 몰도바의 주요 공항, 프로축구팀, 방송국의 소유주이며 러시아의 인기 가수와 결혼한 젊은 부호다. 쇼어는 사라진 7억 8,000만 달러와 관련이 있다는 이유로 가택 구금까지 당했지만 곧 재기했다. 고혈압 등 건강 이상을 핑계로 법정에 한 번도 나오지 않았지만 그의 앞길을 막는 것은 아무것도 없어 보인다. 최근에는 몰도바 오르헤이에서 시장으로 선출되었다.

몰도바 국민이 전부 일란 쇼어를 비난하지는 않는다는 것은 확실해 보인다. 그런데 영국에서는 누가 비난받아야 한다고 생각할까? 몰도바 사태에 대한 영국의 반응은 철저한 무관심과 가벼운 창피함 사이의 어딘가에 걸쳐 있다. 그 무렵 영국 정부는 런던에서 반부패 정상회담을 개최하고 있었다. 영국은 외국인들의 부패 행위를 나무라는 것을 즐긴다. 그런데 사실

영국은 불법 자금 은닉 행위의 엄격한 처단자와는 거리가 멀다. 오히려 요트로 뒤덮인 카리브해의 섬부터 에든버러의 칙칙한 교외까지, 세계에서 가장 다양한 장소를 제공하는 은닉처 공급자다. 이런 장소에서 불법 자금이 터를 잡고 빛을 피해 숨는다.

스코틀랜드에 은닉처로 활용되는 장소가 그토록 많은 이유는 스코틀랜드 법상 '합명회사'(두 명 이상이 공동으로 출자해 만든 회사-옮긴이)로 등록된 기업은 매년 결산 보고서나 사원 명부를 공개하지 않아도 되기 때문이다. 회사의 소유권은 특정되지 않은 '무한책임사원'이라는 장막 아래 숨겨져 있다. 이들 무한책임사원은 영국령 버진아일랜드처럼 세부 사항에 접근할 수 없는 다른 은신처에서만 추적할 수 있다. 그곳에서도 구체적인 정보에 접근할 수 없기는 마찬가지다. 에든버러에 있는 이 동네는 임대료가 싸고 계약 당사자 정보도 묻지 않기 때문에 페이퍼 컴퍼니 사이에서 인기 주소지가 되었다. 특히 페이퍼 컴퍼니가 많이 몰리는 주소지 중 하나가 로이스턴 메인스가 모퉁이를 돌면 나오는 필튼 라이즈 16/5번지다. 300개가 넘는 회사가 이 주소로 등록되어 있다. 퍼포먼스글로벌유한책임회사Performance Global Limited도 그런 회사다. UN 안보리 보고서에 따르면, 이 회사는 UN의 무기 제재 조치를 위반했다. 이보다 조금 더 부유한 동네가 몽고메리가街 78번지인데, 이곳에는 무려 3,500개의 유한책임회사가 등록되어 있다.

이들 주소의 가장 특이한 점은 우리가 이 주소에 대해 알고 있다는 사실이다. 이들 주소에 등록된 회사들은 이미 파악되었고 노출되었다. 넓디넓은 자금 도피의 세계에서는 서투른 편에 속하는 것이다. 애초에 그런 일이 벌어져서는 안 된다. 이 쪽 업계에서 일하는 전문가에게는 무소식이 희소식이어서, 누군가가 불법이 아닌지 의심만 해도, 적어도 내가 느끼기에는 마법 주문 같은 답변만 되풀이한다. "우리가 하는 일은 결코 불법이 아니에요." "조세 회피가 탈세는 아니죠."

로이스턴 메인스가가 스캔들에 연루된 것을 지켜보면서 자기 관리에 더 능숙한 도피처들은 내심 뿌듯함을 느끼고 있는지도 모르겠다. 저지섬, 건지섬, 맨섬, 케이맨제도, 버뮤다제도, 영국령 버진아일랜드 등 이 업계에서 어느 정도 자리를 잡은 지역부터 말레이시아의 라부안섬처럼 이 업계에 새로 뛰어든 지역까지, 대부분 준자치령 초소형국가다. 하나같이 로이턴 메인스가보다 더 높은 비용을 요구하지만 그만큼 일을 더 깔끔하게 처리한다. 물론 이런 곳들이 불법 자금을 숨기는 그런 비열한 짓을 한다는 것은 아니다.

2015년 국제 '금융 비밀 지수Financial Secrecy Index'에 따르면 스위스, 그리고 그다음으로는 홍콩과 미국이 조세 피난처로 가장 선호되는 세 국가라고 한다. 그러나 본토 외 영토까지 합친다면 아마도 영국이 1위를 차지하지 않을까 싶다. '파나마 페이퍼스' 사건을 떠올려 볼 필요가 있다. 파나마가 아닌 다른 지역에 세워진 페이퍼 컴퍼니의 정보를 담은 이 문서의 유출로, 2015년 파나마의 법률회사 모색폰세카Mossack Fonseca가 침몰했다. 문건에 나온 21만여 개의 '회사들' 중 절반 이상이 영국령 버진아일랜드에 주소지를 두고 있었다. 조세 피난처의 명부는 아주 화려하다. 로이스턴 메인스의 칙칙한 거리와는 아주 먼 세계다. 그러나 이런 화창한 모래섬들과 에든버러 교외의 작은 아파트는 강력한 국가의 보호 덕분에 존재한다는 공통점을 지닌다. 영국이 없다면 영국령 버진아일랜드는 정직하게 벌어 먹고살 길을 구해야 할 것이다. 이들 초소형국가에는 '본토'가 강력한 후원자인 셈이다.

매년 약 2,130억 달러가 개발도상국에서 조세 피난처로 유출되며, 그 결과 세계 최빈국의 총국민소득의 2~3퍼센트가 사라지는 것으로 추정된다. 유럽형사경찰기구Europol 금융정보부 부장 이고르 안젤리니는 페이퍼 컴퍼니가 뇌물 자금의 이동과 "대규모 돈세탁 활동에서 아주 중요한 역할"을 한다고 설명한다. 전 영국 수상 데이비드 캐머런이 나이지리아가 "믿을 수 없을 정도로 부패했다"는 직설적인 발언을 날리면서 반부패 법안을 강력하게 지지했다는 사실은 꽤나 역설적이다. 나이지리아의 반부패 단체들이 캐머런에게 영국의 조세 피난처를 강력하게 규제할 것을 요청하는 편지를 전달했으니 말이다. 나이지리아의 한 시민운동가는 영국 같은 국가들이 "우리나라 부패 관료들의 불법 자금을 계속 환영"하는 한 아프리카의 반부패 운동은 실패를 거듭할 수밖에 없을 거라고 설명했다.

세계 금융 시스템의 빈틈에 숨은 이런 작은 영토가 세계에 미치는 영향력은, 장소의 크기와 권력이 역관계에 있다는 것을 아주 잘 보여 준다. 그런데 이런 사례는 세금이 우리를 어떻게 장소와 연결하는가라는 더 포괄적인 주제로도 이어진다. 본인이 장소와 맺은 관계가 피상적이라고 여기는 사람은 '국세청 직원'이 파고들 틈이 없도록 최선을 다하는 게 당연하다고 생각할 것이다. '당신의 돈'을, 그리고 물론 다른 사람들의 돈도, '안전하게 숨기는 것'이 왜 모든 이해 당사자에게 더 나은지 합리화할 방법은 많다. 그런데 당신이 자유롭게 떠돌아다니는 권력층이 아니라면, 대다수의 사람처럼 한 장소에 어떤 식으로든 뿌리를 내렸다면, 그리고 그 장소에서 벗어날 수 없거나 벗어나고 싶지 않다면, 그러면서도 '부담'을 회피하려면 대가를 치러야 한다.

나는 확실히 대가를 치러야만 했다. 당신도 나처럼 책을 쓴다면 회계사를 고용하는 게 좋다. 회계사는 제일 먼저 회사를 차리라고 권할 것이다. 영국에서는 기업등록소에 등록하기만 하면 된다. 그 즉시 내야 할 세금이 절반 이상 줄어든다. "그래, 바로 이렇게 하는 거구나." 나는 감탄했다. 그리고 그렇게 했다. 내 회사의 부장과 이사진의 자리는 비워 둔 큼직한 파일을 마련했다. 며칠 동안 내가 아주 영리한 사람이라는 생각에 젖어 있던 중 문제가 있다는 것을 깨달았다. "하지만, 이건 사실이 아니잖아." 그 생각을 떨칠 수가 없었다. 무엇보다 과연 나는 앞으로 다른 사람을 떳떳하게 대할 수 있을까? 이건 단순히 돈의 문제가 아니었다. 내가 사람과 장소와 맺는 관계에 관한 문제였다. 여기가, 이 집이, 이 공동체가 그저 더 나은 대안이 생기기 전까지 내가 견뎌 내고 버텨 내야 하는 곳일까?

솔직히 말해, 아직도 그 질문의 답을 찾지 못했다. 왜냐하면 도덕적·정치적 선택이 아닌 신체 반응에 의한 선택 영역에 가까웠기 때문이다. 속이 울렁거렸다. 불면증에 시달렸다. 내가 얻은 보상으로 인해 나 자신이 멍청한 위선자로 비춰진다는 사실을 깨닫고서 괴로워하던 나는 우울한 일주일을 보낸 뒤 회계사에게 앨러스테어보네트유한책임회사Alastair Bonnett Limited의 등록을 취소해 달라고 부탁했다. 여전히 기업등록소에 회사가 등록되어 있기는 하다. 다만 이번 세금 부과 년도가 끝날 때까지만이다. (설립: 2012년 10월 23일. 청산: 2013년 4월 2일. 회사 유형: 유한책임회사.)

그렇게 나는 조세 회피에 들인 발을 뺐다. 발걸음 하나, 소리 없는 발걸음 하나에서 멈췄다. 대기업과 부자들은 앞으로도 계속 '독립체entity'와 '종이paper', 즉 특수목적회사Special Purpose 'Entity'와 페이퍼 컴퍼니'paper' company 같은 추적 불가능한 허깨비들을 통해 자금을 빼돌릴 것이다. 그러면서도 밤에는 두 발 뻗고 잘 잔다는 것도 안다. 그러나 나도 가끔이나마 잘 자게 되었으니까 그걸로 됐다.

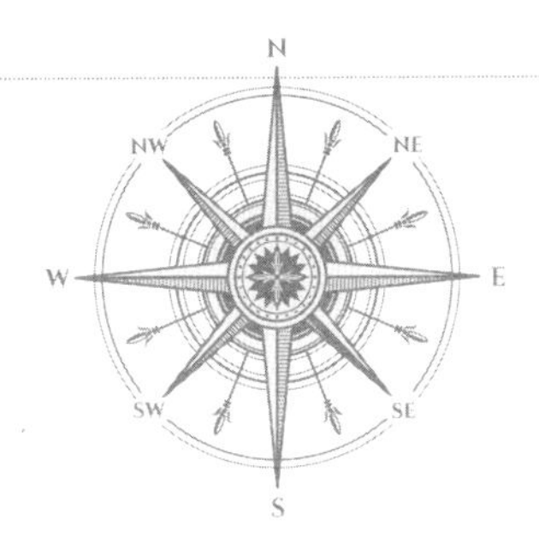

보행자의 움직임은 어떻게 통제받는가

스파이크 지대

어느 조용한 오후. 뉴캐슬에서 횡단보도 한쪽을 건너고 보니, 이전에도 와 본 적이 있는 곳이었다. 도로 중간에 있는 중앙분리대다. 차가 없으니 나머지 길을 건너기가 쉬워야 할 텐데 그렇지 않았다. 발밑에 익숙한 울퉁불퉁한 감각이 느껴졌다. 무인지대에 들어선 것이다. 보행자를 싫어하는 비非장소에. 우아하고 수월하게 앞으로 나아갈 방법이 없었다. 나는 무릎을 어정쩡하게 구부리고 발뒤꿈치를 들어, 사납게 이를 드러낸 블럭 사이로 조심스럽게 발걸음을 옮겼다.

이 길을 건너고 싶을 뿐인데, 도시의 파리끈끈이에 붙들려 이리저리 몸을 비틀고 있었다. 다 내 탓이기는 하다. 나는 지름길이라면 사족을 못 쓴다. 그래서 자주 스파이크 지대spikescape에 갇히곤 한다. 정해진 지면을 가로지르는 정해진 길에서 조금이라도 벗어나면 어느새 스파이크 지대에 들어선 나 자신을 발견하게 된다. 지면이 씩씩거리며 호통을 친다. "얼른 바른 길로 돌아가!"

스파이크 지대는 보행자를 통제하고 하릴없이 밍기적거리는 사람과 스케이트보드 타는 사람을 쫓아내려고 만든 장소다. 등장한 지 30년 정도밖에 되지 않았지만 워낙 흔해서 딱히 시선을 끌지는 않는다. 노숙자가 눕지 못하게 박아 둔 작은 쇠못처럼 유난히 지독하다고 여겨지는 경우에만 공분을 산다. 그러나 노숙자 퇴치 장치는 억제용 포장 재료의 목록에 실린 수많은 제품 중 하나에 불과하다. 우리 발밑에서는 보행자 퇴치용 자갈, 막대기, 혹이 인류에게 복수를 맹세한 성난 버섯처럼 마구 자라나고 있다.

나는 억제용 포장 재료라는 주제에 너무 깊이 빠지지 않으려고 애썼다. 해안을 달리면서 그중 특히 흥미로운 재료들만 아내에게 알려줬다. 내가 가장 기발하다고 생각한 재료는 소형 피라미드들이다. 그런데 그녀는 나와는 달리 이 주제에 별로 관심이 없었다. 이 대화에서 제대로 풀지 못한 욕구가 남아 있었던 데다가 벤치와 난간에 박는 징 제조업체('우리는 사람들이 앉아서는 안 되는 곳에 앉지 않도록 창틀과 벽에 박을 수 있는 원뿔 모양의 징을 생산합니다.')를 조사하고 있던 터라, 들어갔다 나왔다 하는 가시못이 설치된 중국의 벤치에 대해 이야기하고 싶은 마음이 걷잡을 수 없이 커졌다.

그 벤치는 독일 조각가 파비안 브룬싱의 설치 예술품에서 영감을 받아 탄생했다. 브룬싱은 자신의 작품에 상업화의 어두운 면에 대한 저항의 뜻을 담았다. 그가 만든 벤치에는 동전을 넣는 구멍이 있어서 계속 동전을 넣지 않으면 스파이크가 튀어나와 앉은 사람의 엉덩이를 찌른다. 작가의 의도에는 전혀 관심이 없는 중국의 관료들이 이 작품을 무단으로 도용해 산둥성 옌타이공원에 스파이크 자판기 벤치를 설치했다. "누구나 공공시설을 공평하게 사용할 수 있도록 신경 써야 하니까요." 공원 관리자가 설명한다. "사람들이 새벽에 벤치를 차지하고 앉아서 하루 종일 거기 앉아 있는 걸 막는 가장 공정한 방법이라고 생각했습니다."

못에 찔릴 가능성을 더하는 것이 벤치가 최소한만 활용되도록 하는 아주 효과적인 방법이라는 사실이 입증되었다. 이것은 극단적인 예이기는 하지만, 당신을 쿡쿡 찌르고 수치심을 주면서 통제하는 여러 도시 공간들도 똑같은 논리를 적용한다. 스파이크라는 명칭이 붙은 것들만이 적대적인 건축물을 만드는 게 아니다. 스파이크 지대는 당신이 발을 바삐 움직이지 않으면 마음의 평화를 뒤흔드는, "지금 당장 움직여"라고 신경질적으로 채근하는 듯한 부류의 장소들이다. 부랑자를 몰아내기 위해 설치된 스프링클러부터, 어린 학생들만 들을 수 있는 고주파 소음을 내는 '모스키토' 장치와 여드름 자국을 강조하는 분홍빛 형광 가로등처럼 십 대를 겨냥한 장치까지 다양한 형태를 띤다. 머물기 힘든 장소를 만드는 것은 시설의 설치뿐 아니라 시설의 철거와도 관련이 있다. 도시에서는 벤치, 화장실, 쓰레기통을 찾기가 힘들다. 관리가 어려울 것을 우려해 치워 버렸기 때문이다. 덤불과 나무도 마찬가지로 뽑히고 잘려 나갔다. 도둑과 강간범이 숨을 장소가 될지도 모르니까.

스파이크 지대는 까다롭고, 방어적이고, 적대적인 장소다. 범위가 넓고 깊지만, 그래도 대표격은 노숙자 퇴치용 스파이크다. 2014년 6월, 건물 벽이 오목하게 들어간 곳에 높이 2센티미터의 금속 징들을 박은 런던 남쪽의 한 아파트 사진이 트위터에서 유명해지면서 주목을 받았다. 아이디가 에티컬파이어니어EthicalPioneer('윤리적인 개척자'-옮긴이)인 사람은 이 사진에 "노숙자 퇴치용 징. 연대 의식은 다 어디로 사라진 건지 :("라는 텍스트를 덧붙였다. 그 후 며칠 동안 이 트윗은 빠르게 퍼졌고 국제적인 쟁점이 되었다. 이를 계기로 노숙자 퇴치용 징의 설치가 확산되는 것을 막자는 다양한 운동이 전개되었다. BBC가 "맨체스터의 한 건물에 설치된 노숙자 퇴치용 금속 징에 분노한 여성이 건물 소유주를 때렸다. 쿠션으로."라는 제목의 기사를 내보내는 동안 캐나다 몬트리올의 CTV(캐나다 국영방송)도 이와 유사한 적대적인 반응을 보이는 시민들을 취재했다. "정말 창피한 일입니다. 나는 이런 사회에서 살고 싶지 않습니다.

그런 장치가 눈에 띄면 반드시 철거하게 만들 거예요." 두 도시 모두 노숙자 퇴치용 스파이크를 철거했다.

나는 노숙자 퇴치용 스파이크에 대한 이런 대중의 분노가, 공적 공간에 점점 더 엄격한 규정을 적용하고 더 철저하게 통제하는 세태에 대해 대중이 느끼는 더 뿌리 깊은, 더 복잡한 불안감이 발현된 것이라고 생각한다. 이들 스파이크 지대가 우리의 안전을 위해 설치되었다는 점에서 복잡한 감정이 들 수밖에 없다. 우리는 돌봄을 받고 있다. 누군가, 어쨌거나 신경을 쓰고 있다. 스티븐 플러스티는 이런 새로운 도시 영역을 예리한 분석력으로 추적한 지리학자다. 『편집증 세우기*Building Paranoia*』에서 그는 '규제 공간'을 다섯 가지 유형으로 분류한다. 그가 말하는 '규제 공간'은 '잠재적 이용자를 가로막거나 쫓아내거나 가려내도록 설계된 공간'을 의미한다. 시적인 분위기가 묻어나는 플러스티의 목록은 다음과 같다.

- 은밀한 공간: 찾을 수 없는, 감춰진 공간
- 아슬아슬한 공간: 길이 뒤틀리고, 늘리고, 사라져서 닿을 수 없는 공간
- 딱딱한 공간: 벽, 대문, 검문소 등으로 막혀 있어서 접근할 수 없는 공간
- 뾰족뾰족한 공간: 편하게 머물 수 없는 공간
- 조마조마한 공간: 다른 사람의 시선에 노출되지 않은 채 사

플러스티는 억제용 포장 재료 확산과 출입 제한 주택단지 등장 사이의 연관성, 그리고 보행자를 대상으로 한 미시적 방해 장치와 감시 및 통제라는 거시적 조치의 관계를 밝힌다.

내가 갇힌 인정머리 없는 중앙분리대에 쓰인 보행자 퇴치용 포장 재료로 돌아가 보자. 나는 당연히 동시에 아슬아슬하고, 딱딱하고, 뾰족뾰족하고, 조마조마한 공간에 놓여 있다. 백설공주와 일곱 난장이에 나오는 일곱 난장이의 사촌들 이름처럼 들리지만, 내가 처한 곤란한 상황을 완벽하게 묘사한다. 이 상황이 우스울 수밖에 없는 게, 내가 이곳에 갇히게 된 이유가 오직 도로 밑을 지나가는 보행자용 지하도로 가지 않으려고 고집을 부려서이기 때문이다. 나는 지하도로 건널 마음의 준비가 되어 있지 않다. 지하도를 통해서 가면 족히 5분은 더 걸려서가 아니라, 그 지하도가 어두컴컴하고 더러워서다. 조명은 (그걸 조명이라고 부를 수 있는지조차 의심스럽지만) 깜빡거리고 언제 가도 지린내가 진동한다. 이 동네에서 가장 적대적인 건축물은 보행자를 막으려고 박아 놓은 스파이크가 아니라 (실은 그 스파이크가 우리를 막으려고 있는 건지도 확실하지 않다) 집으로 가는 매력적이고 안전한 통로랍시고 만들어 놓은 보도와 지하도다. 지하도는 1970년대가 도시 여기저기에 남긴 여러 버림받은 장소 중 하나다. 그 10년간 활동한 도시 설계자들은 인간이 진화해서 미로와 지하 배수로로 몰아넣을 수 있는 뇌가 작은 쥐가 되었다고 믿은 게 틀림없다('성급한 개발 계획의 잔재, 흉물로 남다' 참고). 그런 잘못된 판단이 현재의 우리가 비인간적인 지형에 무관심으로 일관하게 된 원인이다. 스파이크 지대는 우리가 도시를 걸어서 돌아다니는 지극히 평범하고 인간적인 즐거움을 누릴 여지를 싹 거둬 버린, 구세대 도시 설계자의 의도치 않은 사악한 창작물이다.

그래서 나는 이제 길을 건넌다. 품위는 살짝 잃었지만 그런 것쯤은 이제 익숙하다. 여전히 지하도의 냄새 나는 구멍을 거쳐 가야 해서, 이보다 훨씬 더 열악한 조건을 피했다는 점을 상기한다. 그 땅굴 속으로 내려가느니 얼마든지 스파이크를 견뎌 내겠다. 그러니 나는 곧 이 스파이크 지대로 다시 돌아오게 되리라. 이곳은 나를 달가워하지 않지만, 나를 영영 쫓아내고 싶다면 더 노력해야 할 것이다.

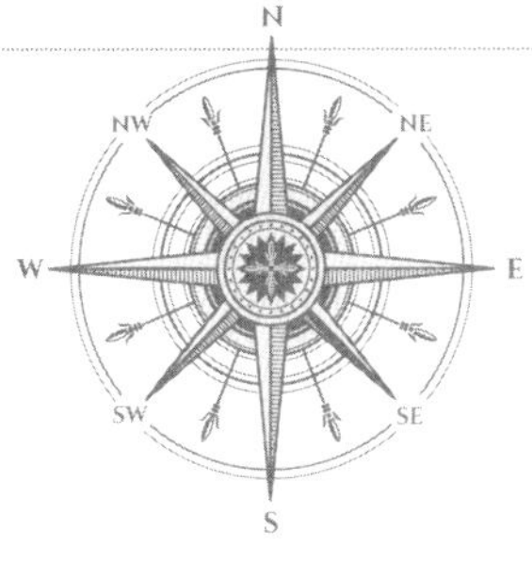

비밀 영토에 도사린 야망

하이난섬의 유린 지하 해군기지

유린楡林은 중국 하이난섬 남쪽 해안 절벽을 폭파해 만든 비밀 동굴 해군기지다. 2008년 처음 세상에 알려졌다. 미군의 자료에 따르면 “탄도미사일 탑재 공격잠수함과 최첨단 수상 전투함 모두를 수용할 수 있을 정도로 크다”고 한다. 인공위성에서 찍은 희미한 사진에는 산으로 들어가는 커다란 터널 입구 두 개가 보인다. 마치 제임스 본드가 나오는 첩보 영화가 무대로 삼을 법한 장소다. 심지어 실제로 스릴 넘치는 영화로 만들 만한 일화도 있다(영화 제목은 ‘하이난섬 사건’). 2001년 하이난섬 근처에서 미국 정찰기와 중국 전투기가 충돌했다. 중국 조종사 한 명이 사망했고, 미국 정찰기 승무원은 포로가 되어 심문을 당했다. 타이완섬과 크기가 비슷한 하이난섬은 중국 남쪽 해안의 전략적 요충지에 자리하고 있어 지정학적으로 민감한 지역이다. 중국 해군은 새로 건설한 유린 해군기지의 정체가 그렇게 빨리 들통난 것을 매우 불쾌하게 여겼다.

군사력이 땅을 비밀 영토로 만드는 것을 보고 있으면 뭔가 마법 같은 데가 있다. 우리가 장소에 대해 행사하는 진짜 소유권, 최종적인 소유권은 물리적인 힘을 통해서만 쟁취할 수 있다는 원초적이고 본능적인 무언가를 건드린다. 장소가 군사화되면 비밀 기지가 생길 뿐만 아니라 지역 전체, 나라 전체가 장막을 뒤집어쓰게 된다.

해군기지를 산 밑에 감추는 것이 드문 일은 아니다. 세계에서 가장 큰 비밀 해군기지는 스웨덴의 무스쾨 기지다. 냉전 시대에 화강암 산속에 건설되었으며, 여기서 군함을 생산하고 보수했다. 이곳에는 수천 명을 수용할 수 있는 야전병원도 있다. 지금은 기지 대부분이 폐쇄되었지만 조선소는 여전히 운영 중이다.

유린 동굴은 최근 확장한 유린 지하 기지의 일부에 불과하다. 남중국해를 향해 입구가 나 있는 유린 해저 기지 건설 프로젝트는 몇 년에 걸쳐 진행되었다. 하이난섬은 전체가 군사시설로 뒤덮여 있다. 중국군은 이 섬을 더욱 광범위한 지역에 걸쳐 군사력을 확보하는 핵심 출발지로 삼고 있다. 파라셀제도와 스프래틀리제도('누가 섬을 건설하려 하는가' 참고) 등 멀리 떨어진 분쟁 지역 섬들을 방어하는 기능도 한다. 이 섬의 해군기지는 여섯 개의 군사 비행장과 함께 '제2열도선Second Island Chain' 전략의 구심점 역할을 한다. 제2열도선은 중국 동쪽의 일본과 괌에서 시작해 오스트레일리아와 인도네시아까지 에워싸는 잠재적 개입 및 통제구역을 표시한 원호다.

따라서 유린에 새로운 '비밀 군사기지'가 생긴 것은 사실이지만 자칫 오해를 살 여지도 있다. 실은 하이난섬 전체가 비밀 군사기지 기능을 하기 때문이다. 하이난섬의 군사화는 이 섬의 지형이 군사적 목적에 적합하다는 것을 의미한다. 이런 관점에서는 하이난섬의 도로, 마을, 들판이 전부 비밀 군사시설이다. 중국처럼 군사화된 사회에서는 겉으로는 민간의 장소로 보이는 곳도 조건부인, 가면을 쓴 것 같은 특징을 보인다. 언제라도 트럭이 밀고 들어올 수 있고, 그 순간 도로의 놀라울 정도로 넓은 허리둘레, 이상하리만치 단단한 어깨와 더불어 이전에는 눈에 띄지 않았던, 군용 운송 수단과 병사에 맞춰 설계한 특성들이 확실하게 모습을 드러낸다.

중국만 그런 것은 아니다. 유럽이나 미국에서도 겉으로 보기에는 평범한 많은 도로들에 군사적 기능이나 목적이 숨어 있다. 그러나 중국에 이런 이중 기능을 수행하는 시설이 훨씬 더 많다. 중국에서는 군대가 제공하는 서비스의 규모와 그 정치적·사회적 역할이 워낙 크기 때문이다. 중국의 병력은 약 300만 명에 달할 것으로 추산된다. 이보다 더 중요한 사실은 군대가 정치조직과 결합해 '병영국가garrison state'를 형성한다는 점일 것이다. 미국 정치 이론가 해럴드 라스웰이 '폭력 전문가인 군인의 우월성'에 토대를 둔 새로운 유형의 사회가 부상하는 현상을 설명하기 위해 1941년에 이 용어를 처음 사용했다. 병영국가는 공식적으로는 평등을 지향하지만 또한 권위주의적이기도 하다. 그래서 애국주의와 군사주의를 결합해 혼용하는 엄격한 체제를 지속적으로 시행하고 확장한다. 나는 이런 작업에는 그에 못지않게 지리적 영유권 주장도 중요할 수밖에 없다고 생각한다. 중국군은 영토를 방어하려고 존재한다. 그리고 지형을 자신의 목적에 맞게 변형하고, 국가 전체를 군사기지와 본부라는 조각들의 집합으로 만들고 바꾸면서 그 권력을 확대했다.

최근 몇 년간 이 모든 감춰진 지형에 뚜껑을 꼭 덮어 두는 것이 중국의 최우선 관심사가 되었다. 많은 사람이 군대의 수족으로 여기는 중국의 지리측량제도정보국은 현재 각양각색의 온라인 지도 사이트가 활동하는 자국에서 유일한 지도 제작 권위자로서의 지위를 되찾으려고 고군분투 중이다. 새로운 정부 지침에 따르면 안보 위반 사례가 없는 사이트만이 지도를 업로드할 수 있고, 중국 밖으로 지도를 유출해서는 안 된다. 당국의 승인을 받지 않은 불법 유출은 징역 10년형에 처할 수 있다. 이 민감한 사안에 흥미로운 반전이 더해졌다. 중국 당국은 코카콜라사社가 윈난성에서 "소형 GPS 장비로 기밀 정보를 불법 수집했다"며 고발했다. 코카콜라 같은 기업은 유통망 구축을 위해 지도를 제작하는데, 코카콜라 측은 그 과정에서 불법행위는 없었다고 완강히 부정했다. 그러나 이런 사례는 중국에서 얼마나 많은 지역이 군사적으로 민감한 구역으로 분류되는지를 보여 준다. 고발 이유를 설명하면서, 해당 지역 지도 제작 사무소의 한 익명의 관료는 허가받지 않은 지도 제작은 "우리나라를 곤경에 빠뜨릴 수 있다"고 당국의 입장을 합리화했다. 윈난성 제도국의 부국장 리 밍더도 이런 논리를 반복했다. "지도 같은 정보는 적국이 악용할 수 있다. 따라서 통제되어야만 한다." 중국에서 구글 맵을 정기적으로 차단하는 것도 여기서 말하는 '적국'이 외부만이 아닌 내부에 있을 수도 있다는 점을 암시한다.

이야기가 유린의 비밀 해군기지에서 아주 먼 곳까지 와 버렸다. 그러나 그 기지의 범위를 정하는 것, 그러니까 무엇이 비밀 군사 지형이며 무엇이 비밀 군사 지형이 아닌지의 경계를 정하는 것은 쉽지 않다. 군사화된 '병영국가'에서는 모든 지형에 감춰진 얼굴이 있다. 병영국가는 우리에게 장소에 관한 아주 구체적이고 특수한 논리를 제시한다. 궁극적으로 장소는 물리적인 힘으로 쟁취하고, 물리적인 힘에 의해 빼앗기는 대상이라는 논리가 그것이다. 모든 법과 협정의 밑바탕에는 영토란 소유하는 것이 아닌 점령하는 것이라는 논리가 깔려 있다. 마오쩌둥이 수긍했을 만한 표현으로 바꾸어 보자면, 장소는 '총구'에서 나온다. 이런 잔인한 진실을 마주하고 나면, 왜 중국군이 자국 영토에 대해 행사하는 권력이 불만을 낳기는커녕 중국인 대부분에게 자부심과 안도감을 안기는지 이해할 수 있다. 인민해방군은 모병을 할 필요가 없다. 중국 헌법 제55조, "모국을 수호하고 침략자에 대항하는 것은 중화인민공화국 국민 모두의 신성한 의무다"에 따라 기꺼이 충성을 맹세할 자원병만으로도 충분하기 때문이다. 하이난섬을 방문한 서구의 기자들은 유린 해군기지에 대한 질문을 던졌지만, 돌아오는 것이라고는 애국심이 듬뿍 담긴 도도한 침묵뿐이었다. 중국의 감춰진 군사기지는 공공연한 비밀이다.

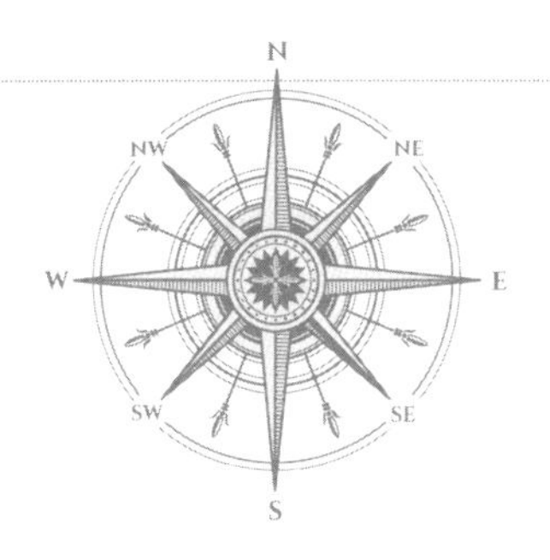

왜 잠들어 있는 유적을 깨우려 하는가

예루살렘 땅 아래

1992년 1월 미국의 성서고고학자 앨버트 E. 글록 박사가 요르단강 서안지구에 있는 고고학연구소 구내에서 마스크를 쓴 괴한의 총을 맞고 사망했다. 팔레스타인해방기구Palestine Liberation Organisation는 곧장 이스라엘 첩보 기관을 범인으로 지목했다. "팔레스타인 땅이 자신들에게 약속된 땅이라는 시온주의자들의 주장을 반박하는 연구 결과를 내놓은" 학자의 입을 막기 위해 꾸민 짓이라는 것이었다. 당시 글록 박사가 예루살렘의 거리 아래 묻혀 있는 유적에 관한 학계의 공식 입장을 뒤집을 만한 증거를 발굴했다는 소문이 돌았다.

글록 박사 살인 사건의 진실은 밝혀지지 않았고, 예루살렘 땅 아래 자리한 유적을 둘러싼 논쟁은 여전히 뜨겁다. 나는 글록 박사가 살해당하기 몇 년 전에 이런 논쟁에 대해 알게 되었다. 1989년 여름, 나는 박사과정 1년차 대학원생의 신분으로 국제역사지리학회에 참가했다. 학회를 주최한 것은 예루살렘의 히브리대학교였다. 처음 참가하는 학회였으므로 나는 아주 들떠 있었다. 강연이 동정의 여지가 없을 만큼 지루한 것도, 그럼에도 불구하고 사람들이 꿋꿋이 엉덩이를 붙이고 앉아서 무자비하게 이어지는 강연을 듣고 있는 것도 모두 존경스러웠다. 나도 이 공동체의 일원이 되었다! 이것이 학계다. 커다란 이스라엘 국기들이 열을 지어 연단을 점령했다는 점이 조금 이상하기는 했다. 그러나 나는 플라스틱 의자에 꼼짝 않고 앉아서 백발의 교수들이 꼬리에 꼬리를 물고 연단에 올라와 '중서부 북쪽 남성과 여성의 토지 보유권 체제' 등 특정 주제의 아주 지엽적인 내용을 끈질기게 파고드는 것을 진지하게 듣고 있었다. 학회 참가자 거의 대부분이 백인 남자였고, 당시 스물한 살이었던 내 눈에는 다들 나이 지긋한 노인으로 보였다. 매일 오후에는 참가자의 절반 정도가 긴 바지로 갈아입은 뒤 소풍을 떠나는 학생들처럼 뜨겁게 내리쬐는 태양 아래에서 줄을 지어 마사다나 자파나, 아무튼 그날의 인솔자가 정한 장소로 단체 '현장학습'을 떠났다.

어느 날 오후 우리는 예루살렘에서 새로 발굴된 유적지를 찾아갔다. 고맙게도 지하에 있는 서늘한 방으로 터덜터덜 내려가야 했는데, 길게 죽 매달린 전구들이 깜빡거리면서 우리의 조용하고 공손한 얼굴과 나지막한 누런 벽을 비췄다. 수천 년 전에 이 도시에서 살았던 유대인 가족의 집과 상점 건물의 일부였다.

"우리의 팔레스타인 소식통이 (시오니즘에 대항하는) 반反프로파간다 대장정을 떠났다는 소문이 돈다(그는 오늘 마지막 회차에 자신의 경험담을 발표하기로 되어 있었는데, 끝내 나타나지 않았다)." 당시 내가 썼던 일기의 내용이다. 비록 그 일기는 종잇조각 뭉치에 가깝기는 하지만. 나는 그때그때 손에 들어온 종이에 일기를 쓰곤 했다. 영수증, 버스 시간표, 어떤 학생이 히브리어를 끄적이다 만 것처럼 보이는, 가시덤불에서 발견한 줄 그어진 연습장 따위였다. 매년 이제 이 일기장을 버려야겠다고 생각하지만 차마 버리지 못하고 있다. 어쨌든 당시에는 열심히 썼으니까. 서둘러 휘갈긴 글자를 알아보기조차 어렵지만 어떤 문단은 아주 깔끔하게 썼다. 예를 들어 이 종이에는 학회에 "팔레스타인 지리학자들이 쳐들어왔다. 우리와 함께 도시 아래의 유적지로 현장학습을 가고 싶어 했다."라고 기록되어 있다.

내 일기를 신뢰할 수는 없다. 대부분은 술에 잔뜩 취한 상태에서 썼다. 당시 나는 거의 매일 저녁마다 술을 마시러 다녔다. 그러나 이 기록에 대한 기억이 돌아오고 있다. 학회장 뒤편에서 논쟁이 벌어지는 장면이 떠오른다. 일어나더니 호통을 치는 한 남자, 약간의 몸싸움, 잠시 긴장감이 돌다가 닥친 선택의 순간. 그때 우리는 지금 당장 도시 밑에 무엇이 있는지, 팔레스타인 측 입장을 이해할 수 있는 아주 다른 현장학습을 떠나자는 호소를 듣고 있었다. 그러나 그날은 무기력과 망설임이 이겼다. 예의를 가장한 권위에 대한 복종이 승리했다. 팔레스타인 측 대변인들은 학회장을 떠나지 않았다. 여기저기 헛기침과 속삭임이 들렸다. 학회장은 정해진 일정을 계속 진행하라고 말했고, 우리는 그렇게 했다.

거듭해서 변화를 겪은 이 오래된 도시에서 도대체 누가 **발굴을 멈추라고** 명할 권리가 있을까? 이쪽의 지층이 중요하고, 저기에 있는 저 지층들이 의미가 있는 토대라고, 그 아래에 있는 지층이나 지금 막 파낸 그 지층이 아니라고 말할 권한은 누구에게 있는 걸까? 현재의 예루살렘 땅 밑을 파면 이슬람교 유적지가 나온다. 그 밑을 파면 유대교 유적지가 나온다. 아니면 어디를 파느냐에 따라 기독교나 소수 종파의 유적지가 나올 수도 있다. 그것도 이런 지층을 분류하는 가장 적절한 항목이 종교라는 것을 전제로 했을 때의 이야기다. 그런데 정말 그런지는 의문이다. 이 도시는 에부스인(고대 가나안인), 바빌로니아인, 그리스인, 페르시아인, 로마인, 비잔틴제국, 맘루크, 오토만제국, 대영제국 등 여러 지배자를 모셨다. 이 지역의 과거와 현재를 종교로 구분 짓다 보면 이들 중 일부의 이야기를 놓치기 십상이다. 이것은 비단 예루살렘만의 딜레마는 아니다. 대다수의 공동체가, 그리고 당연히 대다수의 국가가 고고학을 정당성의 결정적인 근거로 삼곤 한다. 우리가 오랫동안 이곳을 차지하고 있었으니, 우리가 이 장소의 진정한 주인이라는 식이다. 이런 경향을 가장 잘 보여 주는 예로 역사가 에릭 홉스봄은 고작 70년밖에 되지 않은 국가 파키스탄을 다룬 『파키스탄의 반만년*Five Thousand Years of Pakistan*』이라는 책을 들었다. 중동 및 아시아 지역의 국가사에서는 특이하게도 이렇게 반만년이라는 표현이 자주 등장한다. 중국, 인도, 이집트, 그리고 심지어 이스라엘 역사가도 모두 반만년을 선택한다. 의욕이 넘친 나머지 1만 년을 선택하는 이들도 있다. 아마도 이 정도로 거창한 기간을 거쳐야 한 공동체가 어느 장소에 뿌리를 내렸다고, 산처럼 자연스럽고도 영속적인 존재라고 인정받게 되는지도 모르겠다. 토착민이라는 주장이 설득력을 얻도록, 수천 년의 세월을 우리 눈앞에 흔들어 대는 것이다. 그러면 우리가 뭔가 경외감을 느끼면서 이 사람들이 진짜 원주민이라고 믿을 거라고 생각한다. 그런데 이 숫자에는 편집증이 살짝 묻어난다. 너무 지나치기 때문이다. 정상이라고 느껴지지 않는다. 놀림을 당하는 데 지쳐서 빙글빙글 돌면서 뭔가 터무니없는 소리를 내뱉는 어린 아이처럼 말이다.

많은 마을과 도시에서는 땅 밑에 있는 것들을 땅 위에 놓인 것들만큼 중요하게 여길 뿐 아니라, 심지어 **훨씬 더** 큰 의미를 부여하기도 한다. 도시의 지면은 수명이 짧다. 도로와 쇼핑몰은 몇 주 만에 세워지기도 철거되기도 한다. 지하는 이보다는 더 확실한 영속성을 누리며, 침범할 수 없는 견고함을 지닌다. 자기 불신이 만연한 사회라면 특히 중요하게 여기는 증거가, 지하에 묻혀 있다는 확신을 주기 때문이다. 그러다 보니 믿지 못하는 사회는 계속 땅을 팔 수밖에 없다. 예루살렘의 경우에는 종교에 대한 불신뿐 아니라 국가에 대한 불신도 한몫했다. 예루살렘에서는 유럽인들이 성경 내용의 사실성을 뒷받침할 증거를 찾으려고 발굴 작업을 진행한 19세기 말부터 고고학이 주목받기 시작했다. 왜 그들은 증거를 찾아야 할 필요성을 느꼈을까? 불신이 점점 커져만 가는 시대, 종교에 대한 확신이 흔들리는 시대에 살았기 때문이다. 이런 흐름을 주도한 단체가 팔레스타인탐사재단이다. 런던 메릴본레인 힌데뮤스 2번지에 여전히 이 단체의 사무실이 있다. 1865년에 설립되었으며 잭 더 리퍼가 런던을 활보하던 때에 런던 경찰청장을 지낸 찰스 워런 같은 유명 인사들을 회원으로 모집했다. 워런에게는 예루살렘으로 가서 과학적인 연구를 통해 성경의 이야기들이 실제로 있었던 일이라는 것을 증명해야 하는 임무가 주어졌다. 그리고 뜻밖에도 그 일을 아주 잘 해냈다. 워런은 성전산Temple Mount과 지금은 워런의 수직굴Warren's Shaft이라고 불리는 터널을 발굴했다. 구약성서에는 다윗왕의 조카 요압이 수갱으로 기어들어가 예루살렘을 기습 공격하는 데 성공한 덕분에, 이스라엘왕국이 에부스인들을 몰아냈다고 기록되어 있다. 워런이 발견한 수직굴이 바로 요압이 이용한 수갱이라는 견해가 나왔고, 따라서 구약성서의 내용이 사실임을 입증하는 증거로 여겨졌다.

그로부터 100년 뒤인 1967년, 이스라엘이 예루살렘의 구시가지를 점령한 후로는 증거를 찾아 흙을 체로 거르는 작업에 굳은 결의가 더해졌다. 곧장 고고학 발굴 프로젝트가 진행되었고, 열정 넘치는 군인과 학생들이 기꺼이 동참해 힘을 보탰다. 이 무렵 발굴 작업은 유대인이 이곳의 주민이었다는 구체적인 증거와 초기 유대 국가가 이 땅을 지키고 이 땅에서 번성하려고 노력했다는 물리적인 흔적을 찾는 것에 집중되었다. 이런 야망은 번트하우스Burnt House('불탄 집'-옮긴이)에서 결실을 맺는다. 지상에서 6미터 아래로 내려간 지점에서 잿더미 층이 발견되었는데, 고고학자들은 "서기 70년경 로마군이 예루살렘을 파괴할 때 무너진 집"이라고 결론 내렸다. 이 집은 카트로스 가문의 집으로 밝혀졌다. 유대교 교리의 핵심 개론서인 탈무드에 다소 불명예스러운 기록이 남아 있는 가문이다. "그들은 모두 제사장이었고, 아들들은 출납관이었고, 사위들은 고관의 집사였고, 그들의 종은 우리를 매로 다스렸다."

이것이야말로 우리가 시간이 갈수록 점점 더 기대하게 되는 고고학의 인간적인 측면이다. 우리는 과거와의 접속이 살아 숨 쉬는 것이길 원한다. 그러나 누구에게 생명을 불어넣고 누구를 죽은 채로 내버려 둘 것인가? 예루살렘 전역에서 선대의 유골들이 상반되는 주장으로 되살아나, 치열한 전투를 벌이는 군대가 되고 있다. 성전산만큼 논란이 끊이지 않는 유적지도 없다. 그동안 팔레스타인 사람들은 유대인이 오늘날 성전산을 이스라엘왕국의 첫 성전인 솔로몬의 성전으로 떠받든다는 사실을 크게 개의치 않았다. 성전산은 이슬람교에서는 하렘 에시-샤리프Haram esh-Sharif, 즉 고귀한 신전으로 불리며, 현재는 바위의 돔Dome of the Rock과 알아크사 모스크Al-Aqsa Mosque가 있는 이슬람교의 성지다. 이미 이곳에 유대교 성전이 있었을 가능성을 기꺼이 인정했다. 그런데 2000년에 팔레스타인 지도자 야세르 아라파트는 완전히 태도를 바꾸어 냉랭한 입장을 취했다. "내가 … 이른바 (유대교) 성전이 그 산 밑에 있다고 인정했다는 식의 주장은 용납할 수 없다."

고고학적 제로섬게임이 시작되었다. 이 땅은 네 것 아니면 내 것이며, 우리 모두의 것이 될 수 없다는 것이다. 유대인 시민 단체는 이슬람 큐레이터들이 성전산에서 옛 건물의 잔해를 트럭으로 실어 냈다고 의심하면서, 이것이 역사 방해 공작의 증거라고 주장했다. 그래서 성전산 샅샅이 훑기 프로젝트가 시작되었다. 흙과 돌 무더기를 체로 거르는 등골 휘는 작업이 계속되었고, '임멜의 아들 이야후'라고 해석되는 히브리어가 새겨진 작은 흙도장이 나오자 마침내 환희의 순간을 맞이할 수 있었다. 임멜도 제사장 가문이며 예레미아서에서는 임멜 가문의 바스훌이 "여호와의 성전의 총감독"으로 언급된다. 예루살렘 밑에서 잠자코 누워 있던 조각들이 일단 지상으로 나와 빛을 받으면 이 지역의 끊이지 않는 종교 분쟁의 무기가 된다. 2010년 팔레스타인 당국은 성전산에 인접한 서쪽 벽, 즉 '통곡의 벽'이 유대교의 성지가 아니라 알아크사 모스크의 일부라고 선언해 갈등을 키웠다. "이 벽은 이른바 성전산의 일부인 적이 없었다. 유대인이 그들의 성전이 파괴되는 동안 그 앞에 서서 통곡할 때 이슬람교도들이 그것을 용인해 줬을 뿐이다."

우리 발밑에 있는 것이 우리를 이렇게 짓누를 수 있다니 기이하다. 이것이 내가 기억하는 예루살렘이다. 그러니까, 내가 예루살렘을 조금이라도 기억하고 있다면 말이다. 종종 다른 장소와 헷갈리기도 한다. 처음 그곳에 도착했을 때는 열정으로 가득 차 있었지만, 나는 어쩐지 집중할 수가 없었다. 일기에는 당시 내 주된 관심사가 술집을 찾아다니고 다른 참가자들을 최대한 피하는 것이었다는 점이 아주 잘 드러난다. 학회가 끝난 뒤 나는 예루살렘 교외의 뜨거운 언덕 위에 있는 호스텔에서 지냈다. "가슴에 커다란 나무 십자가를 단 독일 여자애들이 많다." "물과 베르무트를 잔뜩 넣은 가방을 햇볕에 탄 어깨에 둘러매고서 수 킬로미터를 걸었다." "오늘 예리코로 가는 193번 버스를 탔는데, 예리코가 생각했던 것보다 작은 마을이어서 정거장을 놓치고 말았다." 아마도 조금은 긴장이 풀렸었나 보다. 그렇게 예루살렘의 화와 분노를 씻어냈을 것이다.

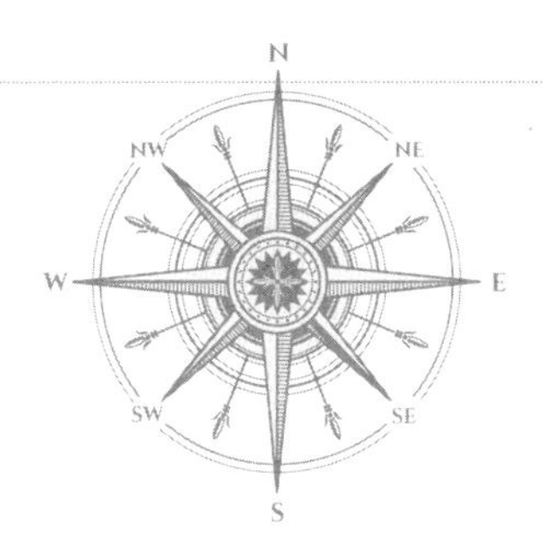

가라앉은 땅으로 떠난 짧은 여행

도거랜드

서퍽주의 코브히스 마을을 찾았다. 이곳이 영국에서 가장 빠른 속도로 사라지고 있는 곳이기 때문이다. 나지막한 모래 절벽이 무너져 바닷속으로 빨려 들어가고 있다. 꽤 오래전부터 그래 왔으며, 때로는 1년에 몇 미터씩 사라지기도 한다. 고대 로마인의 정착지였던 시절도, 중세의 한 도시였던 시절도 있었지만, 지금은 집 몇 채와 폐허가 된 커다란 교회의 벽과 탑만 남았다. 해안으로 향하는 넓은 포장도로도 있기는 하다. 들장미로 뒤덮인 초록빛 땅 조각 앞에서 길은 갑자기 끊어지고, 그 너머에는 아찔한 절벽밖에 없다.

사방이 고요하다. 바람 한 점 없는 날이다. 태양이 잠잠한 바다 위를 희미하게 비추고 있다. 이 끄트머리는, 이 마을과 해안은 언젠가는 바다 밑에 감춰진 땅의 일부가 될 것이다. 지금도 영역을 확장하고 있는 그 땅의 이름이 도로 끝에서 바다를 바라보는 내 머릿속을 스쳐 지나간다. 도거랜드Doggerland. 아무도 살지 않는 텅 빈 바다 밑 왕국을 내려다보고 있자니 문득 뭔가 향수 같은 감정이 느껴졌다.

'도거랜드'라는 명칭은 1990년대에 붙여진 것이다. 한때 북해를 항해했던 작지만 대담한 네덜란드의 어선, 도거에서 유래한 명칭이다. 도거랜드는 현대적인 명칭이지만 매우 적절한 명칭이기도 하다. 무너져 내리고 있는 영국의 불안정한 경계에서 도거랜드는, 그 땅의 강과 숲, 역사와 사람들은 우리를 끌어들인다.

이 명칭에 '랜드' 즉 육지가 들어 있는 건 아주 이상하다. 지금은 육지가 아니기 때문이다. 그 명칭은 아주 먼 과거, 북해나 영국해협이 존재하지 않았던, 유럽이 훨씬 더 큰 대륙이었던 시절로부터 비롯된 왜곡된 메아리다. 빙하가 녹고 줄어들면서 해수면이 상승하는 바람에 도거랜드는 바다 밑으로 가라앉았다. 처음에는 아주 조금씩이었고, 그러다 종국에는 거대한 쓰나미라는 재앙에 집어삼켜졌다. 이곳은 재난이 닥친 세계다. 사람들, 그리고 마을들이 순식간에 사라졌고, 그들의 시간은 멈춰 버렸다. 이 바다 밑 폼페이가 전하는 메시지는 서픽의 대부분 지역을 포함해 전 세계의 많은 지역들이 언젠가는 같은 운명을 맞이할 것이라는 사실 때문에 더 매섭게 다가온다.

이제 코브히스의 막다른 도로 너머로 계속 걸어 나가 보자. 그리고 수천 년 전으로 돌아가 보자. 눈앞에 무엇이 보이는가? 강줄기가 이리저리 엮인 아주 풍요로운 대지와 숲이 끝없이 펼쳐져 있다. 참나무, 느릅나무, 자작나무, 버드나무, 오리나무, 개암나무, 소나무가 뒤섞여 자라고 있다. 나무 사이로 야생마 한 마리와 황소처럼 뿔 달린 오록스 떼가 보인다. 초록빛으로 빽빽하게 물든 이 평원에서 가느다란 연기가 잠잠한 공기를 뚫고 솟아오른다. 강가 정착촌뿐 아니라 개간지에서도 피어오르고 있다. 더 가까이 다가가자, 초가지붕을 얹은 오두막 몇 채와 그 중심에 화덕이 보인다. 열 명 남짓의 대가족으로 구성된 소규모 공동체다. 무엇인가 작업 중이다. 이들은 사슴뿔을 날카롭게 갈더니, 쐐기 모양의 홈집을 낸다. 수천 년이 흘러 1931년이 되면, 노퍽 해안에서 40킬로미터가량 떨어진 곳에서 이 날렵한 작살들이 어망에 끌려 올라온다. 잃어버린 문명의 존재를 알리는 첫 번째 구체적인 단서다.

마을 사람들은 말도 하고 노래도 부르고 있지만, 어떤 언어인지 확신할 수가 없다. 현대 언어 중에서는 바스크어에 가장 가깝다고 한다. 바스크어는 현대 유럽어 중 가장 오래된 언어다. 확실히 알 수 있는 것은, 이들이 대체로 유목 생활을 하지만 이 장소에 아주 친숙하다는 점이다. 이들은 이곳에 처음 온 사람들이 아니다. 이들의 조상은 수천 년간 이곳에서 살았다.

한동안은 이곳에 훨씬 더 먼저 정착한 이들과 이 땅을 나눠 쓰기도 했다. 2009년에 북해에서 채집된 네안데르탈인의 머리뼈는 기원전 5만 8,000년의 것으로 추정된다.

북쪽으로는 작은 호수 여러 개가 점점이 박혀 있고, 큰 호수 하나가 수평선 근처에서 하얀 거울처럼 빛나고 있다. 이날 특히 더 환하게 반짝여서 저 멀리 있는 호수의 경계가 보이지 않을 정도다. 담수호이지만 폭이 120킬로미터에서 170킬로미터에 이르다 보니, 내해라고 해도 믿을 정도다. 현재는 이 저지대의 수중 분지를 아우터실버피트Outer Silver Pit('외측 은빛 구덩이'-옮긴이)라고 부른다. 시선을 돌려 남쪽을 바라보면 깊은 계곡들과 아주 거대한 바위 하나가 보인다. 고대 의식과 순례의 장소다. 현대의 탐사자들은 이 바다 밑 지형을 크로스샌즈아노말리Cross Sands Anomaly('모래벌판을 가로지르는 특이 지대'-옮긴이)라고 부른다. 눈을 부릅뜨고 집중해서 보면, 북쪽 멀리 빽빽한 숲이 있는 고지대의 희미한 윤곽이 보이는 듯하다. 아마도 저곳이 한때 도거랜드의 중심부로 여겨진 도거힐스Dogger Hills일 것이다. 그런데 눈을 한 번 깜빡했더니 사라지고 말았다. 너무 멀어서 확실하게 말할 수가 없다. 이 평원이 바닷물에 잠긴 뒤에 북해 한복판에서 해수면 아래로 14미터 내지 18미터 정도 내려간 광활한 해저지형인 도거뱅크가 형성되었다는 것이 최근 학계의 중론이다.

이곳은 유럽의 중심부다. 사냥꾼과 채집꾼에게 무궁무진한 기회를 제공하는 비옥한 땅이다. 사람들이 정착을 하고 뿌리를 내린, 평화로운 광경을 본다. 그러나 영원하지는 않을 것이다. 도거랜드 사람들에게는 고지대가 최후의 보루가 될 것이다. 그리고 그 고지대도 결국에는 물에 잠길 것이다. 최근에 고고학자들은 도거랜드의 지도를 제작하면서 당시 이 지역의 강과 해안이 어떤 모습이었을지 조사하고 있다. 또한 당시 사람들이 이 비극적인 사건에 어떻게 대처했을지에 대해서도 이런저런 견해를 내놓고 있다. 이 지역에 살고 있던 석기시대 사람들은 전혀 예상하지 못하고 그대로 당한 듯하다. 『빙하기 이후*After the Ice*』의 저자 스티브 미슨은 "기원전 7000년 무렵의 어느 날" 갑자기 재앙이 들이닥쳐 그들의 세계를 파괴했다고 말한다. 북쪽 지역에서 1,000킬로미터에 달하는 대규모 산사태가 발생했다. "새하얀 돌모래가 북쪽에서 남쪽까지 시야가 닿는 모든 곳을 덮어 버렸다." 그리고 이 산사태가 쓰나미를 일으켰다. 그 결과는 참혹했다. 미슨은 재앙이 닥친 순간을 이렇게 묘사한다. "수 킬로미터의 해안이 두세 시간 안에 파괴되었을 것이다. 몇 분밖에 안 걸렸을 수도 있다. 수많은 사람이 목숨을 잃었다. 카누에서 그물을 끌어올리던 사람, 해초와 조개를 채집하던 사람, 해변에서 뛰놀던 아이들, 나무 요람에서 자고 있던 아기까지도."

도거랜드를 연구한 또 다른 고고학자 클라이브 와딩턴은 도거랜드 주민들의 피난 행렬에 주변 지역도 영향을 받았을 것이라고 주장하면서, 피난민으로부터 각자의 공동체를 지켜야 했을 것이라고 설명한다. 또한 쓰나미가 들이닥친 이후에 해안에 신전과 제단이 세워졌다고 지적한다. 최근 네덜란드 로테르담의 유로포트 항구 건설 현장에서 발견된 부싯돌과 사슴뿔 더미는 종교적인 기능을 했다고 해석되고 있다. 아마도 바다의 성난 영혼을 달래기 위해 이런 보물을 해안에 조심스럽게 놓아둔 것이었으리라. 기후변화가 낳은 일종의 샤머니즘인 셈이다.

코브히스의 지나치게 넓은 도로를 따라 돌아온 나는 빙빙 멀리 둘러가는 길을 지나 텅 빈 해변으로 내려갔다. 작은 파도가 조약돌을 훑는다. 여기에 무엇이 있을까? 아무것도 없는 걸까? 도거랜드에 대한 기억은 없다. 도거랜드는 가장 멀리 떨어진 별보다도 더 멀게 느껴진다. 하지만 우리가 도거랜드에 대해 더 많이 알게 될수록 더 많은 부분이 지도에 그려지고, 우리의 상상을 붙들수록 뭔가 아주 기이한 일이 벌어진다. 도거랜드의 이야기가 곧 우리의 이야기가 되고 있고, 그래서 우리는 이미 오래전에 잊힌 머나먼 조상에 대해 관심을 갖게 되었다. 이 조용한 해안에 서 있자니 나는 잃어버린 과거뿐 아니라 상실 자체가 쓰라리게 다가온다. 그 비통함을 뼛속 깊이 느낀다. 우리도 근본적으로는 같은 도전에 직면하고 있다. 기후가 변하고 해수면이 상승하면서 어떻게든 육지를 뺏기지 않으려고 붙들고 있다. 우리도 그 무리에 합류하고 있다. 그들처럼 잃어버린 사람들이 되어 그들과 나란히 앉아 생존에 관한 이야기를 서로 나눌 수도 있으리라.

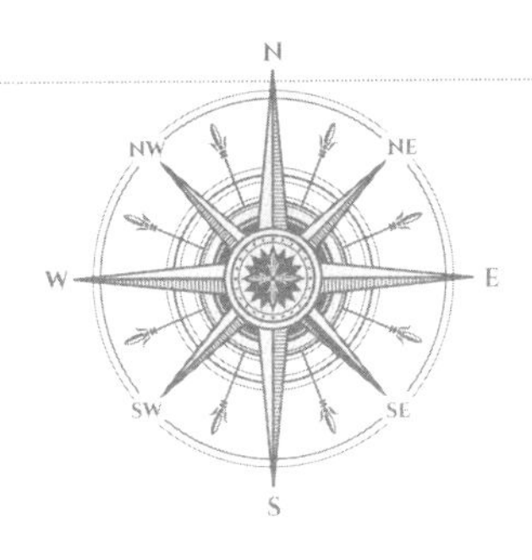

기회의 땅이 빚어낸 욕망의 정치학

북극의 신세계

지구 꼭대기에서 그동안 수만 년 동안 감춰져 있던 비밀이 밝혀지고 있다. 얼음이 사라지면서 새로운 강줄기가 생기고, 파도를 뚫고 섬이 솟아나며, 항로가 열려 지정학적 분쟁이 끓어오르고 있다.

이 모든 것들은 영상 기술의 발달로 얼음에 뒤덮인 북극 지형을 들여다보고, 지도를 제작할 수 있게 되면서 동시에 일어나고 있다. 가장 대단한 예는 북극의 가장 큰 섬에서 찾을 수 있다. 그랜드캐니언만큼이나 깊고 그보다 더 긴, 길이가 740킬로미터에 이르는 대협곡이 그린란드의 중심을 가르고 있다는 사실이 발견되었다. 이 협곡의 존재는 2013년 NASA의 공중

레이더망이 얼음 깊숙한 곳에 거대한 골짜기가 숨어 있는 것을 포착하고 나서야 세상에 알려졌다. '그린란드의 그랜드캐니언Greenland Grand Canyon'은 때로는 두께가 거의 3킬로미터에 이를 정도로 두꺼운 빙하 밑에 있다.

"그랜드캐니언만큼 큰 협곡이 21세기에 와서야 그린란드의 빙상 밑에서 발견되다니 놀라울 따름이에요." NASA 연구원인 마이클 스투딩어가 말한다. 그는 "육지를 덮고 있는 거대한 빙상 아래에 있는 기반암에 대해서는 여전히 아는 게 거의 없다는 사실을 깨닫게 되죠."라고 덧붙인다. 이 말은 또 다른 협곡이 발견되면서 사실임이 판명되었다. 새로 발견된 협곡은 지구 반대편에 있었지만 말이다. 이 협곡은 남극에 있는 프린세스엘리자베스랜드Princess Elizabeth Land라고 불리는, 거의 탐사되지 않은 지역의 기반암을 가로지르고 있다. 크기는 북극에 있는 사촌보다 더 크다. 길이가 992킬로미터에 이르는 이 협곡에 감히 도전장을 내밀 경쟁자는 없을 것이다. 현재는 지도에 대략적으로만 표시되어 있지만, 넓이가 1,190제곱킬로미터에 이르는 빙하 밑 거대한 호수와 아마도 연결되어 있을 것으로 추정된다.

이런 대협곡들은 한때는 육지의 하천망에서 핵심적인 역할을 했을 것이다. 지금도 여전히 빙하 밑에서 얼음이 녹은 물이 바다로 나아가는 통로가 되어 주고 있다. 과학자들은 얼음이 녹은 물이 어떻게 바다에 도달하는지에 관심이 많다. 그 물이 지구 해수면 상승에 영향을 미치기 때문이다. 2017년 NASA는 또 다른 발견을 한다. 이번에도 그린란드에서였고, 마찬가지로 이 발견으로 우리가 북극을 바라보는 시선이 달라졌다. 얼음 속에서 수로가 발견된 것이다. 이 수로는 바다와 연결되어 있었고, 얼음 녹은 물이 거대한 동굴에서 흘러나와 이 수로를 타고 바다로 쏟아져 나오고 있었다. 대수층이라 불리는 이런 동굴들도 2011년에야 발견되었다. 대수층은 만년설 속에 자리하고 있다. 만년설은 눈이 압력을 받아 단단한 층을 이루게 된 것을 말하며, 만년설을 가리키는 'firn'이라는 단어는 스위스독일어로 '작년의'라는 뜻이다. 우리는 이제 만년설 대수층이 그린란드에서 2만 2,000제곱킬로미터나 차지하며, 이 대수층을 덮은 눈이 담요 역할을 해서 대수층의 온도가 늘 영상을 유지하므로 그 안에서 물이 어는 법이 결코 없다는 사실을 알고 있다.

이런 북극 하천 지형은 마침 그동안 사람이 찾지 않았던 땅으로 인간들이 밀고 들어가는 시기에 발견되었다. 어려운 작업은 대부분 러시아의 북극 선단이 해치웠다. 2015년 이 선단은 "해협 다섯 개, 곶 일곱 개, 만 네 개"와 섬 아홉 개를 새로 발견했다고 발표했다. 그들은 자신들이 발견한 새로운 지형의 규모가 워낙 커서 "기존 지도, 안내서, 항로 지침서를 모두 수정"해야 한다고 주장했다. 러시아가 발견한 새로운 섬 중 가장 큰 섬은 길이가 1.6킬로미터에 폭이 600미터이며, 보르초프만에서 발견되었다.

이렇게 새로운 섬이 발견되는 이유는 한편으로는 '빙하성 융기 현상'('바다에서 섬이 솟아나고, 섬이 육지가 된다면' 참고)이 진행 중이기 때문이기도 하지만, 무엇보다 얼음이 녹으면서 빙상이 줄어들고 있기 때문이다. 러시아의 북극 선단이 통명스럽게 툭툭 뱉어 낸 새로 발견된 땅들은 빙상이 줄어드는 현상과 새로운 땅의 출현이 필연적으로 연결되어 있다는 사실을 보여준다. 예컨대 "빌키츠키만 동쪽 해안의 빙하가 2~6킬로미터 정도 떨어져 나가면서 곶 하나와 섬 두 개가 생겨났다. 러시아 글라초프에서는 빙하 가장자리가 녹으면서 동쪽으로 2~3킬로미터 정도 이동했고, 그 결과 만이 모습을 드러냈고 곶 두 개와 섬 두 개도 생겼다."

노르웨이령 스발바르제도에서도 새로운 섬들이 떠오르고 있다고 보고되고 있다. 이 제도의 주요 섬인 스피츠베르겐섬에서는 주요 섬의 남쪽이 떨어져 나가 새로운 섬이 되었다. 북극의 서쪽에서도 새로운 섬들이 등장했다. 비록 이 지역에서는 캐나다 북쪽에 얼음으로 뒤덮이지 않은 항로를 확보하는 데 온 힘을 쏟고 있지만 말이다. 수 세기 동안 선원들은 북서항로 개척을 꿈꿨다. 1903년부터 1906년까지 3년에 걸친 시도 끝에 로알 아문센은 이 항로 항행에 최초로 성공한 인물이 되었다. 아문센이 항해한 바다는 때로는 수심이 1미터도 채 안 됐으므로, 당시에 이 항로는 그다지 실용적인 가치는 없었다. 현재는 배들이 1년 내내 북서항로를 이용한다. 2016년 크루즈선 크리스탈세레니티호가 1,000명의 승객을 태우고 아문센의 항로를 한가로이 답사했다. 그러나 캐나다 북쪽의 해협은 복잡하다. 여전히 수심이 얕은 곳이 많으며, 미국과 유럽은 북서항로가 국제해협이라고 주장하는 반면 캐나다는 아니라고 주장한다. 따라서 북극에서는 대안이 될 만한 항로를 부지런히 개척 중이다. 새롭고도 멋진 가능성에 대한 기대가 상상력을 사로잡고 있다. 바로 북극 횡단 항로Transpolar Sea Route가 그것이다. 선박이 지구 최북단을 따라 태평양에서 대서양으로 곧장 가로질러 갈 수 있는 항로다.

북극점에 도달한 최초의 선박은 소비에트연방의 원자력 쇄빙선 아르크티카다. 1977년 8월 17일에 북극점에 도달했다. 북극 선단의 기록에 따르면 2008년까지 북극점 도달에 성공한 사례는 77회 있었다. 러시아 선박이 65회, 스웨덴 선박이 5회, 미국 선박이 3회, 독일 선박이 2회, 캐나다 선박과 노르웨이 선박이 각각 1회 성공했다. 그 가운데 단 19회만이 과학 연구를 목적으로 한 항해였다는 논평을 덧붙였다. "나머지 58회는 관광이 목적이었다." 한 번을 제외한 나머지는 모두 여름에 이루어졌다. 겨울에 그 한 번의 예외를 감행한 선박은 소비에트연방의 원자력 쇄빙선 시비르다. 북극 얼음의 두께가 거의 최고조에 이르렀을 때 얼음 바다를 헤치고 북극점에 도착했다.

북극해를 통과하는 항로가 점점 더 늘어나고 있다. 무역로가 촘촘히 놓이는 등 다른 대양 못지않은 접근성을 갖추게 된 것이다. 북극해를 가로질러 간 최초의 항로 개척은 2004년 캐나다의 쇄빙선 루이 S. 생로랑호와 미국의 쇄빙선 폴라시호의 합작품이었다. 일반 선박은 도전을 꺼리고 있지만, 언젠가 그런 일이 벌어진다면 북극 횡단 항로가 국제 운송업계에 혁명을 일으킬 것이다. 동아시아에서 대서양으로 물건을 이동하는데 걸리는 시간이 눈에 띄게 줄어들고, 수에즈 운하와 파나마 운하의 효용성도 크게 떨어질 것이다.

북극 횡단 항로 개척이 정말로 가능할지는 여전히 불투명하다. 이곳 바다의 얼음 및 날씨 정보는 아직 신뢰할 수준에 이르지 못했고, 매년 항로로 기능을 할 수 있을 만큼 얼음이 사라지는 기간이 언제인지도 지나치게 유동적이다. 이르면 2030년 즈음에 가능할 거라고 전망하는 이들도 있지만, 대체로 2050년 이후에나 가능할 거라는 견해를 보인다. 선박 회사들은 북극 횡단 항로를 이미 장기 운송 전략에 포함시키고 있지만, 북극해에는 다른 대안 항로가 있다. 대개 러시아 북쪽의 북극해 항로Northern Sea Route를 선택하며, 아마도 이 항로가 더 안전하고 안정적일 것이다.

자석과도 같은 북극의 마력은 이것만이 아니다. 현재 아직 개발되지 않았지만 개발 가능한 자원의 22퍼센트가 북극권Arctic Circle(북극에서부터 북위 66도 33분에 이르는 지역-옮긴이)에 매장된 것으로 추정된다. 개발되지 않은 석유 및 천연가스 자원 때문에 북극권에 있는 모든 국가가 제 몫을 확보하겠다며 달려들고 있다. 제 몫이 크면 클수록 좋으니까. 그렇게 북극의 해저지형은 정치화되었다. 사태를 악화한 주범 중 하나는 얼핏 보면 순수해 보이는 유엔해양법협약이다. 이 협약에 따르면 일반적으로 인정되는 자국 영토에서 200해리를 벗어난 해저에 대해서도, 그 해저지형이 영해 내 대륙붕과 연결되어 있다는 것을 입증할 수만 있으면 자국의 권리를 주장할 수 있다. 이 협약에서는 대륙붕을 한 국가 영토의 '자연적 연장'으로 규정하고 있다. 지질학적인 관점에서 보면 매우 이상한 개념이며, 정치적인 관점에서 보면 분쟁의 여지가 다분한 개념이다. 대륙붕은 일반적으로 여러 국가의 영토와 연결되어 있어서 그 경계를 명확하게 정하기 어렵기 때문이다.

최근 덴마크는 북극의 대부분 지역이 그린란드의 대륙붕에 자리하고 있으므로 북극이 자국 영토라고 주장하고 있다. 덴마크지질조사소의 크리스티앙 마르쿠센은 "로모노소프 해령 Lomonosov Ridge은 그린란드 영해 내 대륙붕의 자연적 연장에 해당한다"고 선언했다. 러시아도 같은 해저지형에 영유권을 주장한다. 덴마크와 마찬가지로, 러시아 영토와 연결된 대륙붕의 자연적 연장이라는 근거를 내세운다. 로모노소프 해령은 산정의 길이만 해도 953미터나 된다. 길이가 무려 1,800킬로미터에 달하는, 북극을 곧게 가로지르는 해저 고원이다. 만약 지상에 있었다면 최정상이 하늘을 향해 3,700미터나 치솟아 있는 산맥처럼 보였을 것이다. 1948년 소비에트연방 탐사대가 로모노소프 해령을 발견했는데 덴마크도, 러시아도 이 해령을 공유

할 생각은 없어 보인다. 2007년 러시아는 이런 입장을 분명히 하려는 듯 소형 잠수함을 보내 북극 해수면 아래로 4,200미터 내려간 지점에 티타늄으로 만든 깃발을 꽂았다. 2015년 러시아는 북극에서 약 103만 제곱킬로미터에 이르는 면적에 대해 공식적으로 영유권을 주장했다.

북극은 자신의 비밀을 줄줄 털어놓기 시작했다. 새로운 지형과 새로운 기회가 파도를 뚫고 솟아오르고 있다. 분쟁이 길어지면 북극을 공동 유산 및 국제 보호구역으로 지정하려는 노력은 수포로 돌아갈 것이다. 그리고 곧 21세기판 골드러시가 시작될 것이다. 엄청난 석유와 천연가스 매장지가 개발되고, 지구온난화와 빙하 소멸은 더 가속화될 것이다. 미래는 우리를 북극을 망친 세대로 기억할지도 모른다. 우리 것이 아닌데도 말이다.

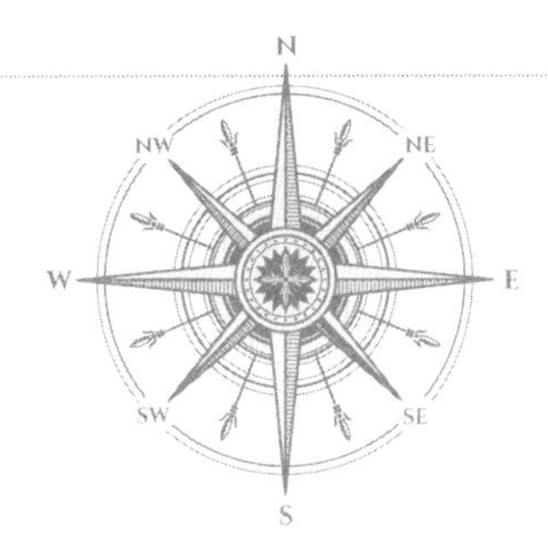

지구의 마지막 미개척지를 향한 열망

콘셀프 해저 기지

지구의 3분의 2가 바다이므로 우리가 해저에 집을 짓고 사는 꿈을 꾸는 것도 당연하다. 가장 혁신적이고, 풍성하고, 굳은 의지를 보여 준 해저 마을 설계 및 건설 프로젝트는 1960년대와 1970년대의 20년 사이에 집중적으로 등장했다. 인구 증가에 대한 우려와 정부 및 민간자금의 지원 덕분에 특이하면서도 멋진 해저 주택단지들이 탄생했다. 그중에서도 프랑스 건축가 자크 루즈리가 가장 야심찬 작품들을 내놓았다. 그는 바다 생물을 닮은 해저 주택을 설계했다. 공 모양에 지느러미를 단 그의 작품들은 언제라도 꼬리를 탁 흔들면서 저 멀리 헤엄쳐 갈 것만 같다.

실제로 완성된 작품들, 즉 후대의 오세아노트oceanaut(해저 탐험가 자크 쿠스토가 만든 신조어로 '해양탐사 대원'이라는 의미-옮긴이)를 위한 시험 제작용 주택들이 특히 흥미를 끈다. 고작해야 잠수부 두세 명만을 수용할 수 있는 작은 집이었지만 실제로 거주 가능한 집이었다. 해저에서 장기간 거주하는 것이 가능함을 증명해 보였다.

1977년 지칠 줄 모르는 자크 루즈리는 원통 하나로 이루어진 우아한 버섯 잠수함 갈라테호를 직접 제작해서 타고 해저 깊숙이 들어갔다. 한동안 초강대국 간 경쟁 구도 속에서, 해저 주택 개발은 우주개발 전쟁의 후속편으로 비화했다. 미국의 해저 주택 및 연구소—시랩 I·II, 테크타이트 I·II·III, 에댈햅, 하이드로랩—에 대적해, 소비에트연방은 '이치얀데르 프로젝트Ichthyander Project'와 '해저 방문객을 위한 주택단지' 사드코Sadko I·II·III를, 불가리아는 '해저 주택' 게브로스-67을 내놓았다.

오늘날에 와서는 그 시대 사람들의 상상력을 자극한 것이 달 같은 행성에 가는 것만은 아니었다는 사실이 완전히 묻혔다. 당시 사람들은 바다 밑 세상에 대해서도 환상을 품었다. 1968년 소비에트연방에서 인기를 끌었던 공상과학소설 중 하나는 호모아쿠아티쿠스Homo aquaticus('물속에서 사는 사람'-옮긴이)에게 보내는 찬가였다.

이 모든 해저 개발 계획은 또 한 명의 지칠 줄 모르는 프랑스인, 해저 개발 분야에서는 원로라고 할 수 있는 자크 쿠스토의 엄청난 성과에서 영감을 얻었다. 쿠스토의 콘셸프 해저 기지 I·II·III은 그 후 십여 년간 멋진 해저 세계의 여명을 인도하는 부적으로 여겨졌다. 1962년 마르세유 연안에 지은 첫 콘셸프 해저 기지에서의 실험이 성공적으로 끝나자 쿠스토는 더 야심찬 계획을 실행에 옮겼다. 1964년 오스카상을 수상한 그의 다큐멘터리 〈태양 없는 세상*World Without Sun*〉에서 오랫동안 깨지지 않은 해저 생활 기록을 세웠다.

콘셸프 II에서 찍은 이 다큐멘터리는 이 세상 것이 아닌 듯한 풍경을 보여 주면서 시작한다. '잠수 원반' 한 대가 엔진에서 거품을 내뿜으며 모래 기둥과 물 기둥 사이를 헤치고서 바다 깊숙이 들어간다. 해저 격납고 아래로 미끄러지듯이 들어간 뒤, 잠수 원반의 뚜껑이 열린다. 그다음에는 원반에 탔던 선원들이 본부로 이동하는 장면이 나온다. 해저 본부는 콩깍지가 네 개가 달린 듯한 불가사리 모양이며, 방 다섯 개, 부엌 하나, 실험실 하나로 구획되어 있다. 쿠스토는 독특하면서도 묵직한 말투로 이 "해저 마을"이 "해저 탐사뿐 아니라 해저 거주를 목적으로 세워졌다"고 느릿느릿 말한다. 앞으로 한 달간 콘셸프 II에서 살게 될 오세아노트들이 편히 쉬고 있는 모습을 볼 수 있다. 웨스 앤더슨 감독이 쿠스토의 프로젝트에서 영감을 얻어 제작한 오마주 코미디 영화 〈스티브 지소와의 해저 생활*The Life Aquatic with Steve Zissou*〉(2004)에서는 탐사 대원들이 귀여운 삼각 수영복을 입고 돌아다니고, 파이프를 피우고, 클래식 음악의 볼륨을 조정하고, 가끔 청소도 한다. 한번은 이발사가 웃으면서 헤엄쳐 와서 대원들의 머리를 다듬는다. 또 다른 장면에서는 신입 오세아노트가 반려 앵무새와 함께 합류한다.

오늘날 그와 유사한 프로젝트가 추진된다면 그토록 멋지고 한가로울 거라고는 생각하지 않는다. 또한 콘셸프 프로젝트가 진지한 과학 실험이었다는 사실을 잊으면 안 된다. 쿠스토는 봉쇄된 해저 주택에서 장기간 생활할 때의 어려움을 구체적으로 설명한다. 전기, 에어컨, 신선한 물, 텔레비전은 있지만, 콘셸프의 거주민 여섯 명은 규칙적인 낮과 밤의 구분 없이 살다보니 시간 감각이 흐려졌다고 말했다. 육지에 비해 두 배가 넘는 압력을 받아 내고 있어서 움직임이 둔해졌고, 산소 농도가 높은 공기에 적응하는 데도 시간이 걸렸다. 늘 그렇듯 태평한 쿠스토는 산소 농도가 높아서 "담배가 두 배로 빨리 탄다"고도 보고했다. 한 대원이 일주일간 25미터가량 더 아래에 있는 가로, 세로, 높이가 각각 7미터 정도 되는 정육면체의 '심해 실험실'로 떠날 준비를 하는 장면에서 흡연 기술에 대한 쿠스토의 관심이 다시 명확하게 드러난다. 쿠스토는 심각하게 "저 아래에서 그는 파이프 담배를 포기해야 할 겁니다."라고 전한다. 그 심해 실험실은 다른 효과도 낸다. 그 안에 들어간 두 남자는 입을 열어도 아주 높은 소리만 간신히 낼 수 있고 "상처는 하룻밤만 지나도 깨끗하게 낫고 수염은 거의 자라지 않는다."

쿠스토는 그전까지 프랑스 석유 회사에서 일부 자금을 지

원받아 프로젝트를 진행했다. 그는 자신의 견본 해저 마을 실험의 목적 중 하나가 "바다의 자원을 체계적으로 개발하는 것"이라고 공공연하게 말했다. 그러나 수단 근처 홍해 밑 콘셸프 II에 앉아 가장 풍성한 해양 생물의 따뜻한 보고寶庫에서 시간을 보낸 쿠스토는 자연보호에 진정한 열의를 갖게 된다. 그는 초기의 동맹 관계를 깨고 나와 자신만의 길을 걷기 시작했다. 어쨌거나 콘셸프는 해저에서 거주하는 것이 얼마나 돈이 많이 드는 일인지를 보여 줬다. 해저 자원을 개발하고자 하는 정부와 기업은 이미 로봇과 드릴이 훨씬 더 효율적이고 값싸다는 것을 깨달았다.

해저 바닥에서 뭔가를 끌어올리기 위해 해저 마을이 꼭 필요한 건 아니지만 콘셸프 프로젝트는 늘 그보다 더 큰 야망을 품고 있었다. 쿠스토는 인간 거주지의 지평을 넓히고 싶어 했다. 그리고 실제로 그렇게 했다. 잠수부들은 한 달간 해저에서 생활한 뒤 건강하게 육지로 돌아왔다. 불가사리 집과 심해 실험실은 다시 뭍으로 끌어올린 뒤 프랑스로 운반했다. 콘셸프 II 프로젝트를 통해 쿠스토는 과학 연구 재원 마련의 새로운 방식을 발명했다. 바다가 아닌 대중의 환상을 이용한 것이다. 〈태양이 없는 세계〉 이후 1960년대 내내 쿠스토는 사람들이 바다를 바라보는 관점을 바꾼 여러 TV 프로그램을 제작했다. 쿠스토가 나서기 전에는, 대중에게 바다는 거대하지만 지루한 곳일 뿐이었다. 쿠스토의 TV 프로그램 덕분에 바다는 우리의 관심과 돌봄을 받아 마땅한 경이로운 장소로 탈바꿈했다. 1965년 콘셸프 III가 니스 근처 바다 밑으로 거의 100미터가량 내려간 해저에 세워졌을 때도 카메라가 돌아가고 있었다. 이것이 쿠스토의 마지막 해저 생활 실험이었다. 그로부터 약 십 년 뒤 호모아쿠아티쿠스의 전성기가 저물어 갔다.

쿠스토는 1997년 여든일곱 살의 나이로 파리에서 사망했다. 그 뒤로도 해저 생활 실험이 꾸준히 실시되었지만 그 수가 많지는 않다. 현재 전 세계에 해저 주택은 딱 하나뿐이다. 플로리다키스군도 해역의 아쿠아리우스Aquarius다. 2014년 자크 쿠스토의 손자 파비엥 쿠스토가 아쿠아리우스에서 31일 동안 머물렀다. 콘셸프 II가 세운 기록을 하루 더 늘린 것이다. 파비엥의 시도에서는 향수가 묻어난다. 자신의 할아버지뿐 아니라 바다를 환상적인 신개척지로 여긴 세대 전체에게 보내는 헌사였으니까.

콘셸프 II 프로젝트가 진행되었던 장소는 잠수부들 사이에서 명소가 되었다. 불가사리 집은 더는 그곳에 없지만 잠수 원반 격납고는 여전히 건재하고, 잠수 관광 업체 다이브더레드시Dive the Red Sea에 따르면 "여전히 튼튼해서 방문객이 내뱉는 커다란 거품을 고스란히 품고 있다"고 한다. 다른 잔재로는 상어 우리와 공구 창고가 있다. 프로젝트가 진행 중일 때는 매일 표면을 청소해서 해초가 자라지 않도록 했지만, 현재는 자리돔과 여러 마리의 산호상어, 미흑점상어, 귀상어가 점령한 산호

정원 같은 모습이다.

콘셸프는 실패한 실험, 어디에도 닿지 못한 다리가 아니라 그 자체로 완성된 견본이었다. 우리는 여전히 이 모험의 출발점에 서 있다. 해저에서 사는 것은 가능하다. 그것만은 입증되었다. 더 중요한 질문은, 어쨌거나 **호모사피엔스**에게 적대적이고 치명적인 환경을 매력적인 대안으로 바꿀 수 있는가이다. 이 질문에 대한 답은 아마도 생활공간의 크기와 관련이 있을 것이다. 바다는 넓지만 해저 생활은 지금까지는 좁고 불편한 경험이었다. 새로운 개발 계획들은 해저 주택의 크기를 키우고 있다. 자크 루즈리는 여전히 큰 꿈을 꾸며 거대하면서도 이동 가능한 작품을 설계하고 있다. 그가 설계한 건물은 파도 위와 아래로 쭉 뻗어 나간다. 2020년 견본품을 만들 예정이다. 일본의 시미즈코퍼레이션Shimizu Corporation이 계획 중인 오션스파이럴Ocean Spiral은 이것보다도 더 크다. 4,000명을 상시 수용하도록 설계된 오션스파이럴은 전기와 물을 자체 생산하는 자족적·자립적 거주지가 될 것이다. 시미즈코퍼레이션은 "해수면 위, 해수면, 해수면 아래, 해저 바닥을 수직으로 연결해 심해의 무한한 가능성을 최대한 활용하려는 대형 프로젝트"라고 설명한다. 이들의 열정은 한계가 없는 듯 보인다. "지금이야말로 우리가 지구의 마지막 미개척지인 해저와 새로운 접점을 마련할 때"라는 것이다.

이전에도 '때'가 왔으며 앞으로도 '때'는 또 올 것이다. '지구의 마지막 미개척지'를 개발하려는 열망은 사라지지 않을 것이다. 현실적인 어려움도, '태양 없는 세계'로 들어간다는 꺼림칙한 느낌도 그런 열망의 불꽃을 끌 수 없다. 바다의 매력은 이성을 초월한다. 그곳에 꼭 갈 필요는 없지만, 우리는 왜 사람들이 가고 싶어 하는지 본능적으로 안다. 홍해의 따뜻한 바닷물 속에는 이런 의지를 기리는, 산호로 뒤덮인 기념비가 서 있다. 최초의 오세아노트가 그곳을 보금자리 삼아 앵무새에게 먹이를 주고 만족스러운 표정으로 파이프 담배를 피운 것이 그리 오래전 일이 아니다.

에필로그

내가 꼽은 '최고의 장소들' 목록에서 휴가 때 갈 만한 곳을 추천해 달라는 요청을 받곤 한다. 왜 그런 부탁을 하는지 이해는 가지만 썩 내키지 않는다. 공감도 안 된다. 휴가는 아무 생각 없이 즐길 수 있어야 한다. 그런데 이 책에 실린 서른아홉 개의 장소 중에 그런 시간을 보낼 수 있는 곳은 없는 것 같다. 게다가 내 마음속 반항아도 소리를 지른다. "그런 장소는 스스로 찾는 거야."라고. 이 책에 실린 서른아홉 개의 장소는 영감으로 삼자. 호기심을 품고 이곳저곳을 둘러보라고 부추기고자 설계한 장치다.

나는 사람들에게 무수히 많은 고통스럽고 영혼 없는 공항으로 몰려가서 장시간 비행기를 타야만 정말 감동적인 장소를 찾을 수 있다고 말하지 않는다. 오히려 차나 비행기를 타고 어딘가로 갈 생각을 하지 말라고 말한다. 지금 현관문을 열고 나가자. 걸어서 가자. 너무 빨리 걷거나 땅만 쳐다보지 말자. 겨우 30분 걷고는 돌아서지 말자. 여유를 갖고 기회를 주자. 요즘 들어 걷기야말로 여행이라고 부를 만한 유일한 이동 방식이라는 확신이 든다. 다른 수단에 기대어 여행하는 것은 스쳐지나가는 것에 불과하다. 걸어서 여행하는 게 쉽지는 않다. 그러나 그런 여행은 규격화되거나 예측 가능하거나 진부하지 않다. 서류를 작성할 필요도 없다. 벨트와 신발을 벗을 일도 없다. 안내 책자도 없다. 이 책에 나오는 많은 장소에 그런 식으로 첫걸음을 내디뎠다. 그런데 그 첫걸음만으로도 모든 페이지를 가득 채울 수 있었다.

나는 여행을 하면서, 또 연구를 하면서 만난 불안정하고 제멋대로인 장소들을 한 울타리에 몰아넣었다. 서로 다른 장소들이지만, 하나로 묶어 주는 주제들이 있다. 그 주제들은 지리학이 이미 누구나 아는 명확한 국경과 누구나 인정하는 확정된 정보를 다루는 학문이라는 기존 관념이 무너지고 있다는 것을 보여 준다. 이 책에서 그린 세계는 분열되었으며, 또 분열되고 있다. 유토피아나 분리·독립을 염원하는 야심이 솟구치고 있으며, 환영과 끝없는 비밀이 무리를 지어 떠돌고 있다. 우리는 분열되고 있는, 점점 기묘해지는 장소들을 만났고, 그런 변화가 지닌 힘을, 다시 말해 그런 장소들이 우리에게 어떤 영향을 미치는지를 느꼈다. 아주 멀게 느껴지는 장소도 있고, 평범하게 느껴지는 장소도 있었을 것이다. 그러나 그런 장소들이 들려주는 이야기는 전부 우리의 이야기이기도 하다. 지리는 점점 더 해석하기가 어려워지고 있다. 지도가 갈라지고 있다. 특별한, 심지어 마법과도 같은 장면이지만 당혹스럽고 때로는 두려운 장면이기도 하다. 이런 반짝이는 광경을 지켜보면서 '주술이 작용하고 있다'고 표현할 수 있겠다고 생각했다. 지도에서 탈출한 장소들이 포착하고 기록하는 일이 '재주술화된' 지리학을 보여 주는 작업이라고 믿었다. 그런데 지금은 또 잘 모르겠다. 이런 장면들을 만들어 내는 힘들이 종잡을 수 없게 되어서 쉽게, 또는 간단하게 정리할 수 없게 되었다. 우리는 모두 방향을 정하지 못하고 우왕좌왕하면서 폭주하는 지리 열차에 꼼짝없이 매여 있다. 이 열차가 어디로 향하는지 알 수 없지만, 그렇다고 내릴 수도 없다. 그저 눈을 크게 뜨고 온 힘을 다해 꼭 매달리는 수밖에.

참고문헌

Akiba, Shun. *Teito Tokyo Kakusareta Chikamono Himitsu* [Imperial City Tokyo: Secret of a Hidden Underground Network], Yosensha Publishing, Tokyo, 2002

Barbrook, Richard. *Imaginary Futures: From Thinking Machines to the Global Village*, Pluto Press, London, 2007

Buckles, Guy. *Dive the Red Sea*, New Holland Publishers, London, 2007

Burns, Wilfred. *Newcastle: A Study in Re-planning at Newcastle Upon Tyne*, Leonard Hill, London, 1967

Ehmann, Sven, et al. *The New Nomads: Temporary Spaces and a Life on the Move*, Gestalten, Berlin, 2015

Flusty, Steven. *Building Paranoia: The Proliferation of Interdictory Space and the Erosion of Spatial Justice*, Los Angles Forum for Architecture and Urban Design, West Hollywood, 1994

Frampton, Adam, Solomon, Jonathan and Wong, Clara. *Cities Without Ground: A Hong Kong Guidebook*, Oro Editions, San Francisco, 2012

Graham, Stephen. *Vertical: The City from Satellites to Bunkers*, Verso, London, 2016

Hagenbeck, Carl. *Beasts and Men: Being Carl Hagenbeck's Experiences for Half a Century Among Wild Animals*, Longmans, Green & Co., London, 1909 (reprinted 2016)

Manaugh, Geoff. *A Burglar's Guide to the City,* Farrar, Straus and Giroux, New York, 2016

Miéville, China. *Kraken*, Macmillan, London, 2010

Mithen, Steven. *After the Ice: A Global Human History, 20,000–5000 BC*, Weidenfeld and Nicolson, London, 2003

Papadimitriou, Nick. *Scarp*, Sceptre, London, 2012

Raspail, Jean. *The Camp of the Saints*, Noontide Press, Costa Mesa, 1986

Rees, Gareth. *Marshland: Dreams and Nightmares on the Edge of London*, Influx Press, London, 2013

Rensten, John. *The Edible City: A Year of Wild Food*, Boxtree, London, 2016

Rogers, John. *This Other London: Adventures in the Overlooked City*, HarperCollins, London, 2013

Smith, Phil. *Mythogeography: A Guide to Walking Sideways,* Triarchy Press, Axminster, 2010

Watkins, Alfred. *The Old Straight Track: Its Mounds, Beacons,*

Moats, Sites, and Mark Stones, Methuen, London, 1925

Wertheim, Margaret. *The Pearly Gates of Cyberspace: A History of Space from Dante to the Internet*, W. W. Norton, New York, 2000

Whiting, Charles. *The End of the War, Europe: April 15–May 23, 1945*, Stein and Day, New York, 1973

감사의 글

『지도에 없는 마을』을 완성하는 과정에서 세계 곳곳에 있는 여러 사람에게 많은 도움을 구했고 또 받았다. 특히 아우름Aurm 출판사의 루시 워버튼과 루 메리트, 시카고대학교 출판부의 메리 라우어, 또 제니 페이지, 제임스 맥도널드 록하트, 레이철 홀랜드, 애나 맥도널드, 그리고 뉴캐슬대학교의 수많은 동료와 친구들에게 감사한다.

인명 찾아보기

ㄱ

게틀먼, 제프리Gettleman, Jeffrey, 315
겔, 얀Gehl, Jan, 208-209
구바레프, 파벨Gubarev, Pavel, 117
그레이엄, 스티븐Graham, Stephen
　　『수직*Vertical*』, 196-198
글록 박사Glock, Dr, 343

ㄴ

네루, 자와할랄Nehru, Jawaharal, 168

ㄷ

다빈치, 레오나르도da Vinci, Leonardo, 206
다윗왕, 이스라엘왕David, King of Israel, 348
달라디에, 에두아르Daladier, Edouard, 26
데이비스, 모스틴Davies, Mostyn, 235
도란, 케빈Doran, Kevin, 135-136
드보어, 모건DeBoer, Morgan, 56

ㄹ

라스웰, 해럴드Lasswell, Harold, 340
라스파이, 장Raspail, Jean
　　『성자의 막사*The Camp of the Saints*』, 27-28
란다우, 레프Landau, Lev, 252, 259
랜드, 맥널리McNally, Rand, 310
레이놀즈, 리처드Reynolds, Richard, 71-72
렌, 크리스토퍼Wren, Christopher, 263
렌스튼, 존Rensten, John
　　『먹을 수 있는 도시: 야생 식량으로 가득한 1년*The Edible City:A Year of Wild Food*』, 192
로저스, 존Rogers, John
　　『또 하나의 런던*This Other London*』, 266
루브, 리처드Louv, Richard, 209
루이스, 스티브Lewis, Steve, 313-314, 317, 319
루즈리, 자크Rougerie, Jacques, 369-370, 376

리 밍더Li Mingde, 341
리스, 개러스Rees, Gareth
　　『습지대: 런던 변두리의 꿈과 악몽*Marshland: Dreams and Nightmares on the Edge of London*』, 266-267
리처드슨, 마이클Richardson, Michael, 204
린드버그, 오토 G.Lindberg, Otto G., 310

ㅁ
마노, 제프Manaugh, Geoff
　　『도둑의 도시 가이드*A Burglar's Guide to the City*』, 298-299
마르쿠센, 크리스티앙Marcussen, Christian, 367
마리, 루시앙Marie, Lucian, 26
마리오Mario(쓰레기 도시), 290-291
마지드Maged, 290-291, 293
맥캘, 로이Mackal, Roy, 318
맥컬라, 스티븐McCullah, Stephen, 319
메고란, 닉Megoran, Dr Nick, 69, 100
모디, 나렌드라Modi, Narendra, 171-172
모어, 토머스More, Thomas
　　『유토피아*Utopia*』, 140
모우츠, 얀-에릭Mouts, Jan-Erik, 55
무솔리니, 베니토Mussolini, Benito, 223
무함마드 6세Mohammed VI(왕), 109
미슨, 스티브Mithen, Steve
　　『빙하기 이후*After the Ice*』, 357
미에빌, 차이나Miéville, China
　　『크레이큰*Kraken*』, 312

ㅂ
바르자니, 마스루르Barzani, Masrour, 145
바브룩, 리처드Barbrook, Richard
　　『상상 속 미래*Imaginary Futures*』, 156
버넷, 크리스티나 더피Burnett, Christina Duffy, 33
번즈, 윌프레드Burns, Wilfred
　　『뉴캐슬어폰타인의 재개발 계획 연구*A Study in Re-planning at Newcastle Upon Tyne*』, 223-224, 226
베버튼, 테리Beverton, Terry, 236
베스터벨레, 기도Westerwelle, Guido, 297
보우스, 메이지 앤Bowes, Maisie Ann, 307-308
뵈젤라거, 알브레히트 폰Boeselager, Albrecht von, 125
브룬싱, 파비안Brunsing, Fabian, 331
빈센트, 피터Vincent, Peter, 92, 94
빌체스, 헬레나Vilchez, Helena, 316

ㅅ
사디키, 사이드Saddiki, Said, 108
산귀네토, 자코모 달라 토레 델 템피오 디Sanguinetto, Giacomo dalla Torre del Tempio di, 126
샤르통, 파트릭Charton, Patrick, 275
세넷, 리처드Sennett, Richard, 136
셀시우스, 안데르스Celsius, Anders, 52-53
솔로몬, 조너선Solomon, Jonathan
『지면 없는 도시: 홍콩 가이드북*Cities Without Ground: A Hong Kong Guidebook*』, 203-208
쇼어, 일란Shor, Ilan, 323
슈레이더, 제임스Schrader, James, 207
슈미트, 블레이크Schmidt, Blake, 202
슈발, 페르디낭Cheval, Ferdinand, 172
슈테펜, 홀게르Steffen, Holger, 56-57
스미스, T. 댄Smith, T. Dan, 224
스미스, 필Smith, Phil
『신화지리학: 삐딱하게 산책하기 안내서*Mythogeography: A Guide to Walking Sideways*』, 311
스웨너, 사울루 B.Cwerner, Saulo B., 198
스터전, 니콜라Sturgeon, Nicola, 135
스투딩어, 마이클Studinger, Michael, 362
스프래틀리, 리처드Spratly, Richard, 42
실바, 프레디Silva, Freddy, 262-263

ㅇ
아라파트, 야세르Arafat, Yasir, 350
아문센, 로알Amundsen, Roald, 364-365
아이더, 시몬Eider, Shimon(랍비), 92
아이베크Aybek(양치기), 100
아키바, 슌Akiba, Shun
『제국의 도시, 도쿄: 비밀 지하 조직의 음모*Imperial City Tokyo: Secret of a Hidden Underground Network*』, 217-218
안젤리니, 이고르Angelini, Igor, 326
안펠트-몰레루프, 메레테Ahnfeldt-Mollerup, Merete, 182
알바그다디, 아부 바크르Al-Baghdadi, Abu Bakr, 148
알자르카위, 아부 무사브Al-Zarqawi, Abu Musab, 145
애덤스, 브라이언Adams, Brian, 62-63
앨런, 케이트Allen, Kate, 299
앨퍼스, 어니스트Alpers, Ernest, 310
에르스, 수산나Ehrs, Susanna, 54
에머릭Emmerik, 178-180, 182-183, 185
와딩턴, 클라이브Waddington, Clive, 357
왓킨스, 알프레드Watkins, Alfred
『오래된 직선 선로*The Old Straight Track*』, 264
워너, 그레고리Warner, Gregory, 302

워런, 찰스Warren, Charles, 348
워타임, 마거릿Wertheim, Margaret
『사이버 천국의 문*The Pearly Gates of Cyberspace*』, 156-157
워프, 바니Warf, Barney, 92, 94
웡, 클래라Wong, Clara
『지면 없는 도시: 홍콩 가이드북*Cities Without Ground:A Hong Kong Guidebook*』, 203-208
웰시, 어빈Welsh, Irvine
『트레인스포팅*Trainspotting*』, 321
위크, 롤런드Wiik, Roland, 54
이도프, 마이클Idov, Michael, 255-256

ㅈ
자비스, 헬렌Jarvis, Helen, 178, 183
존, 피터John, Peter, 136

ㅊ
차레프, 올레그Tsarev, Oleg, 116
찬드, 넥Chand, Nek, 10, 141, 167-175
초이, 팀Choy, Tim, 205
칩체이스, 얀Chipchase, Jan, 162, 164

ㅋ
카리모프, 이슬람Karimov, Islam, 99
칸, 사디크Khan, Sadiq, 135
캐머런, 데이비드Cameron, David, 326
켈리하나누이, 조Keliihananui, Joe, 35
코르뉘, 폴Cornu, Paul, 195
코프먼, 찰리Kaufman, Charlie, 251-252
콘래드, 조지프Conrad, Joseph
『암흑의 핵심*Heart of Darkness*』, 314, 317
쿠스토, 자크Cousteau, Jacques, 283, 370-375
쿠스토, 파비엥Cousteau, Fabian, 375
클로마, 토마스Cloma, Tomas, 43
키노시타, 타카오Kinoshita, Takao, 274

ㅌ
탈리니, 대주교 체시디오Tallini, Most Rev. Dr Cesidio, 37-38
트웨인, 마크Twain, Mark, 51, 57
틸러슨, 렉스Tillerson, Rex, 49

ㅍ
파리노티, 대니얼Farinotti, Daniel, 101
파미, 와엘 살라Fahmi, Wael Salah, 292

파커 대령Parker, Colonel, 248
파파디미트리우, 닉Papadimitriou, Nick
『스카프*Scarp*』, 265-266
퍼플, 애덤Purple, Adam, 72
펄롱, 데이비드Furlong, David, 263
페스팅, 매슈Festing, Matthew(수도사), 125-126
포브스, 데이비드Forbes, David, 298
포우타넨, 마르쿠Poutanen, Markku, 56
푸틴, 블라디미르Putin, Vladimir, 115-116
프란치스코 교황Francis, Pope, 125
프램프턴, 애덤Frampton, Adam
『지면 없는 도시: 홍콩 가이드북*Cities Without Ground: A Hong Kong Guidebook*』, 203-208
플러스티, 스티븐Flusty, Steven
『편집증 세우기*Building Paranoia*』, 333-334

ㅎ

하겐베크, 칼Hagenbeck, Carl
『야수와 인간*Beasts and Men*』, 317-318
해리스, 해리Harris, Harry, 46
헤멜레이넨, 카이Hämäläinen, Kai, 276
홉스봄, 에릭Hobsbawm, Eric, 347
화이팅, 찰스Whiting, Charles
『전쟁의 종식, 유럽: 1945년 4월 15일~1945년 5월 23일*The End of the War, Europe: April 15-May 23, 1945*』, 26
흐르자노프스키, 일리야Khrzhanovsky, Ilya, 251-259
히틀러, 아돌프Hitler, Adolf, 222

내용 찾아보기

A-Z
CIA, 315
GPS, 302, 315, 340
NASA, 361-362

ㄱ
가리푸나어Garifuna, 85
가톨릭교회, 122, 124 126
감춰진 장소들, 7, 280-377
게르만 포메라니아어Germanic Pomeranian, 84
게릴라 정원사, 71-74
고가 보도, 뉴캐슬Skywalks, Newcastle, 207, 210, 212, 221-229
고고학연구소, 서안지구Institute of Archaeology, West Bank, 343
고립지와 미완의 국가들, 76-137
공간 수집가Spatial Collective, 302
공동지리정보기록보관소Common Geographic Repository, 316
〈공중전화 부스*The Telephone Box*〉(영화), 216
교통섬traffic islands, 10, 18, 20, 67-74
구글 스트리트뷰Google Street View, 7, 282, 295-303, 306
구글 맵Google Maps, 306-307, 341
구글 어스Google Earth, 104, 282, 295, 301-302, 311, 314
구아노제도법Guano Islands Act(1856), 32, 36-37
국립 야생동물 보호 지구National Wildlife Refuges, 32
국제 해바라기 게릴라 정원 가꾸기 날International Sunflower Guerrilla Gardening Day, 74
국제미확인생물협회International Society of Cryptozoology, 318
국제사법재판소International Court of Justice, 27-28, 48
국제역사지리학회, 히브리대학교, 예루살렘International Conference of Historical Geography, Hebrew University of Jerusalem(1989), 344
국제연합United Nations(UN), 65, 120, 316, 324
군도archipelago, 20-22, 24, 27-29, 31, 37-38, 42, 46, 54-56, 64, 375
그린란드Greenland, 56, 361-363, 367
금융 비밀 지수Financial Secrecy Index, 325
기업등록소Companies House, 327-328

ㄴ

나이로비, 302
나이지리아, 326
남극, 37, 362
남중국해South China Sea, 20, 41-50, 64-65, 338
남티롤South Tyrol, 82
노네스어Nones, 81
노마, 코펜하겐Noma, Copenhagen, 191-193
녹색 도시 홍콩Go Green Hong Kong, 208
녹색 행군Green March(1975), 105, 109
논 계곡Non Valley, 81
뉴기니섬New Guinea, 84
뉴욕, 85, 91-92, 136, 161-162, 190, 192, 251, 258, 306, 310
뉴캐슬어폰타인Newcastle upon Tyne, 68, 133, 221, 223, 226

ㄷ

〈다우*Dau*〉(영화), 210, 212, 251-259
더 스카이 온 트랩스트리트The Sky on Trap Street(웹사이트), 306
더글러스섬Douglas Island, 56
덴마크, 72, 136, 177, 179-180, 182-186, 367
덴마크지질조사소Geological Survey of Denmark, 367
도거랜드, 북해Doggerland, North Sea, 10, 280, 283, 353-359
도네츠크, 우크라이나Donetsk, Ukraine, 111, 113-117
도네츠크인민공화국Donetsk People's Republic, 114-116
도쿄 지하철 체계, 7, 213-220
독일 나치스 정권, 140
돈바스, 우크라이나Donbass, Ukraine, 111, 113, 115-117
두시섬Ducie Island, 33
디지털 유목민, 162

ㄹ

라이 골목길, 브리스톨Lye Close, Bristol, 311, 312
라카, 시리아Raqqa, Syria, 144
러시아, 78, 98, 112-118, 252-253, 255, 257-258, 363-368
런던
    브렉시트와~, 135-136
    주술의 도시~, 210, 212, 261-269
『런던 A-Z*London A-Z*』, 307-308
레 트르와 프레레Les Trois Frères, 26
레바논, 148, 150
레이선ley lines, 262-264
로도스Rhodes, 120

로마, 이탈리아, 119, 121, 125, 222-223
로만시어Romansch, 82
로모노소프 해령Lomonosov Ridge, 367-368
로이스턴 경영 컨설팅사Royston Business Consultancy, 322
록가든, 넥 찬드의Rock Garden, Nek Chand's, 10, 138, 141, 167-175
루간스크, 우크라이나Luhansk, Ukraine, 113-114, 116
루마니아, 85, 113, 322
루이 S. 생로랑호Louis S. St-Laurent, 366
르 코르뷔지에Le Corbusier, 167-168, 172, 174-175
리오그란덴저 훈스뤼키슈어Riograndenser Hunsrükisch, 84
리즈대학교University of Leeds, 313
리쿠알라 습지Likouala Swamp, 317-318

ㅁ
말레이시아, 45-46, 325
맹키에군도Les Minquiers('더 밍키스the Minkies'), 18, 20, 21-29
멜라렌호Lake Malaren, 52
모락-송그라티-미즈 공화국Republic of Morac-Songhrati-Meads, 43
모로코, 78, 104-109
모색폰세카Mossack Fonseca, 326
모술, 이라크Mosul, Iraq, 144
모케노어Mócheno, 82
모켈레-음벰베mokele-mbembe(거대 도마뱀), 318-319
몰도바, 322-323
몰타Malta, 61, 121
몰타기사단Sovereign Military Order of Malta, 76, 78, 119-127
무릉도원Heavenly Mountains, 101
무스쾨 해군기지, 스웨덴Musko naval base, Sweden, 338
무카탐산, 이집트Mokattam Mountain, Egypt, 286
문화부, 러시아Ministry of Culture, Russia, 258
연방총무청, 미국General Services Administration, US(GSA), 35
미국 공군, 8, 31
미국 에너지부US Department of Energy, 276
미 태평양함대US Pacific Fleet, 46
미국령 군소 제도United States Minor Outlying Islands, 18, 20, 31-39
미국어류및야생동물보호국US Fish and Wildlife Service, 32
미국자동차협회Automobile Association(AA), 308
민다나오섬Mindanao, island of, 59

ㅂ
바이킹, 60
바티칸시국Vatican City, 124
버추얼맵컴퍼니Virtual Map Company, 309-310

범대양 군도 초소형국가체 연합United Micronations Multi-Oceanic Archipelago(UMMOA), 18, 37-39
베를린, 독일, 160, 162, 222
베이커섬Baker Island, 31, 35
베트남, 42, 45-46
베트남전쟁, 34
벤험 라이즈 대륙붕Benham Rise, 65
벵골군Bengal Army, 248
병영국가garrison state, 340-341
보루흐, 고립지Vorukh, enclave of, 97, 101
보르초프만Gulf of Borzov, 363
보버튼걸즈캠프Boverton Girls Camp, 235
보이즈빌리지, 사우스웨일스Boys Village, South Wales, 9, 210, 212, 231-239
보트니아만Gulf of Bothnia, 51-54, 275
보트니아의 떠오르는 섬들, 18, 20, 51-57
본다이 해변, 시드니Bondi Beach, Sydney(에루브), 76, 78, 87-94
북극 선단, 러시아Northern Fleet, Russia, 363-364
북극 횡단 항로Transpolar Sea Route, 365-366
북극, 10, 280, 283, 361-368
북극권, 366
북극의 신세계, 280, 361-368
북극해, 365-366
북극해 항로, 366
북서항로, 364-365
불교, 179, 273
브렉시트Brexit, 78, 129, 132-136
『브리스톨 A-Z *Bristol A-Z*』, 311
블라슈키어Vlashki, 85
빌키츠키만Gulf Vilkitsky, 364
빙하성 융기, 55, 363-364

ㅅ
사라위국가평의회Sahrawi National Council, 107
사우스워크 지구, 런던Southwark, London Borough of, 136
사이버토피아Cybertopia, 140, 151-158
사하라아랍민주공화국Sahrawi Arab Democratic Republic, 103-109
사하라의 모래벽, 모로코Saharan Sand Wall, Morocco, 6, 76, 78, 103-109
삼차원 지도three-dimensional maps, 203-209
상파울루, 브라질Sao Paulo, Brazil, 141, 195-202
서사하라Western Sahara, 78, 103-109
서쪽 벽('통곡의 벽'), 예루살렘Western or 'Wailing Wall', Jerusalem, 351
선전시, 중국Shenzhen, China, 206
섬
~의 정의, 60-61

교통~, 10, 18, 20, 67-74
신생~, 5, 20, 41-50, 53-57, 59-66, 363-364
융기하는~, 20, 51-57, 62, 363-364
제멋대로인~, 6, 10, 18-74
성경, 289, 348
성시몬수도원Saint Samaan the Tanner Monastery, 289
성전산, 예루살렘Temple Mount, Jerusalem, 350-351
세계문화유산World Heritage Site, 51
세컨드라이프Second Life, 151-158
센트럴-미드레벨 에스컬레이터, 홍콩Central-Mid-Levels escalators, Hong Kong, 205
셀시우스 바위Celsius Rock, 53
소비에트연방Soviet Union(USSR), 98-100
소흐, 고립지Sokh, enclave of, 100
솔란드로어Solandro, 81
수녀회묘지Nun's Graveyard, 248
수판그룹Soufan Group, 147
스리랑카, 49, 296-297, 301
스발바르제도Svalbard archipelago, 364
스완제도Swan Islands, 33
스웨덴, 51-52, 54, 274, 338, 365
스위스, 82, 101
스코틀랜드 통계청Scottish Census(1861), 60
스트랫퍼드공화국Stratford Republic, 76, 78, 129-137
스파이크 지대Spikescape, 280, 282, 329-335
스페인 사하라Spanish Sahara, 107
스페인, 105, 107, 146, 236
스프래틀리제도, 남중국해Spratly Islands, South China Sea, 18, 20, 41-50, 338
〈시네도키 뉴욕*Synecdoche, New York*〉(영화), 251, 258
'시랜더Sealander'(이동식 주택), 160
시리아, 6, 125, 144-145, 147-148
시미즈코퍼레이션 오션스파이럴Shimizu Corporation Ocean Spiral, 376
시비르Sibir(소비에트연방 원자력 쇄빙선), 365
시카고대학교University of Chicago, 318
신러시아New Russia(노보로시야Novorossiya), 76, 78, 111-118
신러시아당New Russia Party, 116
신생 섬, (→섬 참조)
신유목민new nomads, 7, 140, 159-165,
신주쿠역, 도쿄Shinjuku Station, Tokyo, 210, 212, 213-220
신토神道, 273
심라, 히말라야Shimla, Himalayas, 210, 212, 241-249
싱가포르 국토청Singapore Land Authority, 309
써티사우전드제도Thirty Thousand Islands, 63-64
쓰나미 비석, 일본, 210, 212, 271-279

〈쓰레기 꿈*Garbage Dreams*〉(다큐멘터리), 292
쓰레기 도시, 카이로(무카탐 마을Mokattam Village), 7, 280, 282, 285-294

ㅇ

아글로, 뉴욕주Agloe, New York State, 306, 310-311
아네요시, 일본Aneyoshi, Japan, 272
아르크티카Arktika, 365
아르헨티나, 28, 84
아우터실버피트Outer Silver Pit, 356
아일랜드, 80, 136
아쿠아리우스, 플로리다키스군도Aquarius, Florida Keys(해저 주택), 375
아프리카연합African Union, 103
안전보장이사회Security Council(안보리), 324
알아크사 모스크, 예루살렘Al-Aqsa Mosque, Jerusalem, 350-351
알카에다Al-Qaeda, 147
야생동물보호협회Wildlife Conservation Society, 319
야지디족Yazidis, 149
어번하비스트Urban Harvest, 192
억제용 (도로) 포장 재료, 330, 334
언어 고립지language enclave, 78, 79-86
에덴동산Garden of Eden, 10, 102, 156, 188
'에덴의 정원', 맨해튼'Garden of Eden', Manhattan, 72
에든버러 로이스턴 메인스가 18번지 2호, 280, 282, 321-328
에루브eruv(종교 고립지), 78, 87-94
에스토니아, 61-62
에크레호군도Les Écréhous, 27-28
영국지리원Ordnance Survey, 308
영국남아시아묘지협회British Association for Cemeteries in South Asia, 248
영국령 버진아일랜드British Virgin Islands, 324-326
영국령British Overseas Territory, 27, 32
영국인 묘지, 심라British Graveyard, Shimla, 7, 210, 212, 241-249
영국해협English Channel, 6, 22, 354
예루살렘 땅 아래, 280, 283, 343-351
옌타이공원, 산둥성Yantai Park, Shandong Province, 331
옥시전가, 에든버러Oxygen Street, Edinburgh, 306
온두라스, 33
와나타물라Wanathamulla, 280, 282, 295-303
우버콥터Ubercopter, 202
우즈베키스탄, 95-96, 98-101
우즈베키스탄이슬람운동Islamic Movement of Uzbekistan(IMU), 100
우크라이나, 78, 112-118, 252
원자력기구, 파리Nuclear Energy Agency, Paris, 278
웨스트민스터대학교University of Westminster, 156

웨이크섬Wake Island, 31-32, 34
웨일스보이즈클럽Boys Club of Wales, 235
위트필드로드, 블랙히스Whitfield Road, Blackheath, 308
위험 지대, 남중국해Dangerous Ground, South China Sea, 43
윈난성, 중국Yunnan Province, China, 340-341
유네스코UNESCO, 51
유럽연합European Union, 114, 124, 129-137
유럽형사경찰기구: 금융정보부Europol: Financial Intelligence Group, 326
유령과 환영이 떠도는 장소들, 7, 210-279
유로마이단 혁명, 우크라이나Euromaidan Revolution, Ukraine, 114
유로포트 항구, 로테르담Europoort harbor, Rotterdam, 358
유린 지하 해군기지, 하이난섬, 중국Yulin Underground Naval Base, Hainan Island, China, 280, 337-342
유토피아의 장소들utopian places, 6-7, 138-209
이라크, 6, 144-145, 147-149
이라크-레반트 이슬람국가Islamic State of Iraq and the Levant(ISIL), 138, 140, 143-150
이슬람 무장 단체Islamists, radical, 6, 143-150
이탈리아 돌로미티산맥Italian Dolomites, 6, 79, 82, 86
이투아바섬Itu Aba Island, 43
인공섬, 41-50
인도, 7, 49, 141, 167-175, 212, 241-249, 301
인도네시아, 49, 339
인도양, 49, 296
인민해군 보병 사단, 베트남People's Naval Infantry, Vietnam, 46
인민해방군, 중국People's Liberation Army, China, 342
일본, 212, 213-220, 271-279

ㅈ
자발린Zabaleen('쓰레기 수거인garbage pickers'), 286, 289-294
자비스섬Jarvis Islands, 31, 35
자연 결핍 장애, 190, 209
저작권 이스터에그Copyright Easter Eggs, 307
'제2열도선' 전략'Second Island Chain' strategy, 339
제2차 세계대전Second World War(1939-1945), 26, 218
제너럴드래프팅컴퍼니General Drafting Company, 310-311
제멋대로인 섬들unruly islands, 6, 10, 18-74
제인스인포메이션그룹Jane's Information Group, 47
〈젯슨 가족*The Jetsons*〉(애니메이션), 200
조지아만Georgian Bay, 63
존스턴 환초Johnston Atoll, 31, 34-35, 47
졸다노 계곡, 이탈리아Zoldano Valley, Italy, 79-83
종교 고립지religious enclave, 87-94
주노, 알래스카Juneau, Alaska, 56
주술의 도시 런던, 210, 212, 261-269

중국, 45-49, 65, 101, 206, 283, 331, 337-342
지각 융기geological uplift, 51-57
〈지도 인간*Map Man*〉(텔레비전 프로그램), 307
지리측량제도정보국, 중국State Bureau of Surveying and Mapping, China, 340
지면이 없는 도시, 138, 141, 203-209
지문(지도상의), 308-309
지오그래퍼스 A-Z맵 컴퍼니Geographers' A-Z Map Company, 307
진주만Pearl Harbor, 34

ㅊ

차이나모바일China Mobile, 48
찬디가르, 인도Chandigarh, India, 141, 167-175
채집(도시에서의), 141, 187-194
침브리어Cimbrian, 82

ㅋ

카메하메하학교, 하와이Kamehameha Schools, Hawaii, 35
카발라Kaballah, 263
칸로그묘지Kanlog Cemetery, 248
캄빌링네이키드섬Kambiling Naked Island, 65
캐나다, 63-64, 332, 364-365
컬럼비아대학교Columbia University, 33
코민코리소시스Cominco Resources, 316
코브히스, 서퍽Covehithe, Suffolk, 353, 355, 358
코카서스산맥, 러시아 남부Caucasus Mountains, Southern Russia, 84
코카콜라Coca-Cola, 340-341
콘셸프 IIConshelf II, 371, 374-375
콘셸프 IIIConshelf III, 375
콘셸프 해저 기지Conshelf Undersea Station, 280, 283, 369-377
콥트교Coptic religion, 286, 290
콩고, 미개척지Congo, uncharted, 280, 282, 313-320
콩고공화국Republic of the Congo(콩고-브라자빌Congo-Brazzaville), 315-316
콩고민주공화국Democratic Republic of Congo(DRC), 315-316
쿠르드 지방정부, 이라크 북부, 145
쿠지-마루브라 에루브Coogee-Maroubra Eruv, 94
크로아티아, 85,
크리스탈세레니티호Crystal Serenity(여객선), 364-365
크리스티아니아, 코펜하겐Christiania, Copenhagen, 6, 138, 141, 177-186
크림반도, 러시아 합병Crimean Peninsula, Russia annexation of, 49, 114
크바르켄군도Kvarken Archipelago, 54-56
키르기스스탄, 96-97, 99, 101
킨타이어반도, 스코틀랜드Kintyre Peninsula, Scotland, 60

ㅌ
타이완, 43, 45-46
타지키스탄, 95-97, 101
탈무드, 92, 349
〈태양 없는 세상*World Without Sun*〉(다큐멘터리), 371-372
태평양 거대 쓰레기섬Great Pacific Garbage Patch, 38
테이블베이호텔, 케이프타운Table Bay Hotel, Cape Town, 192
텔레아틀라스Tele Atlas, 306
트랩스트리트trap streets, 6, 282, 305-312
〈트랩스트리트*Trap Street*〉(영화), 306
트랩타운trap town, 310
티베트, 249

ㅍ
'파나마 페이퍼스Panama Papers' 사건(2015), 325-326
「파네스 영웅전*Fanes' Saga*」, 81
파라셀제도Paracel Islands, 48, 338
파키스탄, 146, 173, 347
파타고니아 웨일스어Patagonian Welsh, 84
팔레이데알, 오트리브Le Palais Idéal, Hauterives, 172
팔레스타인 당국Palestinian Authority, 351
팔레스타인탐사재단Palestine Exploration Fund, 348
팔레스타인해방기구Palestine Liberation Organisation(PLO), 343
퍼포먼스글로벌유한책임회사Performance Global Limited, 324
페닌슐라호텔Peninsula Hotel, Manhattan, 193
페르가나 분지(페르가나 계곡)Ferghana Valley, 6, 76, 78, 95-102
페이퍼 컴퍼니paper companies, 282, 321-328
〈페이퍼 타운*Paper Towns*〉(영화), 306, 310
포러지SFForageSF, 192
포클랜드제도Falkland Islands, 28
폴리사리오해방전선Polisario Front, 105-107, 109
프리울리어Friulian, 82
플레보폴더, 네덜란드Flevopolder, Netherlands, 41
핀란드, 51, 54-55, 63, 187-194, 274-276
핀란드방사능및원자력안전국Finnish Radiation and Nuclear Safety Authority, 276
필리핀, 6, 18, 20, 43, 45, 59-66
핏케언제도Pitcairn Islands, 33

ㅎ
하르코프, 우크라이나Kharkov, Ukraine, 116, 252
하울런드섬Howland Islands, 31, 35-36
'하이난섬 사건Hainan Island Incident'(2001), 337-338
해리 포터 시리즈, 311-312

해양법협약Convention on the Law of the Sea, 60, 367
해크니하비스트Hackney Harvest, 192
핵폐기물 표식, 212, 271-279
헬리콥터의 도시, 138, 141, 195-202
헬싱키 수확 지도Helsinki Harvest Map, 188
헬싱키의 야생 식량 수확 체험기Helsinki Wild Harvest, 187-194
호르투스 콘클루수스, '울타리 두른 정원'Hortus Conclusus, the 'enclosed garden', 70
홍콩, 141, 203-209, 325
후쿠시마 원자력발전소, 일본, 274
휴런 호수Lake Huron, 63
히든힐스, 캘리포니아주Hidden Hills, California, 280, 295, 298, 300, 302
히로시마 원폭 돔, 일본Hiroshima Atomic Bomb Dome, Japan, 273

북트리거 포스트

북트리거 페이스북

지도에 없는 마을

아직도 탐험을 꿈꾸는 이들을 위한 39개 미지의 장소들

1판 1쇄 발행일 2019년 6월 15일

지은이 앨러스테어 보네트 | **옮긴이** 방진이
펴낸이 권준구 | **펴낸곳** (주)지학사
본부장 황홍규 | **편집장** 윤소현 | **기획·책임편집** 김지영 | **편집** 전해인
디자인 정은경디자인 | **마케팅** 송성만 손정빈 윤술옥 이승혜 | **제작** 김현정 이진형 강석준
등록 2017년 2월 9일(제2017-000034호) | **주소** 서울시 마포구 신촌로6길 5
전화 02.330.5265 | **팩스** 02.3141.4488 | **이메일** booktrigger@naver.com
홈페이지 www.jihak.co.kr | **포스트** http://post.naver.com/booktrigger
페이스북 www.facebook.com/booktrigger

ISBN 979-11-89799-10-6 03980

* 책값은 뒤표지에 표기되어 있습니다.
* 잘못된 책은 구입하신 곳에서 바꿔 드립니다.
* 이 책의 전부 또는 일부 내용을 재사용하려면 반드시 저작권자의 사전 동의를 받아야 합니다.

이 도서의 국립중앙도서관 출판예정도서목록(CIP)은 서지정보유통지원시스템
홈페이지(http://seoji.nl.go.kr)와 국가자료공동목록시스템(http://www.nl.go.kr/kolisne)에서
이용하실 수 있습니다. (CIP제어번호: CIP2019020764)

북트리거

트리거(trigger)는 '방아쇠, 계기, 유인, 자극'을 뜻합니다.
북트리거는 나와 사물, 이웃과 세상을 바라보는 시선에 신선한 자극을 주는 책을 펴냅니다.